동물공중보건학

김병수

배동화

이수정

천정환

최인학

하윤철

PUBLIC
HEALTH
OF
ANIMAL

박영story

머리말

        우리나라는 현재 선진국 진입으로 물질이 풍요로워지는 반면, 독신 가구의 증가와 초고령화 사회 진입 그리고 인구 절벽 등 심각한 사회문제에 직면하고 있다. 하지만 이러한 상황에서도 반려인구수는 1,500만 명에 이르며, 반려동물 시장은 6조원을 내다보고 있어 대기업들도 이 시장에 뛰어들고 있는 상황이다. 우리나라의 반려동물에 대한 붐은 88올림픽을 전후로 일기 시작하였는데 1991년 동물보호법이 재정되었고, 1990년 중후반부터 전문대학에 애완동물과가 신설되기 시작하였다. 2000년 초에는 전국 각 지역의 대학에서 학과신설이 폭발적으로 증가하여 40여 개까지 이르다가 거품이 빠지면서 잠잠해졌으나 2020년 전후로 농림부의 동물보건사 국가자격증제도 신설 정책이 신호탄이 되어 다시 현재 60여 개까지 증가하기에 이르렀다. 그동안 수의간호나 동물간호학에 대한 외국 서적들은 다양하게 번역서로 출판되어 나오고 있지만, 동물공중보건학은 현재 상당히 미흡한 실정이라 박영사에서 여러 대학의 뜻을 같이하는 교수님들과 급히 집필을 주선하게 되었고, 단지 국가고시만을 위한 교재가 아니라 동물보건사의 미래 업무 영역 확장과 역량을 키우기 위해 학생들에게 도움이 되는 길라잡이 역할을 하였으면 하는 마음으로 준비하였다. 짧은 시간에 여러 집필자가 원고를 작성하다 보니 각 장별로 그 내용의 통일성이나 깊이에 차이가 있긴 하지만 앞으로 개정 작업을 통해서 좀 더 이해하기 쉽고, 전문성 있게 다듬어가도록 최선의 노력을 할 것이다. 동물분야에서 공중보건은 수의학 영역의 수의공중보건학, 동물보건 분야의 동물공중보건학 그리고 축산분야의 영역은 가축위생학 등이 있으며, 가장 기본적이고 필수적으로 배워야 하는 교과목들이다. 한편, 의사, 간호사, 의료기사, 조무사 등 모든 의료인 양성기관뿐만 아니라 환경기사와 영양사 분야에 이르기까지 공중보건이 국가고시나 자격시험의 필수 과목으로 지정 운영되고 있다.

    동물공중보건은 초점을 동물에 두고 있지만 사람과 늘 함께하기 때문에 내용적인 측면에서 공중보건과 거의 유사하다. 즉, 개인이나 동물 개체에 국한되지 않고, 조직적·사회적 공동 노력으로 질병을 예방하고 건강을 유지하는 것을 목적으로 하고 있다. 따라서 동물과 사람의 신체적·정신적 효율을 증진시키기 위한 교과목으로 역학과 전염병 관리 그리고 환경 및 식품위생 관리에 대한 중요성과 이해를 목적으로 하고 있다. 특히, 최근에 다발하고 있는 사스, 메르스, Covid-19와 같은 고위험 질병의 차단과 재난형의 가축 법정전염병의 방역관리를 위한 내용 등이 핵심이며, 전공기술이나 지식능력 측면의 학습역량을 갖추도록 동물의 건강위생관리 및 질병관리 측면의 방역예방관리기술 분야는 전문성이 요구되는 영역인 점을 고려해 학습이 용이하도록 다양한 내용을 폭넓게 설명하려고 노력하였다. 이렇게 책을 출판하게 되었으니, 우리 동물보건사 분야의 학생들뿐만 아니라 많은 이들이 흥미를 갖고 읽을 수 있도록 더 보완하고, 앞으로는 문제 풀이집도 만들어 학습자들에게 도움이 되길 바라는 마음이다.

여러 가지로 미흡하지만 출판을 위하여 산파 역할을 해주신 박영사의 안종만 회장님과 안상준 대표님, 김한유 과장님 그리고 편집부 김민조 선생님께 심심한 감사의 마음을 드리고 싶다.

2023년 2월

목차

제1장

동물공중보건학

1 동물공중보건학 정의 및 역할

1.1 동물공중보건학의 정의

동물공중보건학은 공중보건(public health)을 포괄하는 예방동물보건학의 한 분야이며, 동물과 사람의 생명과 건강에 영향을 미치는 다양한 위생 과학적 요인을 연구하고 분석하여 생명을 연장하고 건강을 증진시키는 기술 및 학문이다. 수의공중보건학을 근간으로 식품위생학, 환경위생학, 역학, 동물과 사람에서 발생할 수 있는 질병 및 인수공통전염병의 특징과 예방대책 등에 관련한 지식을 습득하여 인류의 보건위생 향상과 증진을 위한 내용을 포괄한다. 수의공중보건학은 가축의 위생을 중심으로 한 수의공중위생으로 시작었으며, 이후 점차 우유와 고기 등을 중심으로 한 축산물위생학, 그 이후 인수공통감염병, 환경위생 및 의약품과 신물질의 안전성 평가 등이 추가로 포함되었다. 수의공중보건학에서는 동물과 사람이 공유하는 질병 예방의 측면에서 인간과 동물과의 특성에 대한 충분한 이해를 바탕으로 한다. 이를 기반으로 발전한 동물공중보건학의 목적은 동물과 사람, 이를 둘러싼 환경에 대한 지식을 기반으로 건강한 반려동물을 포함한 동물-사람-환경 관계를 정립하고, 이 정보를 바탕으로 관련 관리체계 및 정책 수립으로 연결되는 데에 있다. 최근 반려동물 양육가구의 급격한 증가는 사람과 함께 생활환경을 밀접하게 공유하는 반려문화가 빠르게 증가하고 있는 가운데 동물공중보건학의 이해가 더욱 필수적인 시대가 되었다.

1.2 동물공중보건학의 역할

동물공중보건학은 동물의 위생적 관리와 동물의 질병 예방 및 전염병 전파의 방제, 나아가 식품의 위생에 대한 기초적 지식을 제공하는 학문이다. 최근 급격한 반려동물 인구의 증가는 교육을 통한 인식의 개선 및 생활의 적용이 시급한 상황이다.

최첨단 과학기술의 발전에도, 국내·외 축산업은 규모화, 대형화로 집단사육이 크게 늘어나면서 가축감염병이 반복되고 있다. 질병 국제수역사무국(OIE,Office International des

Epizooties)은 15개 감염병을 지정했는데, 그중 축산업에 치명적인 고병원성조류인플루엔자, 구제역, 아프리카돼지열병 등이 포함되어 있다. 이 질병들은 지역과 국경을 넘어 급속하게 전파될 수 있어 대규모 감염병의 빠른 전파를 수반하며, 이로 인해 축산물의 국제 교역량은 크게 영향을 받게 된다. 산업 동물에 있어 위생은 집단을 대상으로 하는 경우가 대부분이어서 반드시 기술과 행정이 수반되어야 하는 특수성을 가진다. 국제동물위생협회(ISAH, International Society for Animal Hygiene)는 동물공중보건학의 범주에 질병예방, 사양위생, 관리위생, 환경위생 4개의 범주 외에 동물복지와 환경보존을 포함하였으며, 사람과 동물이 공유하는 인수공통감염병과 축산식품까지 확대하였다.

따라서 동물공중보건학은 동물의 생명과 건강을 유지시키는 것을 목적으로 하는 기술과 행정이다. 뿐만 아니라 사람에게 전파되기 전에 인수공통감염병의 근절 및 만연되는 것을 미리 예방해야 할 필요성과 당위성이 강조되는 의학, 과학이다. 동물과 사람 모두가 건강하게 행복한 삶을 영위하도록 "질병 관리 및 역학, 인수공통감염병 관리, 식품 및 환경위생 관리" 등 그 대상 범위가 가장 광범위하며, 동물보건사의 영역에서 가장 중요한 기본 소양 분야이다.

1.3 동물공중보건의 내용

1) 보건위생학 일반(의의와 정의, 내용, 동향) 및 원헬스의 이해
2) 환경위생(공기, 물, 토양, 일광)
3) 환경위생(기후와 동물질병, 축사, 오수)
4) 사양위생(사료, 사양, 사료의 감정, 사양표준)
5) 사양위생(영양장애, 사료의 변질, 가공사료의 유독성)
6) 식품관리위생(중독: 식중독, 농약중독, HACCP 개념)
7) 관리위생(방목위생, 운동, 축사관리, 일광욕, 신생 동물관리)
8) 역학(감염기전, 유행의 기전, 감염 및 유행의 3대 요약)
9) 방역(방역의 원칙, 소독, 예방접종)
10) 기생충병예방(원생동물, 흡충류, 조충, 선충류)
11) 급·만성감염병 관리
12) 해외악성감염병 관리
13) 인수공통감염병 관리

1.4 동물공중보건학 5대 역할 분야

① 감염병(역학) 관리
② 건강 유지와 보장
③ 환경/식품 위생관리
④ 일반 위생/보건관리 교육
⑤ 조기진단과 예방을 위한 의료서비스 조직화

1.5 질병 및 방역 국제기구

1.5.1 국제수역사무국 OIE(Office International des Epizooties), 세계 동물보건기구(World Organization for Animal Health, WOAH)

가축의 질병과 그 예방에 대해 연구하고 국제적 위생규칙에 대한 정보를 회원국에게 보급하기 위한 단체, 1924년 프랑스에서 설립되었다. 가축 질병 예방과 구제 정보 보급할 목적으로 설립되었으며, 주요활동은 동물유행병 예방 및 연구 등이다. 한국은 1953년에 가입하였으며 가입국가 수는 182개국(2023)이다. 2003년에 세계동물보건기구(WOAH)로 개칭한 바 있으나 역사성을 감안하여 영문명은 OIE로 사용하고 있다.

국제수역사무국은 가축감염병으로 인한 각국의 공통적인 위험을 인식하여 새로운 가축 질병이 발생했을 때 각국에 신속히 알리고 유효한 정보를 제공하여 감염병의 확산 방지와 근절을 위해 힘쓰는 것이 목적이다. 이를 위해 국제적 협조가 필요한 가축 방역에 대한 시험 연구를 증진시키고 조정하며, 가축감염병의 전파 경위 및 구제 방법에 대한 정보수집과 교환 등으로 가축위생에 대한 관심을 고취시키며, 가축 위생업무에 대한 국제협약을 조정하고 가축 방역시책을 실천한다.

국제위원회·행정위원회·사무국·지역위원회·전문위원회 등으로 조직되며, 각 위원회별로 회의가 개최된다. 특히 전문위원회는 구제역 상설위원회, 식육바이러스 연구위원회, 혐기성 세균 질병위원회, 살모넬라균증 연구위원회, 아프리카 돼지콜레라 연구위원회, 동물 및 축산물 수출입 위생규약 연구위원회, 기생충 연구위원회, 어류 질병 연구위원회, 양봉 질병 연구위원회, 생물학적 제재 연구위원회, 가금 질병 연구위원회 등으로 구성되어 활동한다.

또, 1995년 세계무역기구(WTO)의 설립과 동시에 '위생식물검역조치 적용에 관한 협정(SPS 협정)'이 발효되면서, OIE는 동물검역에 관한 국제기준을 수립하는 국제기관으로 공인되었다.

1.5.2 세계보건기구 WHO(World Health Organization)

1948년 보건상태의 향상을 위한 국제적 협력을 촉진시키기 위해 설립된 국제연합(UN) 특별기구, 이 기구는 1923년에 설립된 국제연맹 산하 보건기구와 1909년 파리에 설립된 국제공중보건사무소의 감염병 통제, 격리조치, 약물표준화 등에 관련된 특수한 업무를 계승했으며, 모든 사람들이 최상의 건강상태를 달성할 수 있도록 하는 정책을 추진하기 위해 보건기구현장의 범위 내에서 폭넓은 권한을 위임받고 있다. WHO는 건강을 단순하게 질병이 없는 상태로서가 아니라 완전한 육체적·정신적, 그리고 사회복지의 상태라고 하는 적극적 의미로 규정하고 있다. 제네바에 본부를 두고 있는 WHO는 3개의 주요기관에 의해서 운영된다. 세계보건총회는 전반적인 정책을 결정하는 기관으로서 매년 소집되고, 집행위원회는 보건전문가로 구성되어 있으며 이들은 총회에서 3년 임기로 선출된다. 마지막으로 사무국은 전 세계적으로 지역사무소와 분야별 행정요원들을 갖추고 있다. 조직의 재정은 우선 상대적인 기여 능력에 따라 회원국 정부가 매년 기부하는 재원으로 충당된다. 이와 함께 1951년 이후에는 UN의 확대기술원조계획에 따라 실질적인 자원을 배분받고 있다. WHO의 업무는 3가지로 분류된다. 첫째, 중앙검역소 업무와 연구자료를 제공한다. 이 기구는 성문화된 세계위생법을 갖추고 있는데 이 법은 불필요하게 국가 간 무역이나 항공여행 등을 방해하는 일이 없도록 검역조치를 표준화했다. WHO 중앙사무국은 또한 회원국 정부에게 백신의 사용이나 암연구, 영양학적 발견, 약물중독의 통제, 방사능에 의한 건강상의 위해 등에 관한 최신 정보를 제공한다. 둘째, 이 기구는 유행병 및 감염병에 대한 대책을 후원한다. 즉 국가적 범위의 예방접종계획 등을 포함하여 대중 캠페인을 벌이는 일, 항생제 및 살충제 사용 교육, 조기진료 및 예방을 위한

연구소와 의료시설의 향상, 깨끗한 생수 공급과 위생 체계 등을 도와주는 일, 그리고 시골지역 주민에 대한 건강 교육 등의 사업을 추진한다. 이러한 사업들에서도 괄목할 만한 진전을 가져왔다. 1980년 5월 천연두가 지구상에서 박멸되었다고 선언했는데 이것은 주로 WHO의 노력에 따른 성공이었다. 셋째, 회원국의 공중보건 행정을 강화하고 확장하도록 노력한다. 회원국의 요청이 있으면, 장기 국민보건계획을 준비하는 정부에게 기술적인 권고를 해주고, 현지 조사나 시범연구계획을 수행할 전문가단을 파견한다.

1.5.3 국제연합식량농업기구 FAO(International Food and Agriculture Organization)

국제연합에서 가장 오래된 상설전문기구. 제2차 세계대전 말기에 전쟁 피해국 주민들의 기아 문제를 해결하고 영양 상태를 개선시키고자 만들어졌으며 그 이후에도 농업·임업·수산업 개발에 대한 각국 정부와 전문기구들 상호 간 역할조정에 노력하고 있다. FAO는 조사·연구 기능도 수행하며, 각국의 개발계획에 기술원조를 제공하고 세미나, 훈련 센터 운영 등을 통하여 교육 프로그램을 시행하고 있다.

1.6 유사 학문 분야

1.6.1 동물공중보건학의 유사 학문 분야

① 공중보건학(Public health)과 예방의학(Preventive medicine)/ 수의공중보건학(Veterinary public health)

공중보건학(Public health)과 예방의학(Preventive medicine)은 국가와 사회의 위생과 건강을 관리하기 위한 동일한 목적을 가진다. 그러나 예방의학은 의사의 지시와 처분에 따라 그 목적이 달성되는데, 이는 공중보건학이 추구하는 개인, 집단에서 지역사회로 확장, 의료정책과 보건사업을 통해 달성되는 것에서 큰 차이가 있다.

② 위생학(Hygiene)

위생학은 건강과 그 유지를 위한 수단과 방법을 연구하는 학문으로, 단어 Hygiene(위생학)은 독일, 일본에서 사용하는 용어이다. 영국과 미국에서는 예방의학(Preventive medicine) 혹은 공중보건학(Public health)으로 사용된다.

③ 사회의학(Sociel medicine)

사회의학은 질병에 관하여 사회 환경, 경제적 · 심리적 · 문화적 요인을 포함하는 보다 광범위한 접근 방법을 연구하는 학문이다.

④ 건설의학(Constructive medicine)

건설의학은 질병의 치료나 예방보다는 현재의 건강상태를 최고도로 증진하는 데 역점을 둔 적극적인 건강관리 방법을 연구하는 학문이다.

■ 표 1-1   동물공중보건학의 유사 학문 분야

구분	내용	비고
공중보건학, 예방의학	사람의 질병 예방과 건강 효율 증진	의학
수의공중보건학	동물 분야의 질병 예방과 건강효율 증진	수의학
위생학	- 좁은 의미: 환경위생학, 식품위생학, 가축위생학, 산업위생학	각 전문분야별
	- 넓은 의미: 공중보건학, 동물공중보건학	보건위생계열
사회의학	- 사회적 유해요인 제거	
지역사회의학	- 의료환경변화 대응(인구, 사회구조, 요구 다양성)	
건설의학	건강증진의 개념 강조(건강상태 최고도 증진)	

2 | 공중보건학 발전역사

공중보건의 발달사는 인류역사와 더불어 시작되었다. 질병에 걸리지 않고 건강을 유지하고자 하는 인간의 노력은 시대에 따라 나뉘며, 학자에 따라서 다양한 견해가 있지만 가장 일반적으로는 1) 고대기 2) 중세기 3) 여명기 4) 확립기 5) 발전기로 나누어서 볼 수 있다.

2.1 고대기(~A.D 500)

고대기는 질병이 신의 저주나 벌이라고 여기는 신벌설과 함께 장기설(질병전파의 원인이 생활환경과 오염된 공기에 있음), 4액체설이 함께 발전된 시기이다. 고대 문명 시기의 높은 건강의식은 역사적 자료나 문헌의 기록을 보면, 세계 4대 문명이 시작된 지역에서 도시의 건설과 함께 배수관, 화장실, 의료시설, 목욕탕 등 공중보건과 연관된 시설이 과학적이나 체계적으로 되어 있었다는 점을 확인할 수 있다.

① 고대 인도의 베다(Veda) 시대

규칙적이고 매우 위생적인 생활을 통해 감염병을 예방하였으며, 방부나 살균에 대한 기술을 적용하였다. 또한 음식·목욕·의복·운동·신체의 청결 등에 대한 규정이 있었다.

② 고대 그리스 시대

고대 그리스의 히포크라테스(Hippocrates, B.C 460~377)는 '인간과학'을 주장하였다. 히포크라테스는 의학의 아버지로 환경과 질병 발생 사이에 깊은 관계가 있다고 생각하였고, 여러 가지의 다양한 예방법과 치료법에 대한 업적을 남겼다.

<히포크라테스 전집(Corpus Hippocraticum)>에서는 해부학, 부인과 소아의 질병, 질병의 예후, 식이요법과 약물요법, 의학윤리, 수술 등의 주제를 다루면서 4액체설과 장기설을 주장하였으며 내용은 다음과 같다.

- **장기설**: 의술에 있어서 다양한 경험과 관찰이 가장 중요하다는 논리로 유행이라는 단어를 처음 사용하기 시작하였다. 좋지 않은 기후, 생활양식, 지형, 공기, 음식 등에 의해서 인간의 질병이 발생한다는 설이다.
- **4액체설**: 인체는 혈액, 황담즙, 점액, 흑암즙을 가지고 있다. 이 4가지 체액의 균형에 의해서 건강이 유지된다는 설이다.

③ 로마 시대

위생학(Hygiene)이라는 용어를 처음 사용하였으며 상수도 시설, 공중목욕탕, 위생공학, 정기 인구조사 등이 발달하였고, 목욕탕과 수도 및 도로 등을 관리하는 공무원이 있었다. 또한 사체 매장 등에 관한 규정을 제정·시행하였다.

2.2 중세기(A.D 500~1500): 암흑기

신 중심의 종교관이 지배적인 시대로서, 문화적인 암흑기라고 할 만큼 고대 그리스보다 퇴보된 시대였다. 모든 질병의 원인을 신이 내린 벌로 간주하여 의학 발전이 답보한 시대로, 로마와 희랍의 물질주의적인 사상, 극에 달한 사치주의에 대한 반발 및 종교적인 경건 사상의 대립으로 육체적 금욕을 경시하는 사고방식을 행동의 규범으로 삼는 풍조로 인해 이 시기 처음 매독과 결핵이 유행하였다. 13세기에는 십자군 전쟁으로 인한 한센병(나병)이 유럽에 창궐했고, '접촉전염설'이 주장되면서 최초로 검역소가 설치되었고, 여행자들을 격리하는 제도가 시행되었다. 14세기에는 칭기즈 칸의 유럽정벌을 위한 생화학테러로 유럽 전역에 선 페스트가 유행하였고, 유럽 인구 절반이 사망하면서 중세사회의 체계가 무너지게 되었다. 이후 페스트에 대한 대책으로서 환자 격리소 설치, 환자 색출, 환자의 침상 및 의복 소각, 항구 폐쇄, 검역기간 규정 등 현대와 비슷한 조치를 강구하였다.

중세 말기, 감염병 예방법으로 방역규정을 만들었는데, 채광, 환기가 불안전한 가옥, 협소한 가로수, 불충분한 배수구, 비위생적인 상수, 비위생적 사체매장 등에 적용되었다.

2.3 근세(A.D 1500~1850): 여명기, 요람기

근세는 문예부흥(1453~1600)의 시기였다. 침체되었던 중세에서 벗어나 근대 과학기술이 태동하고 산업혁명(1760~1830)으로 공중보건학적 사상이 조금씩 싹트기 시작했다.

근세기는 공장 중심으로 형성된 도시에 인구가 집중되면서 연소자나 노동자 등의 근로조건이 심각한 보건문제로 대두되었다. 산업혁명이 가속화되면서 개인위생보다는 공중보건으로 개념 전환이 된 시기로, 생산수단이 기계로 대체되어 대량생산이 시작된 시기이다.

2.3.1 영국

① 존 그라운트(John Graunt, 1620~1647): 런던의 출산 및 사망에 대한 통계적 연구를 발표하고, 이 통계가 정부정책 확립의 기본이 된다고 역설하여 보건행정의 과학화를 뒷받침하였다.

② 에드워드 제너(Edward Jenner, 1749~1823): 천연두 접종법(1798)을 발견하여 18세기 유럽에서 만연했던 천연두를 근절하는 데 커다란 기여를 했으며, 예방접종의 대중화가 가능하였다.

③ 에드윈 체드윅(Edwin Chadwick 1800~1890): 1842년 '노동자 계층의 위생상태'라는 보고서를 통해서 지역 공중보건 활동의 중요성, 위생개혁의 시급성, 보건행정 조직체계 마련에 대한 내용을 제시하였다. 이는 현대의 보건 행정 및 공중보건의 원칙이 되었다. 이후에 이 보고서의 영향으로 1848년 세계에서 최초로 공중보건법이 제정되기도 하였다.

2.3.2 이탈리아

이탈리아 의사 베나르디노 라마치니(B.Ramazzini, 1633~1714)는 52개 직종에 속해 있는 직장인과 연관된 <노동자의 질환>이라는 책을 발간하였다. 그가 남긴 직업병에 대한 업적은 산업위생 분야에서 선구자 역할을 하였다.

2.3.3 독일

요한 프랑크(J.P. Frank)는 위생행정에 관한 12권이 저서를 출간하였으며, 이 12권의 저서는 공중보건학에 대한 최초의 저서로 알려져 있다. 그는 "국민의 건강을 확보하는 것은 국가의 책임이다."라고 주장하며 공중보건학의 체계화를 정립시켰다.

2.4 확립기(A.D 1850~1900): 근대

공중보건학에 있어서 내용적.제도적인 부분이 구체적으로 정립된 시기이다. 면역학 및 세균학이 눈부시게 발전하여 예방의학적 개념이 확립된 시기로서 감염병이 근본적인 차단 및 질병예방 활동이 가능해지면서 공중보건의 큰 발전을 가져왔다.

2.4.1 영국

① 에드윈 체드윅(E.Chadwick, 1800~1890): 구빈법(Poor law) 개혁, 묘지위생, 근로자 보건 등에 관한 보고로 공중보건의 성장을 촉진시켰으며, 런던을 중심으로 유행한 열병이 참상을 조사하여 <Fever Report>를 정부에 제출하였다.
② 존 스노우(John Snow, 1855): '콜레라에 대한 역학조사 보고서'를 통해서 장기설을 뒤

집고 '전염병 감염설'을 입증하였다.

③ 조셉 리스터 (Joseph Lister, 1827~1912): 영국의 외과의사로, 페놀을 이용한 무균수술법, 석탄산 살균법, 기구, 기계, 의복의 고온멸균법을 고안하였다.

④ 윌리엄 라스본 (William Rathborne, 1819~1902): 1862년 영국 리버풀(Liverpool) 시에서 최초로 방문간호사업을 시작하여 19세기 말에 영국 전역으로 확대시킨 간호사이다.

2.4.2 독일

① 로베르트 코흐 (R.Koch, 1843~1910): 파상풍균(1978), 결핵균(1882), 콜레라균(1883)을 발견하였다.

② 루이 파스퇴르 (L.Pasteru, 1822~1895): 닭콜레라균(1880), 탄저균(1877)을 발견했고 광견병 백신(1884), 돈단독 백신(1883)을 개발하였다.

③ 파울 에를리히 (Paul Ehrlich, 1854~1915): 살발산(Salvalsan)이라는 매독치료제를 발명하면서 화학요법이 시작되고 백신 개발, 치료제 발명, 세균 발견 등 질병을 예방하는 기본적인 틀을 확립시켰다.

④ 막스 폰 페텐코퍼(Max von Pettenkofer, 1818~1901): 세계 최초로 뮌헨 대학에 위생학 교실을 개설하여 실험위생학의 기초를 확립시켰으며, 1876년에 베를린에 '독일국립위생원'이 건립되었다.

2.5 발전기(A.D 1900~현재)

확립기의 공중보건학은 독일과 영국 등 유럽을 중심으로 발전해 왔지만 발전기의 공중보건학은 미국이나 영국을 중심으로 체계화되었다.

① 1910년 미국의 공중보건협회가 의학에 사회의학을 도입시켰다.

② 1913년 하버드 대학과 메사추세츠 대학 연합으로 보건대학원을 창설하여 보건행정학, 산업보건학, 소아보건학, 역학, 보건통계학 등의 강좌를 개설하였다.

③ 1920년 윈슬로(Winslow, 1877~1957)는 공중보건의 정의를 발표하였다.

④ 1933년 시덴스트리커(E.Sydenstricker)는 <건강과 환경>이라는 저술을 통해 사회의학의 필요성을 강조하였다.

⑤ 1945년 샌프란시스코에서 UN 헌장에 보건문제를 삽입시켰다.

⑥ 1946년 2월 국제보건기구를 위한 준비위원회가 설립되었으며 세계보건기구(WHO) 헌장의 초안이 작성되었다.

⑦ 1948년 4월 7일 WHO가 발족되었다.

⑧ 1972년 국제인간환경회의에서는 '하나뿐인 지구(The only one earth)를 오염으로부터 보호할 것을 다짐하는 인간환경선언을 하였다.

⑨ 1973년 공해문제를 해결하기 위해서 국제환경기구(United Nations Environment Program, UNEP)가 설립되었다.

⑩ 1978년 9월 소련에서 알아마타(Alma-Ata) 선언이 발표되었는데 '2000년에 전 인류에게 건강을 (Health for all by the year 2000)'이라는 목표를 이루기 위해 1차 보건의료사업을 추진하였다.

⑪ 1992년 6월 브라질의 리우에서 '지구환경정상회담'이라는, 환경과 개발에 대한 유엔 환경회의를 개최하였다.

⑫ 슈퍼컴퓨터(Super computer)가 보급되면서 인간 유전자가 완전히 분석되어 보건의료 뿐만 아니라 다양한 분야에서 게놈(genome) 프로젝트가 활발해지고 있으며, 줄기세포 연구가 활성화되면서 난치병 극복의 희망이 생기는 등 혁명적 변화가 기대되고 있다.

3 │ 원헬스

3.1 One Health의 이해

3.1.1 One Health 개념

인간, 동물, 환경을 서로 연결된 유기체로 이들의 상호연관성을 잘 이해하는 것이 원헬스의 첫걸음이다. 원헬스는 인간-동물-환경을 모두가 고려된 의학, 수의학, 환경 등의 다학제적 및 초국가적 차원에서 협업해야 한다는 전 지구적 개념으로, 전 세계적으로 인구와 동물의 수가 증가하면서 이들 간의 상호작용은 확대, 심화되고 있다. 현재 신종 감염병의 발생 특징은 대부분 인수공통감염병이고 팬데믹 수준으로 확산되고 있으며, 그 결과는 인간, 동물, 환경의 건강과 안녕을 위협하는 것이다. 따라서 의학·수의학만으로는 대응과 통제가 어렵고, 앞으로 발생할지 모르는 X 질병을 예방하기 위해서 원헬스적 인식과 이를 실천하기 위한 노력이 매우 중요하다. 원헬스는 인수공통감염병의 차원에서 비롯되었으나, 동물과 환경 영역으로까지 그 의미가 더욱 확대되었고, 특히 기후변화, 항균제 내성, 야생동물의 불법 거래, 정신건강 문제 등을 종합적으로 아우르는 포괄적 개념이다. 하나의 영역에 국한되지 않고, 시스템에 기반한 생태학적, 전체적 접근법을 적용하여 세 영역 모두의 건강을 증진시키기 위해 협동적, 통합적, 다학제적 관점으로 우리가 직면한 문제를 적극적으로 개입하려는 원헬스의 본질을 이해하는 것이 매우 중요하다.

축산업에서의 원헬스의 중요성은 산업 동물의 생산성 증대에 따른 대형화 시스템에서 더욱 강조되어야 한다. 생산 방식의 대량화로 인해 방목지 확대, 사료 작물의 생산량 증가, 이산화탄소 배출량의 확대 등도 고려되어져야 한다.

세계 인구가 급속하게 증가함에 따라 반려동물이나 말, 외래 애완동물이 빠르게 늘고 있다. 외래 애완동물의 경우 불법적인 수출과 이동이 점점 증가하면서 인간이 새로운 인수공통감염병에 노출될 가능성이 높아지고 있고, 반려동물과 밀접한 생활환경은 이들이 매개체의 역할을 할 가능성을 매우 증가시킨다. 현재 전 세계적으로 중요한 감염의 대표적인 것이 HIV/AIDS, 말라리아, 결핵이다. 이 세 가지는 모두 동물에서 유래하였으며, 인간에게 적응하여 인간 대 인간으로 전파되고 있어, 앞으로의 동물 보건사에게 원헬스에 대한 심도 있는 이해는 매우 중요한 역량 중의 하나가 될 것이다.

인간, 동물, 환경은 점점 더 가까워지고 있다. 상업, 무역, 여행의 증가, 인구, 동물, 야생동물 개체군의 증가, 세계 식량시스템의 확장과 함께 서식지의 파괴와 환경오염이 무분별하게 지속되고 있다. 기후변화로 인해 병원체 매개체들에 의한 감염과 수인성 감염의 양상이 변화하고 있다. 미생물은 새로운 서식지를 구축하고 항생제 내성을 획득하고 있는 실정이다. 신종 감염병과 재출현 감염병을 일으키는 기전은 과학의 눈부신 발전 속에서도 어려운 과제 중 하나이다. 원헬스라는 통합적인 관점을 가지고 인간과 자연계의 상호작용을 들여다보고 신종감염병에 대한 이해를 촉진시키고, 이를 다루는 관리를 체계적으로 수립하기 위함이다.

1 One Health 측면의 종간 유출 전파 관리 중요성

생태계는 미생물, 인간, 동물이 공존하며 정교한 균형을 이루고 있다. 이 평형상태는 미세한 변화로도 깨어질 수 있는데, 이는 종간장벽이 무너지는 기회로 연결된다. 인수공통감염병(Zoonosis)은 루돌프 비료흐가 동물에 의해서 발생하는 인간 질병으로 명명하였고, 병원체가 종간 장벽을 뛰어넘고 유출되어 감염되는 질병을 말한다. 지금까지 인수공통감염병은 약 250종이며, 원헬스 차원에서 중요한 감염병은 100여 종에 달한다.

인간이 수렵 및 채집의 시기를 지나 경작과 가축을 기르면서 가축 및 배설물과의 접촉이 증가했고 이는 그 균형을 무너뜨리는 기회로 작용했다. 벌목, 광물 채굴, 도시화, 취미 활동을 통해 인간은 동물의 서식지를 침범하게 되고, 동물성 식품에 대한 기호도가 증가하면서 축산업은 대형화되었고, 국제무역은 반나절이 걸리지 않는다. 대부분의 지역적 풍토병들은 대부분 동물로부터 기원된 것으로 알려졌으며, 그 밖에도 동물과 인간의 밀접한 관계를 공유함으로서 수많은 인수공통감염병에 노출되어 왔다. 미국질병관리본부(Centers for Diseases Control and Prevention, CDC)는 야생동물 거래 및 삼림 파괴와 동물의 서식지 교란으로 인해 인수공통감염병이 늘어나는 것을 경고하고 있다.

과거에 신의 저주로 여겨왔던 감염병에 대해 과학의 발전과 더불어 끊임없이 도전하고 정복해 왔다. 그러나 감염병의 원인체들도 살아남기 위한 진화(변이)를 해 왔으며, 특히 숙주가 없이 증식을 할 수 없는 바이러스의 경우, 숙주만 찾으면, 기생하고, 경쟁하고, 공격하고, 방어하고, 투쟁하고, 살아남고, 증식하고, 영원히 후손을 이어가며, 진화하고 있다. 특히 RNA 바이러스들은 높은 돌연변이율과 복제율로 상황에 적응하며 변화할 수 있어 동물 바이러스가 인간을 감염시키고, 인간 대 인간 전파를 일으키기 쉽다. 바이러스는 높은 환경 적응 능력을 통해 "종간 장벽"을 뛰어넘는데 이것을 종간 유출 전파(spill over)라 하며, 사스, 니파, 에볼라, 힌드라, 코로나 19는 박쥐를 뛰어넘고, 에이즈는 영장류를 뛰어넘었으며, 라사열, 한타바이러스는 들쥐를, 독감은 돼지와 조류를 뛰어넘었다.

"신종 감염병"이란 용어는 동물과 인간이 공존하는 영역에서 새로 확인된 인수공통감염증에 사용된다. 지난 40년 동안 새로 확인된 병원체는 에볼라바이러스, 마버그바이러스, HIV, 파라믹소바이러스(헨드라바이러스, 니파바이러스), 베로독소를 생성하는 O157 대장균 등이 있다.

이러한 병원체들이 종간 장벽을 뛰어넘는 이유를 생태학과 진화의 측면에서 보면, 서식지를 분할하고 벌목하고 도시화시킨 인간의 행위에 의해 비롯되었다. 자연에서는 이러한 변화가 교란으로 인식되고, 인간과 야생동물, 이들 사이를 이동하는 병원체 간의 생태적, 진화적 관계가 변화하면서 질병을 출현시킨다. 오래전부터 수많은 병원체들은 야생동물에 존재해 오면서 때로는 질병을 일으키지 않고 수백만 년간 자연적 숙주와 함께 공진화하였다. 그러나 인간의 폭발적 개체 증가로 숙주의 서식지를 침범, 사냥 및 생태계의 질서를 파괴하면서, 병원체들이 살아가기 위해서 다른 숙주로 종간 전파될 가능성은 더욱 높아졌고, 새로운 면역계에 대항한 돌연변이를 일으킴으로 신종 감염병들이 계속 새롭게 등장하게 되는 것이다.

3.1.2 One Health 정의

기 관	정 의
세계보건기구 (WHO)	공중보건의 향상을 위해 여러 부문이 서로 소통·협력하는 프로그램, 정책, 법률, 연구 등을 설계하고 구현하는 접근법으로 인수공통감염병, 항생제내성관리와 식품안전에 집중
식량농업기구 (FAO)	동물과 인간의 생태계에서 유해한 질병 위험을 줄이고 위협에 대처하기 위한 협력적, 국제적, 다 부문별, 다 학제적 메커니즘
미국질병통제예방센터 (CDC)	사람, 동물 및 환경에서 최상의 건강을 달성하기 위해 지역적, 국가적, 전 세계적으로 활동하는 여러 분야의 공동 노력을 장려하는 것
One Health Commission	사람, 가축, 야생동물, 식물 및 환경을 위한 최적의 건강을 달성하기 위해 지역적, 국가적, 전 세계적으로 활동하는 관련 분야 및 기관과 함께 다양한 보건과학 전문가들의 공동노력
One Health Global Network	인간, 동물 및 다양한 환경의 접촉 면에서 발생하는 위험 및 위기의 영향 완화를 통해 건강과 안녕을 개선하는 것
One Health Initiative	인간, 동물 및 환경에 대한 모든 건강관리 분야에서 학제 간 협력 및 소통을 확대하기 위한 전 세계적 전략

출처: 국민건강 확보를 위한 한국형 원헬스 추진방안 연구, 보건복지부(2018년 11월 27일)

3.1.3 국내 One Health 포럼 조직운영

　질병관리청은 인수공통감염병에 대한 보다 체계적인 관리와 근본적인 대응을 위한 원헬스 포럼을 개최하고 있다. 원헬스적 접근법을 위해 의료·수의·생태·환경 등 다양한 분야 전문가와 보건·가축방역·야생동물·국방 등 관계부처가 협력한다. 현재 4개 분과, 동물인플루엔자 분과, SFTS(중증열성혈소판감소증후군) 분과, 반려동물 분과, 큐열(Q fever) 분과가 감염병에 대한 기초연구를 공유하고, 연구사업을 통해 관련 감염병에 대한 대책을 수립하고 있다.

　원헬스 포럼의 분과위원회에서 고른 반려동물 관련 주요 인수공통감염병 병원체는 살모넬라, 캠필로박터, 렙토스피라, 고양이할큄병, 백선증, 광견병, 개 인플루엔자바이러스 등이다. 사람에게서 반려동물로 전파되는 감염병으로는 백선증, 인플루엔자, 살모넬라, 지알디아, MRSA(메티실린내성황색포도알균) 감염증, 결핵 등이 있다.

3.1.4 One Health(수의분야 활동)

원헬스 포럼 분과에서 큐열과 SFTS(중증열성혈소판감소증후군)은 반려동물 증가에 따라 동물-사람 간 전파위험 및 고위험군으로 분류되었으며 보호 필요성이 높아지는 질병으로, 질병에 대한 진료 가이드라인, 고위험군 관리방안이 수립되고 있다. 또한 인구공통감염병과 관련하여 가장 중요한 변화는 반려동물 증가에 있다. 이를 예방하고 감시하기 위한 대책으로 반려동물의 이동과 추적, 감시 및 감염 통제, 진단, 예방, 치료, 위험 평가, 교육 및 의사 소통 등의 중요성이 강조되었다. 장기적인 반려동물 관련 통계와 정보를 집약하는 일에 동물보건사의 역할이 매우 중요한 상황이다.

원헬스에서 가장 시급한 과제인 인수공통감염병 가운데 수의학적으로 중요한 질병은 '광견병'이다. 광견병은 반려동물의 통제와 백신으로 예방할 수 있을 것으로 기대할 수 있으나, 현재 모든 개발도상국에서 풍토병으로 자리잡았다. 광견병은 북미에서 매우 성공적으로 박멸한 것으로 보였으나 세계 곳곳에 유럽형 광견병바이러스가 광범위하게 유입되면서 20세기 초에 빠르게 확산되어, 아프리카와 남미 주요 지역의 풍토병이 되어 매년 30만 명 이상, 아시아에서는 2020년 기준 매년 2만 명이 사망하는 인수공통전염병이다. 광견병은 아프리카와 아시아 전역에서 인식 부족과 정책 부재, 비용적 빈곤 문제로 인해 풍토병으로 자리 잡았고, 가장 강력한 매개체인 개가 통제받지 않고 자유롭게 돌아다닌다. 광견병의 진단 역시 마비와 같은 비특이적인 임상 소견으로 인해 오진되는 경우가 많아 지역의 전문가들도 그 심각성을 인지하지 못하고 있다. 광견병의 동물 병원소인 개의 관리와 감시 및 진단이 부족하고, 의학적 오진과 질병에 대한 인식 부족 및 정책 부재로 인해 아시아와 아프리카의 150개 이상의 국가와 지역의 30억 명 이상이 광견병의 위협에 놓여 있다. 광견병은 통제가 가능한 질병임에도 개발도상국에서만 만연하고 있어 새롭게 대두되는 감염병만큼 관심을 받지 못하는 상황임에도 광견병에 의한 소아와 건강한 성인의 사망률은 인간의 모든 감염병 중에서 가장 높아 세계보건기구는 신고대상 질병으로 지정했다. 그러나 광견병이 유행하는 인도는 광견병을 신고하지 않고 있고, OIE의 데이터베이스는 개광견병을 풍토병으로 가진 국가의 최소 추정치보다 적게 집계하고 있다. 앞으로 세계적, 다국적, 국가적 수준에서 원헬스를 적용하여 특정 질병을 통제할 때 가장 먼저 가동되어야 하는 감염병이 바로 광견병이 되어야 할 것이다.

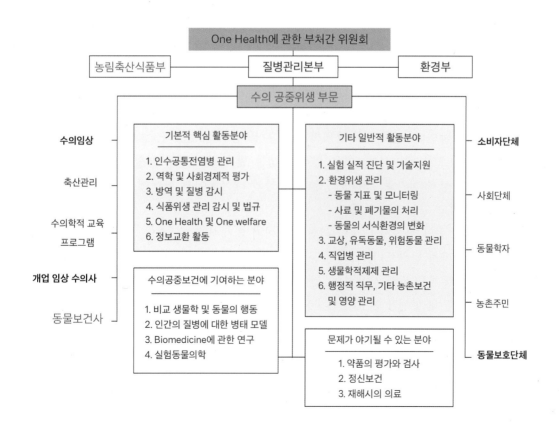

3.1.5 One Health 차원의 항생제내성균 관리

원헬스의 개념은 인간, 동물, 식물의 건강과 기능의 유지가 다양한 측면에서 세균과 그 대사물의 존재와 관련이 있다는 사실에 기초한다. 세균은 질병의 근원일 뿐만 아니라, 질병 치료의 자원이 되며, 또한 치료에 내성을 보이는 유전자의 기원이다. 병원체로서의 세균은 진화 초기부터 존재해 오고 있으며, 의학, 수의학, 농업에서 이루어지는 무분별한 항생제의 사용과 새로운 항생제의 도입으로 인해 전 세계적으로 항생제 내성은 계속 증가하고 있다.

세균 감염증의 치료는 20세기 초반 화학요법을 거쳐 1940년대 중반에 발견된 페니실린과 스트렙토마이신으로 시작되었다. 항생제는 세균 감염증 치료에 가장 중요한 요소가 되고, 그 사용 범위가 넓어지면서 관련 산업도 발전하였고, 종류도 빠르게 늘어났다. 현재 열 가지 이상의 중요한 항생제 계열이 있으며, 효과가 좋은 수백 가지의 유도체들이 만들어졌다.

항생제의 광범위한 사용의 후유증으로 항생제 내성이 문제가 되고 있다. 항생제 내성은 세균을 억제하는 약제의 농도가 점점 높아지거나 작용하지 않는 것을 말하는데, 이러한 기전은 내성 유전자에 기인한다. 항생제 내성 문제의 해결은 내성 유전자 자체에 집중해서는 해결되지 않는다. 여러 연구를 통해 내성 유전자는 생명체 내에 원래부터 존재했다는 의견이 지배적이기 때문이다. 문제는 항생제의 광범위한 사용이 세균의 내성 유전자 획득에 가장 강력한 기회를 제공한다는 것이다. 세균의 내성 유전자 획득은 유전자의 돌연변이와 수평전달로 이루어지는데, 거의 모든 병원체가 다제내성을 획득하는 일차적인 방법으로 사용하고 있으며, 이 내성 유전자의 이동은 국제적으로 이루어지고 있다.

농업과 가축 업계에서 항생제의 사용은 피할 수 없다. 항생제 첨가 사료는 동물의 성장을 촉진하여 사육 기간을 단축시키고, 동물의 이동 시에 발생하는 질병의 발생을 떨어뜨려 개체 손실을 크게 줄인다. 현재 양식업에까지 그 사용 범위를 넓혔다. 항생제 생산 과정에서는 미생물을 대용량으로 배양하며, 이로 인해 미생물 발효 용기에서 배출되는 폐기물의 양 또한 방대하다. 항생제 첨가로 사육한 동물과 동물의 배설물에서 항생제 내성을 가진 균이 검출되지만 간과되고 있는 실정이다.

지난 반 세기 동안 항생제 내성의 위협을 줄이기 위해서 회의, 결의, 제안, 권고안, 워크샵, 정부 성명, 법률까지 나왔으니, 여전히 문제는 해결되지 않고 더 커지고 있다. 항생제 의존을 줄이고, 엄격한 통제를 통해 사용하며, 감염병의 예방과 치료를 위해 동물과 인간의 미생물총에 대한 분석을 통해 항생제 치료가 미치는 영향을 확인하는 연구가 진행되어야 한다.

1928년 A. Fleming이 우연히 세균 배양 실험중에 곰팡이가 자란 곳에 균이 자라지 않을 것을 확인하였고, 이후 1941년에 페니실린이 상용화되었다.

구분	대상 병원균
Priority 1: CRITICAL(위급)	*Acinetobacter baumannii*, carbapenem-resistant *Pseudomonas aeruginosa,* carbapenem-resistant *Enterobacteriaceae*, carbapenem-resistant, 3rd generation cephalosporin-resistant
Priority 2: HIGH(높음)	- *Enterococcus faecium*, vancomycin-resistant - *Staphylococcus aureus*, methicillin resistant, vancomycin intermediate and resistant - *Helicobacter pylori*, clarithromycin-resistant - *Campylobacter*, fluoroquinolone-resistant - *Salmonella spp.*, fluoroquinolone-resistant - *Neisseria gonorrhoeae, 3rd generation* cephalosporin-resistant, fluoroquinolone-resistant
Priority 3: MEDIUM(중간)	- *Streptococcus pneumoniae*, penicillin-non-susceptible - *Haemophilus influenzae*, ampicillin-resistant - *Shigella spp.*, fluoroquinolone-resistant

① 메티실린 내성 황색포도알균(MRSA; Methicillin-resistant *Staphylococcus aureus*)

② 반코마이신내성황색포도알균(VRSA; Vancomycin-resistant *Staphylococcus aureus*)

③ 반코마이신내성장알균(VRE; Vancomycin-resistant *enterococci*)

④ 다제내성녹농균(MRPA; Multidrug-resistant *Pseudomonas aeruginosa*)

⑤ 다제내성아시네토박터바우마니균(MRAB; Multidrug-resistant *Acinetobacter baumanni*)

⑥ 카바페넴내성장내세균속균종(CRE; Carbapenem-resistant *Enterobactericeae*)

　* *Escherichia coli, Klebsiella pneumoniae, Acinetobacter spp., Staphylococcus aureus, Streptococcus*

　　pneumoniae, Salmonella spp., Shigella spp., Neisseria gonorrhoeae

출처: 질병관리청 WEB-SITE (http://www.kdca.go.kr/nohas/aboutOH/business.do)

3.1.6 One Health와 식품안전, 식량 안보, 매개체 감염병, 환경 오염

원헬스 관점에서 식품안전과 관련한 인수공통감염병의 중요한 병원체는 살모넬라와 콜레라균이다. 살모넬라는 2,600개 이상의 혈청형이 있고, 숙주 범위가 넓어 포유류, 조류, 파충류, 양서류, 곤충을 포함하는 광범위한 동물을 감염시킬 수 있으며, 식물, 원충, 토양, 물에서도 생존할 수 있다. 콜레라는 현 시대의 위상 상태에서 사라진 것 같지만, 개발도상국에서는 여전히 위협적인 인수공통감염병 병원체이며, 인간, 동물 혹은 환경 곳곳을 병원소로 만들어 생존하고 있다. 콜레라균은 어류와 조개류를 통해 병을 직접 전파할 수 있는데, 이것이 식품이라는 벡터로 사용될 수 있고, 유전자 변이와 독성유전자를 조절하는 기전이 보고됨에 따라 원헬스적 관점이 더욱 시급하지 않을 수 없다.

현재의 식량 시스템은 "대규모 통합"을 추구한다. 식량의 수출입은 세계의 가장 대표적인 무역과 상업시장 가운데 하나이다. 그러나 세계 식량시스템의 발전은 미생물을 잠복기보다 더 빠른 속도로 전 세계로 이동시킬 수 있게 만들었고, 식품과 물을 통해 병원체를 전파하여 인간과 동물의 건강을 위협하게 되었다. 식량시스템의 구성체인 사육 동물, 동물 제품, 제품의 유통망이 미생물에 노출되어 생물학적 안전 문제가 일어날 수 있다. 산업 동물의 집단 사육은 대형화가 되어, 인플루엔자, 구제역, 광우병, 아프리카돼지열병과 같은 질병은 큰 경제적 손실을 야기하게 된다. SARS와 Covid-19의 팬데믹 유행은 야생 동물 거래 시장에서 시작되고 확산되었으며, 학자들이 예측하는 고위험 병원체 가운데 80%가 인수공통감염증이기 때문에 국가적으로 원헬스적인 식량 안보를 마련할 대책과 감시가 반드시 필요하다.

환경은 계속해서 생태계를 해치는 방향으로 가고 있다. 인간의 활동으로 환경이 파괴되고, 그 결과 새로운 질병이 생기고 있다는 점이 중요하다. 라임병은 진드기가 매개하는데, 이는 미국 동해안의 환경 서식지 파괴로 인해 가까운 인구집단으로 흘러 들어와 발생했다. 이와 함께 급속한 기후변화는 질병 매개체인 모기의 생태기간을 변화시켜 개체수 증가로 이어지고 있다. 말라리아, 황열병, 뎅기열, 동물의 심장사상충증은 치명적이고 전파가 빠른 모기 매개 질병이다. 살모넬라, 콜레라는 식품 매개 감염을 유발하고, 진균은 양서류, 곡류에 심각한 오염으로 심각한 위협이 되고 있다. 환경 오염으로 생태계가 붕괴된다면 우리가 알지 못하는 새로운 방식으로 인간과 동물의 건강에 부정적인 영향이 생길 것이다.

4 | 동물방역 및 동물보호복지(동물보건) 행정관리 체계

■ 그림 1-1   동물방역위생 및 감염병 관리 행정지원 체계

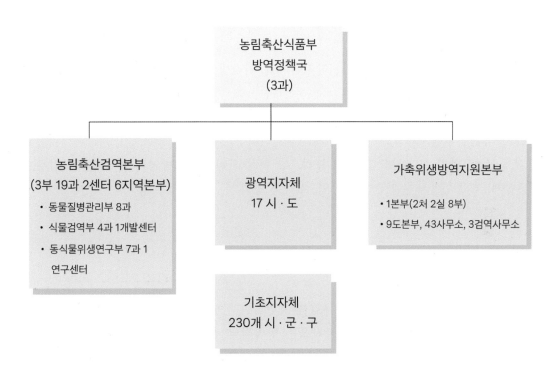

4.1 \ 동물방역 행정 관리체계

4.1.1 농림축산식품부 방역정책국

국내 동물위생관리 및 동물방역 정책을 담당하는 주무부서이며, 산업동물 및 반려동물 방역업무, 수출입동물 및 축산물 검역, 축산물 이력 관리, 가축전염병예방법, 수의사법, 동물 보호법 등 운용하고 있다.

방역정책국 산하 방역정책과, 구제역방역과, 조류인플루엔자방역과 총 세 개의 과로 나뉘어 업무를 분담하고 있다.

① 방역정책과

가축방역방역중장기 계획 및 기획, 축산물 위생안전관리, 가축질병 총괄대응, 가축전염병 방역대책 수립, 방역교육 홍보 기획, 가축방역 사업평가, 가축전염병예방법 및 시도가축방역사업, 가축전염병 예방법 개정 및 운용, 방역정책과 법령 및 예산 업무, 수의사법 개정 및 운용 등

② 구제역방역과

구제역 방역대책 관리, 구제역 백신 관련 업무, 소 등 대가축 방역업무, 대가축계 업무, 중가축 방역, 살처분보상금, 방역인프라지원사업, 가축방역관 관리, ASF(아프리카돼지열병) 관리, 수의사법 등 업무 등

③ 조류인플루엔자방역과

조류인플루엔자(AI) 방역 및 대책 관리, AI 백신 관련 업무, 방역시설, 해외개발업무, 질병등급제, 조류 인플루엔자(산란계) 방역, 소가축 방역, 동물약품업무 등

4.1.2 농림축산검역본부

해외 가축전염병 및 식물병해충 유입을 차단하여 국민건강을 증진하고, 우리나라 농·축산업을 보호하는 역할을 담당하는 국가표준 방역검역 전문기관이다. 가축방역, 수출입 동물·축산물 및 식물에 대한 검역·검사, 외래병해충 예찰·방제·역학조사 및 위험분석, 수의과학·식물검역 기술 연구개발, 동물 보호 및 복지, 동물용의약품 등의 인허가 및 품질관리 등의 역할을 한다.

(1) 가축질병에 관한 연구: 구제역 긴급 방역, 조류 인플루엔자 방역
(2) 가축질병의 진단액 및 예방약의 생산과 개발시험
(3) 가축약품의 국가검정
(4) 동물검역소: 해외악정가축전염병 유입 방지를 목적으로 하며, 주요 공항이나 항구에 설치하여 검역, 검사를 실시한다. 위생검사는 불량 유해축산물 유입방지를 목적으로 한다.

■ 그림 1-3   동물위생시험소 조직도

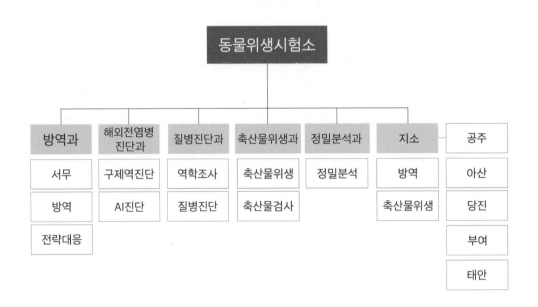

<기능과 역할>

(1) 가축의 병성감정

(2) 가축감염병의 검진

(3) 축산물의 검사(농수산부 허가 육가공품)

(4) 지역에 따른 특별 가축 질병의 연구

(5) 수의과학연구소와의 연락시험

동물위생시험소는 가축방역, 축산물검사, 시험 · 연구사업 및 도정업무 수행의 전진기지로서 도민의견수렴, 현장애로 및 고충사항 해결과 현장중심 서비스 지원이 중요한 기능과 역할을 수행하고 있다.

주로, 가축방역으로 소 결핵병, 소 브루셀라병, 광견병 등 인수 공통전염병과 구제역, 돼지 오제스키병, 닭 추백리 등 주요 가축질병에 대한 검진 · 도태를 통하여 가축전염병을 예방하고, 병성감정 및 혈청검사를 실시하여 신속한 질병 진단서비스를 제공하고 맞춤형 질병

연구사업으로 축산농가의 생산성 향상에 이바지하고자 하며, 축산물검사 업무로 위생적이고 안전한 축산물을 생산하기 위하여 기준치를 초과하는 원료 축산물에 대하여는 폐기 또는 재활용 처리하고 있으며 햄, 치즈, 우유 등 축산가공품에 대한 성분 및 규격검사를 통하여 고품질의 축산가공품을 생산토록 유도하고 있다.

동물위생시험소의 기능과 역학은 크게 가축방역과 축산물검사, 현장 중심의 연구사업 등으로 구분할 수 있으며 부서별 기능과 역할은 다음과 같다.

1 가축방역

① 가축방역팀
고병원성조류인플루엔자 청정국 유지를 위한 특별방역과 결핵병, 브루셀라병 등 인수공통전염병의 근절을 위하여 과거 발생지역, 취약농가 등에 대한 상시 모니터링 및 사육하는 모든 가축에 대한 검사시스템을 구축

② 해외전염병팀
구제역 재발방지를 위한 예방접종 지도 및 백신항체 형성율 검사, 구제역 의심가축 신고 · 접수 시 신속한 현장 방역을 위한 긴급차단방역시스템을 운영

③ 조류질병대응팀
조류인플루엔자 조기검색을 위한 유입가능 경로별 상시예찰검사를 통해 AI발생 위험관리
고병원성 조류인플루엔자 발생 예방 및 청정국 유지를 위한 특별방역 실시

④ 질병진단팀
주요 가축전염병의 신속·정확한 원인규명을 위한 혈청검사와 질병진단 서비스 및 광우병 검사를 담당

생산자 · 소비자 동시 보호

가축방역	• 인수공통전염병의 검진 · 도태로 도민보건 향상 • 가축전염병의 조기검색을 통한 경제적 손실 최소화 • 신속 · 정확한 질병진단으로 전염병 확산 방지
축산물검사	• 도축 및 원유검사 강화로 위생적인 원료 축산물 공급 • 축산물의 안정성검사 확대로 소비자 보호 • 쇠고기유전자 및 축산물가공품 성분규격검사로 건전한 유통질서 확립
해외악성가축 전염병 차단	• 구제역, 조류인플루엔자의 상시 방역 체계 유지 • 발생 방지를 위한 예찰 및 모니터링 검사 강화 • 광우병 청정화 유지를 위한 감시체계 구축
시험역량연구 강화	• 주요 전염병의 효율적인 예방 및 근절방안 연구 • 축산물 검사기법 연구로 안전 축산물 공급 • 질병진단 능력 배양과 질병관리 시스템 개발

② 축산물검사팀

가축에 대한 인수공통 전염병 검사와, 도축 과정 중 의심 단계를 철저히 차단시켜 위생적으로 안전한 식용부위만을 선별하는 도축검사, 원료 축산물 위생관리를 위한 식육 중 위해 잔류물질 및 미생물 검사 등 축산물의 위생적인 생산과 처리를 관리, 감독

③ 현장 중심의 연구사업

도내에서 발생하는 인수공통전염병과 지속적으로 발생하는 가축질병연구로 효율적인 방역정책 적용과 원료 및 유통 축산물 안전성 확보를 실현하기 위해 매년 연구사업 진행

■ 그림 1-5   서울시 보건환경연구원 조직도

4.1.4 보건환경원구원

특별시·광역시·도에 보건환경연구원을 설치한다. 특별시장·광역시장·도지사는 해당 지방자치단체의 조례로 지원을 설치할 수 있다. 보건환경연구원의 설립 목적은 국민이 먹을거리와 질병으로부터 건강하고 안전하게, 그리고 사람과 환경이 조화된 쾌적한 환경에서 행복한 삶을 살아갈 수 있도록, 식품, 의약품, 감염병, 대기, 수질 등에 대해 시험 · 연구하기 위함이다.

연구원은 보건과 환경에 관한 실험 및 검사를 위해 의사·치과의사·한의사·수의사·약사 또는 환경분야의 관련자에게 시설을 이용하게 하거나 의뢰를 받아 실험 또는 검사를 할 수 있다.

<업무>
업무에 관해서는 식품의약품안전청과 질병관리본부 및 국립환경연구원으로부터 기술지도를 받아야 한다.
① 전염병과 후천성면역결핍증, 기생충 및 그 밖의 전염성 질환과 집단질병 발생 등에 대한 진단·검사·시험·조사·연구
② 의약품·의약외품·화장품·의료기기·마약류와 식품위생법에 따른 식품·첨가물·기구·용기·포장, 농산물의 농약잔류량, 식육, 음용수·세척제와 위생용품 및 장난감, 온천수 등에 대한 검사·시험·조사·연구
③ 대기·악취·수질·토양·소음·진동·오수·폐기물·방류수·해양오염과 유해화학물질 등에 대한 검사·시험·조사·연구
④ 관할구역 안의 보건·환경 관련기관의 검사업무에 대한 기술 지도·점검과 검사요원에 대한 훈련 등

4.2 동물보호복지(동물보건) 행정 관리체계

4.2.1 농림축산식품부(농촌정책국) 동물복지환경정책관

국내 동물보호 및 복지 정책을 담당하는 주무부서이다. 동물보호·복지 기본계획을 수립하고 동물학대 방지, 유기동물 보호, 반려동물 보호기반 마련, 반려동물 관련 산업 육성, 동물복지축산 확대, 동물실험윤리 정책 등을 담당한다.

동물복지환경정책관 산하 동물복지정책과, 농촌탄소중립정책과, 반려산업동물의료팀 총 세 곳으로 나뉘어 업무를 분담하고 있다.

① 동물복지정책과

동물복지정책 기획, 동물복지 실태조사, 동물보호·복지 업무기획, 유실·유기동물 보호, 동물보호센터, 동물보호 및 동물보호법 관련 업무, 동물학대, 동물복지축산, 동물보호법/복지축산인증/명예감시원 관리, 안전성 평가, 농산물 안전성 업무 등

② 농촌탄소중립정책과

농촌탄소중립정책 업무, 탄소감축, 농업분야 배출권거래제, 외부사업, 목표관리제, 재생에너지 관련 업무, WTO 농업협상 관련 업무, 기후변화 대응 및 계획, 농촌융복합산업 활성화 등

③ 반려산업동물의료팀

2022년 12월 신설. 반려산업 의료인력(수의사 면허, 동물보건사 자격) 관리, 동물의료정책, 코로나19 대응, 반려산업 및 반려동물산업, 반려동물 영업 및 관리, 반려동물행동지도사자격 관리 등

제2장

환경위생

1 | 환경위생

　　환경위생의 정의는 "우리가 살고 있는 환경에 대해 생명과 건강을 위협하는 생물학, 화학, 물리학 및 사회적 요인을 이해하고 불필요한 요소를 제거하여 인류의 복지와 건강을 증진시키는 것을 목적하는 행동"이라고 할 수 있다. 그리고 세계보건기구(WHO) 환경위생전문위원회에서는 환경위생의 정의를 "인간의 신체발육·건강 및 생존에 유해한 영향을 미치거나 미칠 가능성이 있는 인간의 물질적 생활환경에 있어서의 모든 요소를 관리하는 것"이라고 하였다. 언급된 두 내용 역시 인간과 연계된 내용을 중점적으로 다루고 있고, 다수의 책에서도 인간을 둘러싸고 있는 환경이 대부분을 차지하고 있다. 이 장에서는 경제 동물을 대상으로 동물환경위생을 다루고자 한다. 특히, 동물환경은 자연상태와 다른 인간이 관여하는 인위적인 환경으로 사양 조건이 충족되지 못하면 환경오염과 질병 유발의 원인이 되기도 한다. 따라서 동물환경위생은 동물의 생명과 건강을 위협하는 요소 제거 및 환경위생 개선을 통해 질병 예방, 사양위생, 관리위생으로 <표 2-1>과 같이 행정규칙이 지향하는 과학적 활동이라고 할 수 있다.

■ 표 2-1 동물환경위생 관련내용

항목	내용
질병예방	동물질병의 발생되는 위험요인들을 감소 및 억제시키는 것
사양위생	동물의 성장에 따른 성장 프로그램과 영양관리를 하는 것
관리위생	불합리한 관리는 경제적 문제와 질병유발의 원인이 되므로 이 점에 유의하여 동물을 사육하는 것
환경위생	동물의 생명과 건강을 위협하는 요소 제거 및 환경을 개선하는 것
행정규칙	동물환경위생과 연계되는 사회적 요구에 의한 법률 및 규정을 이해하고 적용하는 것

출처: 이택주 등, 1997

동물 사양 관리는 친환경을 원칙으로 하는 경축순환관점에서 시작되어야 한다. 경축 순환(Integrated crop-livestock recycling farming systems)은 <그림 2-1>과 같이 농산부산물을 축산 활동의 자원으로 순환하는 과정이며, 이 과정에서 토양과 수질오염 저감 및 온실가스 배출을 낮추어 환경적·경제적 측면에서 긍정적인 평가를 받는 지속 가능한 순환식 방법이다(Preston, 2000). 현재 우리나라에서는 동물환경위생관리를 위해 경축 순환에 대한 다양한 법·제도적 방안을 마련하고 추진하고 있다.

■ 그림 2-1　경축순환시스템 흐름도

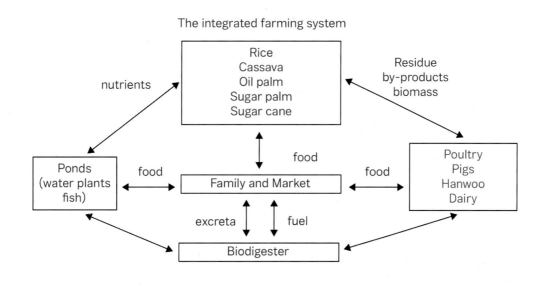

출처: Preston, 2000

2 | 공기

공기는 산소(O) 20.94%, 질소(N) 78.1%, 아르곤(Ar) 0.94%, 이산화탄소(CO_2) 0.03% 그리고 그 밖의 세균, 먼지 등 여러 성분이 함유된 혼합물이다. 우리 일상생활과 마찬가지로 동물은 공기로 호흡하며 활동한다. 그러나 동물환경위생 측면에서 볼 때, 다두 사육되는 동물축사의 공기 질은 사양 환경에 따라 크게 달라진다. 예를 들면, 축사에서 발생하는 축분을 즉각 분리하여 적절한 관리를 통해 발효·부숙시키면 공기의 질은 향상된다. 반대로 그러지 못한 경우, 축사 내 악취와 유해가스, 먼지, 해충과 미생물 등으로 인해 공기 오염은 물론 환경오염을 발생하는 매개체로 작용한다.

2.1 축분 특성 이해

축사 내 공기 질을 이해하기 위해서는 <표 2-2>를 포함하여 축종별 축분의 특성을 이해하는 것이 무엇보다 중요하다. 먼저 계분(Poultry manure)은 다음과 같은 특성을 가진다.
① 분과 뇨의 혼합물이다.
② 질소, 인산, 칼리 등의 비료성분 함유율이 높다.
③ 산란계에서는 특히 칼슘의 함유율이 높다.
④ 가금류에서 발생되는 축분 중 육계와 오리는 이들 계분과 왕겨, 사료 입자, 깃털 등이 혼합되는 깔짚(Poultry litter) 형태로 존재한다.

그리고, 돈분(Pig manure)은 계분과 우분을 비교하면 다른 특성을 가지고 있다.
① 인산 함유율은 계분과 동등하다.
② 비료 함유율은 계분보다 낮고 우분보다 높다.
③ 돈분은 돈분과 돈분 자체와 뇨과 혼합된 슬러리(Pig slurry) 형태로 나누어진다.

또한, 우분(Cow manure)은 다음과 같은 특징을 보여준다.

① 다른 축분보다 섬유질이 많다.

② 비료 성분의 함유율은 계분이나 돈분에 비하여 낮다.

③ 급여된 사료에 따라 우분의 비료 성분의 함유율이 크게 변동한다. 특히 조사료를 주급여하는 경우에는 섬유질과 칼리 함유율이 높게 된다.

■ 표 2-2   축종별 축분의 비료성분 함유율(건물 %)

축종	건물 %	N	P_2O_5	K_2O	CaO
육계분	59.6	4.00	4.45	2.97	1.60
산란계분	36.3	6.18	5.19	3.10	10.98
돈분	30.6	3.61	5.54	1.49	4.11
우분	19.9	2.19	1.78	1.76	1.70

출처: 양계연구, 1997년 5월호

2.2 공기 오염의 발생과정

축사 내 가축분뇨에서 질소의 발생은 가금류는 혼합분뇨의 요산(Uric acid)으로 돼지와 소는 요소(Urea) 성분의 뇨로 배설된다. 요소는 아미노산이 탈 아미노화 과정을 거쳐 체내 대사과정인 요소회로(Urea cylce)를 통해 생성되는 물질이다. 그러나 가금류는 요소회로가 없어서 질소는 요산 형태로 분과 뇨가 같이 총배설강을 통해 배설된다. 이러한 축분이 축사 내에 저장되고 혐기성 상태의 유기물이 충분히 분해되지 않을 경우, <그림 2-2>와 같이 악취(NH_3, H_2S, VFA, VOC 등) 발생과 함께 공기의 질이 떨어져서 동물생산환경에 악영향을 미치게 된다.

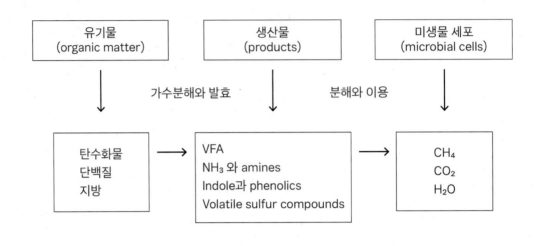

출처: Mackie et al., 1998

2.3 악취(Odor)와 가스(Gas)

악취가 발생하는 원인은 첫째, 축사(Animal building), 둘째, 축분저장단위(Manure storage units), 셋째, 축분 토양시비(Land application of manure) 등으로 나눌 수 있다. 악취는 축분과 축사 내 바닥재(Bedding materials) 등이 미생물 작용으로 혐기성 상태에서 발생하며, 분해가 지속되는 동안 유지되다가 악취가 없는 호기성 상태로 전환된다. 축분에 의한 악취는 돈분에서 가장 많이 발생하는 것으로 알려져 있다. 악취의 일부인 축분 가스는 축사나 축분 저장 단위에서 생긴다. 악취와 관련된 휘발성 화합물(Volatile compound)은 가금류에는 17가지, 돼지는 50가지, 소에는 32가지의 서로 다른 가스 화합물로 구성되어 있다. 또 다른 연구에서는 돼지와 가금류를 합해서 168가지 가스 화합물이 합쳐진 것이라고 하였다. 따라서 가스는 악취에 포함된 것으로 설명될 수 있으며, 지금까지 많이 연구된 악취의 주된 가스는 암모니아(NH_3)와 황화수소(H_2S)이다. 그 밖에 메탄(CH_4), 이산화탄소(CO_2), 산화질소(N_2O) 등은 지구온난화에 영향을 주지만 동물 사양 환경에는 크게 영향을 주지 않는다. 추가적으로 <표 2-3>과 같이 환경부령에 정하는 악취방지법에서는 복합악취와 지정악취 물질 22종을 정하고 있다.

NO	화합물	분자식	분자량	끓는점 (어는점) (℃)	용해도 (%)	냄새 특성	노출 한계 농도 (ppm)
1	Ammonia	NH_3	17.03	-33 (-77)	38	코를 찌름, 썩는 냄새	25
2	Methyl mercapatan	CH_4S	47.11	6 (-123)	2.4	썩은 배추	0.5
3	Hydrogen sulfide	H_2S	34.08	-60.33 (-86)	2.58 - 2.9	썩은 달걀	10
4	Dimethyl sulfide	C_2H_6S	62.0	37 (-98)	약간 용해됨	불쾌함, 썩는 냄새	10
5	Dimethyl disulfide	$C_2H_6S_2$	99.5	100	거의 용해되지 않음	썩는 냄새, 마늘 냄새	5
6	Trimethylamine	C_2H_9N	59.11	2.87 (-117.08)	41,000 mg/100g	자극성, 암모니아, 생선비린내	5
7	Acetaldehyde	C_2H_4O	44.05	21 (-121)	가용성	코를 찌름	200 by OSHA
8	Styrene	C_8H_8	104.11	146 (-31)	0.02	썩는 냄새, 향긋함	20
9	Propionaldehyde	C_3H_6O	58.05	49 (-81)	20	자극성	20
10	n-Butyraldehyde	C_4H_8O	72.12	75 (-96)	7	자극성	25
11	n-Valeraldehyde	$C_5H_{10}O$	86.13	103 (-92)	약간 용해됨	자극성, 불쾌한 냄새	50
12	i-Valeraldeyde	$C_5H_{10}O$	86.13	92-93 (-51)	-	불쾌한 냄새, 썩는 냄새, 사과 냄새	-
13	Toluene	C_7H_8	92.14	111 (-95)	0.05	벤젠과 유사한 냄새	50

14	Xylene	p-Xylene	C_6H_{10}	106.17	138 (13)	불용성	벤젠과 유사한 냄새	100
		m-Xylene	C_6H_{10}	106.17	139 (-48)	불용성	벤젠과 유사한 냄새	100
		o-Xylene	C_6H_{10}	106.17	144 (-25)	0.0175	벤젠과 유사한 냄새	100
15	Methyl ethyl ketone		C_4H_9O	72.12	80 (-86)	27.5	자극성, 아세톤 냄새	200
16	Methyl isobutyl ketone		$C_6H_{12}O$	100.18	118 (-84)	1.9	자극성	50
17	Butyl acetate		$C_4H_8O_2$	106.16	127 (-78)	약간 용해됨	자극성	150
18	Propionic acid		$C_3H_5O_2$	74.08	141 (-20.8)	약간 용해됨	자극성, 불쾌함	10
19	n-Butyric acid		$C_4H_6O_2$	88.11	162-165 (-7--5)	불용성	자극성, 땀 냄새	NL
20	n-Valeric acid		$C_5H_{10}O_2$	102.13	186-187 (-34.5)	-	자극성, 불쾌한 냄새	NL
21	Isovaleric acid		$C_5H_{10}O_2$	102.13	176 (-26)	25 g/L	치즈 냄새, 코를 찌름	NL
22	Isobutyl acid		$C_4H_{10}O$	74.12	107 (-108)	약간 용해됨	자극성	50

출처: 환경부, 2022. 지정악취물질 특성과 취급 주의사항

2.3.1 암모니아(Ammonia, NH_3)

축산환경에서 발생하는 암모니아는 공기보다 가볍고 물에 잘 녹는 무색의 자극성 가스로 주로 계사와 돈사에서 많이 발생한다. <그림 2-3>과 같이 암모니아는 분뇨의 요소분해과정에서 발생하며 암모니아 형성 메커니즘은 다음과 같다.

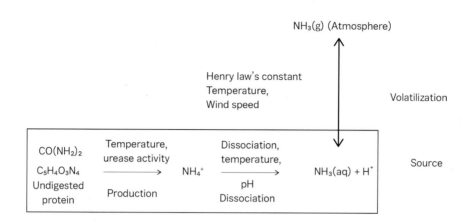

출처: Arogo et al, 2001

　　암모니아의 배출(Ammonia emission)은 요소-질소(Urea-N)량과 분뇨의 혼합 정도에 의존한다. 그 결과로 축산농장에서는 축분의 토양 시비 방법 및 시간 사이에 암모니아 배출에 큰 변이가 존재한다. 요소 질소와 암모니아 생성량은 동물이 섭취하는 질소의 농도와 밀접한 관계가 있다. 특히, 사료급여에서 단백질 과다섭취는 일반적으로 요소 배설을 증가시킨다. 암모니아의 휘발(Ammonia volatilization)성은 고체 또는 액체 상태, 온도, pH 및 분뇨 저장 시간에 따라 총 암모니아 농도가 달라진다. 또한, 배출은 NH_3가 NH_4^+(비휘발성인 암모늄 이온)로 형성되는 과정에서 용액상태의 질소가 어느 정도로 반응하는가에 의존한다. 일반적으로 축사에서 대기로 휘산되는 과정에서 암모니아의 발생은 먼지 형성(PM formation), 토양 산성화(Soil acidification), 지표수의 부영양화(Eutrophication of surface water) 등의 원인이 되며, 특히, <표 2-4>와 같이 증체량과 사료 효율이 떨어지고 축산물의 생산성 감소의 직접적인 원인이 된다.

암모니아 농도(ppm)	증상
50	눈, 코, 목을 자극(2시간 노출)
100	빠르게 눈 및 호흡기 자극
250	대부분의 사람이 견딜 수 있음(30-60분 노출)
400-700	즉시 눈과 목을 자극
> 1,500	폐부종, 기침, 후두경련
2,500-4,500	치명적임(30분)
5,000-10,000	기도폐쇄로 인한 급사

출처: Zhao et al., 2014

2.3.2 황화수소(Hydrogen sulfide, H_2S)

황화수소는 축분 분해에 의한 혐기성 상태에서 발생하며, 무색의 계란 썩은 냄새가 나며 1 ppm 이하에서도 감지되는 다소 공기보다 무거운 기체이다. 특히 황화수소는 돈사에서 많이 발생하며, 주요인은 평균 외기 온도, 축사의 용적, 하루 황 섭취량, pH 등에 의존한다. 물에서 황화수소 용해도는 pH 지수가 높을수록 증가한다. 그러므로 염기성에서 산성으로 변화되면 황화수소 배출이 증가하는 결과를 초래한다. 즉 혐기성 상태에서 축분은 pH가 5.5 이하의 산성이다. 따라서 이때의 황화수소는 암모니아와 이산화탄소에 비해 농도가 아주 낮지만 실측 결과 정상적인 환기를 한 축사 내 농도는 0.09 ppm으로 측정되었고, 돈사 내 slurry를 교반하면 100 ppm~800 ppm까지 측정되었다는 보고도 있다. 고농도의 황화수소도 암모니아와 마찬가지로 생산자나 동물에 있어 치명적인 호흡기 질병을 일으킨다. 더욱이 <표 2-5>와 같이 8시간 동안 10 ppm 범위에서 노출되었을 때는 중독 현상이 생긴다고 하였다. 더 나아가 오히려 낮은 농도의 황을 사료에 첨가하여 동물에게 급여하면 황화수소 배출이 감소된다.

황화수소 농도 (ppm)	증상
< 0.2	독성은 아니고 무시할 정도임
10-100	역겨운 냄새가 나지만 독성은 아님
100-150	눈 및 호흡기 자극
>1,000	즉시 호흡마비 및 사망

출처: https://vetmed.iastate.edu/vdpam/FSVD/swine/index-diseases/hydrogen-sulfide-toxicity

2.3.3 이산화탄소(Carbon dioxide, CO$_2$)

이산화탄소는 물에서 용해성이 낮지만 색깔과 냄새가 없는 가스로, 축사에 저장된 가축 분뇨와 가축이 호흡하는 공기로부터 발생하는 가스보다 무거운 것이 특징이다. 축사 내 축 분은 실온의 부숙 과정에서 이산화탄소가 많이 발생한다. 이때 돈사의 돈분으로부터 이산화 탄소가 발생하게 되면 암모니아의 발생도 함께 증가한다. 즉, 이산화탄소 방출은 축사 내의 공기의 조성뿐만 아니라 암모니아 방출과 인과성이 깊다. 따라서 정상적인 대기에서 이산화 탄소의 농도는 약 0.03%(300 ppm) 정도이지만 다수의 학자들은 축사 내 이산화탄소의 최대 함량이 3000 ppm을 넘지 않도록 제시하고 있다.

2.3.4 휘발성 지방산(Volatile fatty acid, VFA)

휘발성 물질은 덜 소화된 사료의 잔존혼합물과 축사표면이나 분진 등에 흡수되어 <그 림 2-4>와 같은 경로로 발생하며, 이때 악취가 생성되어 휘발성 지방산과 방향족 화합물 (Aromatic compound)을 포함하게 된다. 그러므로 악취를 줄이는 가장 효율적인 방법은 휘발 률을 줄이는 것이다. 휘발률은 상대습도, 기온, 풍속, 발산 및 공급되는 사료 등의 여러 요인 에 의해 영향을 받는다. 특히, 휘발성 지방산 생성 경로는 반추동물 전위(Foregut)와 비 반추동물(가금류와 돼지) 후위(Hindgut)에서 혐기성 미생물 발효로 생성되기도 하며, 셀룰로오스의 상당한 부분도 반추동물에 의해 발산되어 발생하기도 한다. 휘발성 지방산은 냄새와 매우 밀접한 상관관계가 있어 생성을 억제함으로써 악취를 감소시킬 수 있다.

■ 그림 2-4 휘발성 지방산(VFA) 생성 흐름도

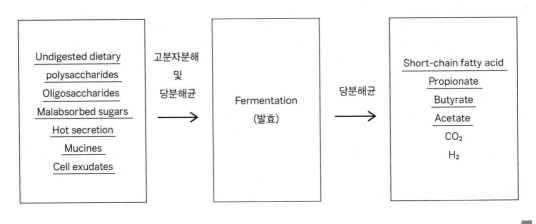

출처: Mackie et al., 1998

2.3.5 메탄(Methane, CH₄)

메탄은 축사 내 저장된 축분이 혐기성 발효 시 미생물에 의해 발생하며, 공기보다 가볍고 물에는 녹지 않는 무색 무취의 가연성 가스다. 메탄은 온실효과에 크게 영향을 미치는 기체로 최대허용 범위를 1000 ppm 내외로 제시하고 있다. 미국의 경우, 경제 동물의 축분뇨에서 발생하는 메탄가스는 총 가스양의 15% 정도이며, 돼지는 50%, 젖소는 30% 정도 방출된다고 추정하고 있다.

2.3.6 미세먼지(Particulate matter, PM)와 분진(Dust)

미세먼지는 공기 중에 떠다니는 고체 또는 액체상의 입자상 물질로 PM이라는 용어로 사용된다. 다시 말하면, 대기 중의 고체 또는 액체 상태로 존재하는 모든 물질로 총칭한다. 미세먼지의 크기는 거친 바람에 날리는 먼지 입자에서 미세한 입자까지 다양하다. 굵은 입자(PM_{10})는 직경이 2.5~10μm이며, 미세 입자($PM_{2.5}$)는 직경이 2.5μm 미만인 것을 언급한다. 특히 PM_{10}과 $PM_{2.5}$는 인간과 동물의 건강에 영향을 줄 수 있으며, 스모그(Smog)와 오존 형성(Ozone formation)에 기인하는 특성을 갖는다. 분진은 물리적 상태의 분쇄 과정에서 생성된 고체상의 물질을 의미한다. 이 두 용어는 대기 환경 분야에서 대기 질을 평가할 때 사용하는 척도이다. 축산분야에서 미세먼지와 분진은 축사 바닥에 떨어져 있는 사료 입자, 동물의 털, 바닥재 및 축 분뇨 등으로부터 발생한다. 축사 바닥의 건조 상태가 지속되면, 미세먼지와 분진 발생원이 축사 내 기류에 따라 공기 중으로 부유하게 된다. 분진 입자는 악취와 가스를 흡수하고 축사 내 배기구를 통해 확산하므로 인근 지역에 악취 민원이 발생하게 된다. 그러므로 적절한 처리와 환기를 통해 미세먼지와 분진을 감소시키는 것이 중요하다. 미세먼지와 분진 발생에 가장 큰 영향을 주는 요인은 가축의 사육밀도이며, 그다음은 온도, 상대습도 및 환기 등을 들 수 있다. 더욱이 축사 내 이러한 물질이 작업자나 동물 내부에 유입시 바이러스나 박테리아에 의해 호흡기 관련 질환, 면역기능 저하, 동물의 생산성을 떨어뜨리는 요인이 될 수 있다. 따라서 가축에서는 동물의 건강을 고려한 흡입성과 호흡성 분진의 허용기준은 각각 3.7 mg/m³와 0.23 mg/m³로 제시하고 있다.

3 │ 물

물(Water)은 동물체에 가장 풍부하게 들어 있으며 생명 유지에 필수적인 영양소이다. 물은 체온조절, 영양소의 수송과 배설, 혈액의 구성 성분, 체내 화학반응의 주요 성분 등 다양한 역할을 한다. 그러나 결핍 시에는 사료섭취량과 동물 생산성에 심각한 피해, 체중 감소 및 폐사, 질소 및 나트륨과 칼륨 등 전해질의 배설이 증가하는 경향이 있다. 또한, 물 공급은 체내로 수분의 음수, 사료에 포함된 수분, 대사 수의 세 가지 경로로 나누어진다. 특히, 음수의 질은 다음과 같은 요인에 의해 결정된다.

① 양질의 물은 용질이 2,500 mg/L 이하여야 한다.
② 황이 1 g/L 이상 함유되면 설사를 유발한다.
③ 질산염 함유량이 100 ~ 200 ppm 수준은 중독을 유발한다.

또한, 축종별 성축의 1일 음수량(표 2-6)과 농장의 수질이 동물에게 급여하기에 적합한지 알아보기 위해서는 정기적인 검사가 중요하며, 경제성 동물의 음수량과 음용수 기준은 <표 2-6>과 <표 2-7>과 같다.

■ 표 2-6　성축의 1일 음수량

축종[1]	음수량(L)
육우	22 ~ 66
유우	38 ~ 110
말	30 ~ 45
양	4 ~ 15
돼지	11 ~ 19
가금	0.2 ~ 0.4

[1]축종의 체중에 따라 음수량이 달라짐

출처: 이수기 등, 2021

■ 표 2-7　음용수 기준

검사항목	음용수 기준	검사항목	음용수 기준
색도	5도 이하	불소	1.5 mg/L 이하
탁도	1 NTU 이하	구리	1 mg/L 이하
냄새	무취	납	0.05 mg/L 이하
맛	무비	아연	1 mg/L 이하
암모니아성 질소	0.5 mg/L 이하	벤젠	0.01 mg/L 이하
질산성 질소	10 mg/L 이하	카드뮴	0.01 mg/L 이하
수소이온 농도	5.8 ~ 8.5	6가크롬	0.05 mg/L 이하
경도	300 mg/L 이하	비소	0.05 mg/L 이하
염소이온	250 mg/L 이하	총트리할로메탄	0.1 mg/L 이하

증발잔류물	500 mg/L 이하	일반세균	100 CFU/ml 이하
대장균군	불검출/50 ml	철	0.3 mg/L 이하
황산이온	200 mg/L 이하	셀레늄	0.01 mg/L 이하
수은	0.001 mg/L 이하	시안	0.01 mg/L 이하
페놀	0.005 mg/L 이하	보론	0.3 mg/L 이하
클로로포름	0.8 mg/L 이하	다이아지논	0.02 mg/L 이하
파라티온	0.06 mg/L 이하	말라티온	0.25 mg/L 이하
페니트로티온	0.04 mg/L 이하	카바닐	0.07 mg/L 이하
111-트리클로로에탄	0.01 mg/L 이하	테트라클로로에틸렌	0.01 mg/L 이하
트리클로로에틸렌	0.03 mg/L 이하	디클로로메탄	0.02 mg/L 이하
톨루엔	0.7 mg/L 이하	에틸벤젠	0.3 mg/L 이하
크실랜	0.5 mg/L 이하	11-디클로로에틸렌	0.03 mg/L 이하
사염화탄소	0.002 mg/L 이하	$KMnO_4$ 소비량	10 mg/L 이하
세제(ABS)	0.5 mg/L 이하	망간	0.3 mg/L 이하
알루미늄	0.2 mg/L 이하 잔류	염소(Cl_2)	0.2 mg/L 이하

출처: 이지팜스, 2020, http://www.easyfarms.net/03_easytech/ easyfarms_techasp

적절하지 못한 물 관리는 수질오염의 원인으로 동물환경위생에서는 가축에 의한 가축분뇨와 축산폐수가 환경오염원이다. 이 두 가지는 생활폐수, 산업폐수와는 달리 수질 환경오염원으로 크게 인식하고 있다. 그 이유는 <표 2-8>과 같이 가축분뇨의 유기물질, 질소, 인 함량이 높아 오염에 기인하거나 가축사육 두수의 기업화 및 대규모로 인해 가축분뇨의 증가량 때문이다. 축산분뇨의 특징은 다음과 같이 요약할 수 있다.

① 오염부하량과 오염성분이 높다.

② 질소와 인 농도가 높다.

③ 악취 발생률이 높다.

④ 생물학적 처리가 가능하다.

수질오염 중 가축분뇨와 축산폐수가 하천, 호수 및 강에서 부영양화와 지하수 오염을 일으키는 환경오염원의 대표적인 예이다. 부영양화는 조류(Dinoflaggelate algae, *Pfiesteria piscicidia*)가 수중에서 90% 이상 수용성 인(Soluble reactive phosphorus, SRP)을 쉽게 이용함으로써 발생하게 된다. 인은 동·식물 성장에 필수 영양소로 부족하게 되면 성장이 제한되는 무기물이다. 그러나 과잉으로 사료를 가축에게 급여하면 축 분뇨의 함유된 인이 시간이 지남에 따라 수중 생태계에 축적하게 되므로 부영양화의 일차적인 요인이 된다. 그러므로 사료조절 방법을 통해 인 함량을 줄이는 것이 매우 중요하다. 지하수 오염은 축산분뇨에 의한 오염으로 밝혀져, 특히, 지하수에 질산성 질소(NO_3-N)의 농도가 증가되어 축산분뇨 무단 배출의 심각성을 보여주고 있다. 따라서 수질에서 허용 범위는 10 ㎎/L을 초과하지 않도록 하고 있다.

■ 표 2-8   년도별 가축분뇨 발생량(2017년~2020년 기준)

(단위: 호, 천두, 톤/일)

년도		2017	2018	2019	2020	
가축사육 축산 농가수		201,745	197,026	198,229	194,665	▼(-1.8%)
가축사육두수		258,492	261,477	291,996	247,111	▼(-15.4%)
가축분뇨 발생량	돼지	56,229	58,614	60,883	56,270	▼(-7.6%)
	한육우	39,393	42,121	45,284	44,921	▼(-0.8%)
	젖소	15,562	16,772	17,324	12,411	▼(-28.4%)
	기타 축종[1]	26,517	26,805	29,730	26,152	▼(-12.0%)
	합계	137,701	144,313	153,220	139,753	▼(-8.8%)

[1]기타 축종은 말, 양, 염소, 사슴, 개(애완견 제외) 및 가금을 포함

출처: 환경부, 가축분뇨 처리 통계, 2022

4 | 토양

토양은 종자를 파종하고 작물이 자라는 곳으로 환경 관리 측면에서 중요한 구성요소다. 토양과 식물과 관련하여, 가축분뇨는 유기질 비료로서 화학 비료를 대체할 수 없는 많은 효과가 있다. 첫 번째는 질소, 인산, 칼리, 칼슘, 마그네슘이 다량 함유된 비료의 가치이다. 두 번째는 토양에 가축 분뇨을 시비하면 미 분해성 유기물이 토양 유기물로 되어 작물이 필요로 하는 양분의 공급원이 된다. 그러나 토양의 양분 공급력을 유지·향상시키는 것이 중요하므로 적절한 양으로 공급되어야만 효과적이다. 그렇지 않은 경우, 토양과 작물환경을 악화시키는 역효과를 초래한다. 이는 가축분뇨를 필요 이상 다량 시비하면 여러 가지 장해작용이 일어난다. 예를 들면, 토양 산성화(Soil acidification)가 대표적이다. 이는 토양 pH 농도가 수년간에 걸쳐 점진적으로 감소하여 작물 생육환경에 부정적인 영향을 미치는 오염원이다. 그 결과 토양의 구조적인 변화를 가져와 비옥도의 감소 및 토양 미생물 환경이 살기에 우호적이지 못한 환경으로 변하게 된다. 결국, 가축분뇨의 과용에 의한 피해라고 할 수 있다. 또한, 1950년부터 1980년까지 유럽에서 산성비(Acid rain) 생성원인의 50% 이상이 암모니아 가스라는 사실을 입증했다. 다시 말하면, 축사 내 발생되는 암모니아가 그 역할을 하여 대기에 공급되고 이러한 과정을 수십년 동안 반복하게 되면 산성비의 원인이 되고 토양 산성화의 진행이 증가한다는 것을 의미한다.

5 | 소음과 진동

2021년 7월 6일 개정된 소음·진동 관리법에 의하면, 기계·기구·시설 및 그 밖의 물체 사용으로 공동주택 등 환경부령으로 정하는 장소에서 사람의 활동으로 인하여 발생하는 강한 소리를 소음(Noise)의 정의로 규정하고 있다. 그리고 기계·기구·시설, 그 밖의 물체 사용으로 인하여 발생하는 강한 흔들림을 진동(Vibration)이라고 총칭한다. 우리나라의 경우, 소음·진동 배출 허용기준은 국제표준기구(I.S.O)의 권고안을 참고하여 제정하였고, 각국의 배출허용기준은 제정 나라마다 다르다. 국내 소음·진동에 대한 법령은 인체 피해를 중심으로 되어 있어 가축피해에 적용한 사례는 제한적이었다. 2001년부터는 "소음에 의한 가축피해 평가에 관한 연구"에서 제안한 기준에 의해 가축피해를 제정하였다. 최근 건설에 의한 소음 진동 관련 분쟁이 늘어나 가축피해가 커지고 있지만, 인과관계 파악 및 피해의 표준화가 어려운 실정이다. <표 2-9>에서 보듯이 1991년부터 2021년까지 중앙환경분쟁조정위원회에서 접수 처리한 환경오염 피해 원인 4,847건 중 소음·진동으로 인한 피해는 4,065건(83.9%)이였으며, 대기오염 231건(4.8%) 수질오염 102건(2.1%) 일조 312건(6.4%) 기타 137건(2.8%)으로 나타났다. 그리고 환경분쟁 신청사건 피해 내용 중 처리된 4,847건은 정신적 피해가 1,865건(38.5%)으로 가장 많고, 그다음은 건축물 피해와 정신적 피해를 함께 신청한 사건이 1,085건(22.4%) 축산물 피해 457건(9.4%) 농작물 피해 337건(7.0%) 건축물 피해 229건(4.7%) 수산물 피해 102건(2.1%) 기타 772건(15.9%) 순이었다. 이 결과는 <표 2-10>에 제시하였고 신청사건에서 소음·진동에 의한 가축피해가 크다는 점을 시사한다. 일반적으로 <그림 2-5>와 <표 2-11>에 나타내듯이 가축들의 소음·진동에 과도한 노출은 스트레스 증가, 심장박동수와 호흡의 변화, 부신피질 호르몬의 분비량 증가, 영양 수준 저하, 폐사, 조산 및 성장이 지연되는 것이 공통적이다. 이로 인해 환경분쟁 민원에서 배상액 결정은 가축 피해자의 분쟁을 해결하는 가장 중요한 마무리 단계이다. 실제로 피해를 입은 금액과 보상액 차이가 클 경우, 불복하는 등의 문제점들이 있을 수 있다. 공정한 피해보상을 위해서는 먼저 많은 사례분석을 통해 기초 자료의 축적이 필수적이며 이를 바탕으로 객관적이고 합리적인 피해액 산출에 기여할 수 있다.

■ 그림 2-5   소음과 진동에 의한 축사 및 주위 환경

축사내부

견사내부(축사 옆에 같이 있음)

(단위:건수, %)

구 분	계	소음 · 진동		대기오염	수질오염	일조	기타[1]
		공사장	교통 등				
계	4,847	4,065		231	102	312	137
(%)	(100)	(83.9)		(4.8)	(2.1)	(6.4)	(2.8)
2021	289	209(73%)	15(5%)	4(1%)	-	28(10%)	33(11%)
2020	245	186(76%)	10(4%)	3(1%)	4(2%)	30(12%)	12(5%)
2019	256	179(70%)	18(7%)	6(2%)	-	40(16%)	13(5%)
2018	238	195(82%)	12((5%)	2(1%)	5(2%)	16(7%)	8(3%)
2017	160	125(78%)	11(7%)	3(2%)	1(1%)	18(11%)	2(1%)
2016	162	112(69%)	10(6%)	10(6%)	2(1%)	25(16%)	3(2%)
2015	211	158(75%)	19(9%)	10(5%)	2(1%)	13(6%)	9(4%)
2014	237	166(70%)	37(16%)	5(2%)	4(2%)	18(8%)	7(3%)
2013	191	130(68%)	24(12%)	12(6%)	3(2%)	19(10%)	3(2%)
2012	255	203(80%)	11(4%)	14(5%)	6(2%)	17(7%)	4(2%)
2011	184	140(76%)	23(12%)	7(4%)	3(2%)	6(3%)	5(3%)
2010	176	130(74%)	20(11%)	3(2%)	6(3%)	12(6%)	5(4%)
2009	283	241		13	2	21	6
2008	209	173		8	3	22	3
2007	172	142		7	3	15	5
2006	165	150		8	3	1	3
2005	174	151		11	5	6	1
2004	223	206		8	3	5	1
2003	292	264		19	8	-	1
2002	263	229		26	4	-	4
2001	122	103		11	7	-	1
2000이전	340	263		41	28	-	8

[1]기타: 지하수, 통풍방해, 악취, 토양오염, 수해피해 등

출처: 환경부 중앙환경분쟁조정위원회, 2021

(단위:건수, %)

구분	계	정신적 피해	건축물 +정신적	축산물 피해	농작물 피해	건축물 피해	내 륙 수산물 피해	해양 수산물 피해	기타 피해[1]
계 (%)	4,847 (100)	1,865 (38.5)	1,085 (22.4)	457 (9.4)	337 (7.0)	229 (4.7)	78 (1.6)	24 (0.5)	772 (15.9)
2021	289	187	5	6	14	27	3	-	47
2020	245	109	24	19	22	21	3	1	46
2019	256	110	31	13	26	26	4	-	46
2018	238	119	49	5	22	10	-	-	33
2017	160	32	38	11	11	10	4	-	54
2016	162	32	78	14	16	5	2	1	14
2015	211	48	77	12	11	9	-	2	52
2014	237	66	82	8	16	21	1	2	41
2013	191	52	45	10	15	9	1	-	59
2012	255	91	48	32	22	7	3	6	46
2011	184	66	51	18	10	6	3	1	29
2010	176	64	33	22	13	6	8	-	30
2009	283	127	55	20	16	9	4	1	51
2008	209	71	57	19	18	4	5	-	35
2007	172	45	54	17	18	3	1	-	34
2006	165	74	40	20	6	3	2	-	20
2005	174	72	40	22	10	1	4	-	25
2004	223	107	49	33	9	1	1	1	22
2003	292	149	58	18	9	12	5	-	41
2002	263	121	65	42	13	7	1	-	14
2001	122	37	33	26	8	2	5	-	11
2000 이전	340	86	73	70	32	30	18	9	22

[1]기타: 건강, 영업 손실, 방음시설, 재산피해 등

출처: 환경부 중앙환경분쟁조정위원회, 2021

축종	영향
가금[1]	◎ 닭은 다른 가축에 비해 비교적 소음에 강하지만, 90 dB(A) 이상의 소음에 노출되면 2~3분 정도 허둥대다가 적응하면서 정상 상태로 됨. ◎ 지속적인 소음 스트레스에서 닭의 혈중 코르티졸이 증가함.
돼지[2]	◎ 돼지는 섬세하고 예민한 특성 가지고 있어 소음진동에 민감. ◎ 소음이 큰 경우, 임신돈이 스트레스를 받아 호르몬 이상으로 난소와 자궁 기능에 영향이 나타나 유사산 함. ◎ 자돈은 소음으로 인한 압사에 의한 폐사가 발생할 수 있으며 진동에 민감하여 미진에도 놀라 도망치는 반응을 보임.
소[3] (한우, 젖소)	◎ 반추동물은 대부분 75 dB(A) 이상에서는 생체에 영향이 나타남. ◎ 60~70 dB(A)의 소음수준에서도 유사산 및 폐사가 0~5%, 번식률 저하 및 성장지연 피해가 5~10% 발생. ◎ 진동이 함께 발생할 경우, 영향 범위도 소음에 비하여 훨씬 넓게 나타나기 때문에 피해규모가 더 커짐.
개[4]	◎ 개의 청각은 사람의 16배로 소음이나 진동 등에 매우 민감하고 미진에도 놀라 몰려다니는 등의 예민한 반응을 보임. ◎ 환경의 변화 즉 소음·진동 등에 의한 외부자극에 민감한 반응 및 성장지연을 나타냄. ◎ 개는 계절번식을 하는 특성을 가진 동물로서 번식장애피해는 봄철은 3~5월, 가을철은 9~11월의 기간 중 번식이 이루어져 60일후에 출산하게 되는데 수태율 저하, 산자수 감소 및 유산, 사산 등으로 발생할 가능성이 있음.

[1]출처: 김재수 등, 2001; Siegel, 1983

[2]출처: 최승윤, 2001

[3]출처: Park, 2008

[4]출처: 류일선, 2007

6 이외 환경요인

기타 요인으로 축사 내 사육밀도 및 축사 형태, 온도, 습도, 환기 등은 동물환경위생에 영향을 미치게 된다. 동물의 환경조절은 동물 생산성을 결정해주는 요인으로 매우 중요하다. 즉 적절한 사육밀도와 축사 환기를 통해 사육환경을 조절하는 것뿐만 아니라 온도와 습도를 조절하여 축사 바닥의 수분 건조 예방과 농도를 희석시킨다. 또한, 축사 내 동물 주위에 신선한 공기를 공급하여 냄새와 유해가스를 제거해주며, 먼지의 밀도를 낮추는 등 여러 기능을 하는 요소이다. 이러한 축사 안의 사육환경을 평가하고 제어하기 위해서는 무엇보다도 기타 환경요소들의 상호·복합적 관계를 이해는 점이 먼저 수반되어야 한다.

6.1 사육밀도와 축사형태

단위 면적당 사육 두수 또는 한 마리당 점유면적으로 나타낸 용어가 가축 사육밀도(Stocking density)이며 동물생산성과 밀접한 관계가 있다. 고밀도 사육 시 가축은 축사 내 온도와 암모니아 발생 증가 및 체내 활성산소 증가 등과 같은 지속적인 스트레스를 유발시킨다. 따라서 건강 악화 및 이상 행동을 초래하게 되어 항상성 유지의 불균형이 수반된다. 그러나 생산자 입장에서는 단위 면적당 가축을 좀 더 생산할 수 있어 고밀도 사육을 선호한다. 특히 이점은 동물환경위생 관점에서 재고할 필요성이 있으며, <표 2-12>에 제시하듯 관계 법령에 허용된 사육밀도 내에서 가축들이 사육해야 한다.

사육밀도와 더불어 <그림 2-6>처럼 축사 형태도 동물생산환경에 영향을 받는다. 가금의 사육형태는 평사와 케이지사로 구분되며, 평사에서는 자유롭게 활동하며 시설비가 저렴하다는 장점이 있다. 단점으로는 질병 발생 시에는 소독의 어려움, 환기 불량, 밀사 사육 시 산란 및 성장능력이 불균형 등을 들 수 있다. 케이지 사육은 평사 사육에 비하여 자동화 시설 비용이 증가하는 것이 단점이지만, 단위 면적당 사육 두수 증가, 노동력 감소, 사료 효율의 증대 및 계란의 집란이 가능하므로 위생상 관리가 용이하다.

계사의 형태는 무창 계사와 개방 계사로 나누어지며, 무창 계사는 산란계의 경우, 점등시간을 조절할 수 있지만 영양소 함량이 증가되는 점도 있다. 돼지는 일정한 수의 모돈을 유지하면서 임신사를 거쳐 분만사로 이동하게 되며, 이유 후 자돈은 자돈사로 옮겨져 27kg까지 사양 관리하게 된다. 그다음 비육사로 이동하여 도축 시까지 사육하는 형태를 유지한다. 이러한 형태의 사육을 일괄사육이라고 한다. 우리나라에서 돈사는 창문이 없는 무창 돈사이며,

바닥은 배설물이 바닥 틈 사이로 떨어지는 슬러리 피트(Slurry peat)로 되어 있다. 무창 돈사는 환기 시스템 적용의 어려움, 건축비용과 돈사 유지 비용이 많이 든다. 그러나 주목적은 돈사 내부의 환경을 돼지의 성장에 가장 알맞은 상태로 유지하여 생산성을 높이고 올인 올아웃(All in - all out)과 같은 새로운 관리 체계를 적용함으로써 많은 경제적 수익을 얻고자 하는 데 있다. 한우사는 개방식 우사, 계류식 우사 및 방사식 우사 3종류로 나누어진다. 사면이 개방되어 자연환경에서 소를 사육하는 방식이 개방식 우사로 건축비가 적게 들며 한우 사육시설로 많이 이용되고 있다. 계류식은 소를 한 마리씩 묶어서 사육하는 방식이며, 우사의 벽면이 설치되어 있고 무리 사육을 할 수 있도록 한 것이 방사식 우사로 정의 할 수 있다. 특히 방사식 우사는 대규모 사육농가에 적합하다. 유우(젖소)사는 계류식과 비계류식으로 구분되며, 계류식은 다시 목 주변을 고정시키는 타원형의 철제 구조물로 구성된 우사인 스텐천 우사(Stanchion barn)와 쇠사슬 또는 혁대를 이용하여 계류시키는 타이스톨 우사(Tie-stall barn)로 나누어진다. 타이스톨 우사는 스탠천에 비하여 활동이 자유롭고 계류시설을 위한 설치비용이 저렴한 점에서 차이가 있다. 또한, 비계류식 우사에는 우사 내에서 소가 집단적으로 휴식을 취할 수 있는 무상 우사(Loafing barn)와 계류식 우사와 무상 우사의 장점을 채택한 자유출입 형 우사(Free stall barn; 착유우, 건유우, 임신우 및 육성우를 단계별로 구분하여 사육할 수 있는 시설) 그리고 콘크리트 바닥에 10cm 두께의 톱밥(왕겨)을 깔음으로써 젖소 관리의 노력 절감 및 사육 환경 개선을 주목적으로 하는 깔짚 우사(Litter barn)로 구분된다. 따라서 한우와 착유우 우사는 생산성과 동물 활동, 축분뇨 처리 및 환경위생을 고려할 때, 각 우사 형태의 장단점을 면밀히 검토하고, 건축비, 유지비, 노동력 등을 비교하여 결정하여야 한다.

■ 표 2-12 축종별 사육밀도

축종	구분	시설형태		면적
닭	종계 · 산란계 (18주령 이상)	케이지		0.05 m²/마리
		평사		9마리/m², 0.111 m²/마리
	산란육성계 (3~17주령)	케이지		0.025 m²/마리
		평사		18마리/m², 0.0555 m²/마리
	병아리 (2주령까지)	케이지		0.013 m²/마리
		평사		36마리/m², 0.0277 m²/마리
	육계	무창계사		39 kg/m²
		개방계사	강제환기	39 kg/m²
			자연환기	39 kg/m²

오리

구분				
산란용	산란육성오리		산란용오리	산란새끼오리
	18주령 이상		3~17주령까지	2주령까지
	0.333		0.1665	0.08325
육용용	육용오리		육용육성오리	산란새끼오리
	6주령 이상		3~5주령까지	2주령까지
	0.246		0.123	0.0615

돼지

웅돈	번식돈			비육				
	임신돈	분만돈	종부대기돈	후보돈	새끼돼지		육성돈	비육돈
					초기	후기		
6.0	1.4	3.9	1.4(스톨) 2.6(군사)	2.3(군사)	0.2	0.3	0.45	0.8

한우(육우)

축사형태	번식우(암)	비육우(암·수)	육성우	송아지
	14개월 이상	14개월이상	6~13개월	4~5개월
방사식	10.0	7.0	3.5	2.5
계류식	5.0	5.0	3.5	2.5

젖소

축사형태	착유우		미경산우	비육우		육성우		송아지	
	착유유	건유우	암	암	수	암	수	암	수
	12개월 이상			14개월 이상		6~11개월	6~13개월	3~5개월	4~5개월
깔짚방식	16.5	13.5	10.8	7.0		6.4	3.5	4.3	2.5
계류식	8.4			5.0		6.4	2.5	4.3	2.5
프리스톨 방식	8.3					6.4		4.3	

출처: 법제처 국가법령정보센터, 가축사육시설 단위면적당 적정 가축사육 기준

육계사(평사, 개방계사)

산란계사(케이지사, 무창계사)

오리사(평사, 개방계사)

돈사(슬러리 피트, 무창돈사)

한우사

유우사

6.2 온도와 습도

온도는 영양소 요구량, 음수량, 사료섭취량 등 여러 가지 경로로 생산성에 중요한 영향을 미치는 요인으로 작용한다. 가축은 제한된 범위 내에서 사료 섭취량의 변화, 대사활동 변화, 체열 발산 조절 등 주위 온도변화에 대응하는 생리적 자율조절 능력을 가지고 있다. 그러나 한계를 넘으면 이러한 조절능력을 상실하게 된다. 특히, 환경 온도변화는 사료 섭취량에 가장 심한 변화를 나타내기 때문에 환절기에는 일교차를 줄여 생산성을 일정하게 유지하도록 관리하여야 한다. <표 2-13>과 같이 습도는 온도와 밀접한 관련이 있어 같은 기온이라도 습도가 높으면 가축들의 호흡수가 증가하게 된다. 특히, 축사 주위의 온도가 높을 때 고습도는 가축의 체열 발산을 억제하여 생산성에 영향을 미치며 질병 발생률이 높다. 이와는 반대로 습도가 낮으면 탈수증이 생긴다. 습도는 가축의 호흡 환경, 에너지환경, 생활환경에 여러 가지로 영향을 주게 되므로 환기 등의 인위적인 방법으로 적당한 습도를 유지하도록 해야 한다.

■ 표 2-13 축종별 적정온도와 습도

축종	구분	온도	습도
가금[1]	육계	처음 1주일간은 약 33~34℃, 그다음 주부터는 약 2~3℃씩 온도를 서서히 내리고 사육후기에는 21℃ 전후로 유지	육추 초기에는 약 70% 육추 후기에는 약 60%
	산란계	처음 1주 육추 동안은 31~33℃, 1주일 간격으로 여름철은 3~4℃씩, 겨울철에는 2~3℃로 낮추고 산란기간 동안 적정온도를 16~24℃로 유지	육성기에는 60% 산란기에는 45~60%
돼지[2] (일령 또는 체중)	출생직후	35	60~70
	1주일령	25	60~70
	1주일~이유전	23~25	60~70
	이유시	28	60~70
	이유~45kg	21	60~70
	45kg이상~비육돈	18	60~70

	송아지	13~25	70
한우[3]	육성우	4~20	80
	비육우	10~20	80
	송아지		70
젖소[4]	육성우, 성우	5~25	80
	착유우		40~70

[1] 출처: 이수기 등, 2021

[2] 출처: 박준철, 2010

[3] 출처: 횡성농업기술센터, 2016

[4] 출처: 횡성농업기술센터, 2016

6.3 환기

환기는 열기와 습기 및 유해가스(NH_3, CO_2, H_2S 및 CH_4) 제거, 먼지와 병원체 등을 축사 외부로 방출하고 신선한 공기를 유입하여 축사환경과 동물 생산성을 향상시키는 요인이다. 때문에 축사 관리의 중요한 요소이기도 하다. 축사 내의 환기 불량은 수증기 발생과 먼지에 의한 공기 오염과 축 분뇨 및 깔짚의 혐기성 발효에 의한 가스 증가로 호흡기 질병 유발하여 가축에 극히 해롭다. 가축의 열 발산형태는 전도, 대류, 복사의 형태로 환기를 통해 열의 이동이 가장 크게 영향을 받는다. 이때 축사 내 공기의 유동이 원활하게 이루어지기 위한 대류가 발생해야 하므로 축사와 축종에 따라 적절한 환기 방법이 필요하다.

7 해결 방안

축사 내 환경 개선, 축 분뇨 활용 및 동물 생산성 향상을 위한 해결 방안은 아래 <표 2-14>에 크게 8가지 방법으로 요약하였다. 이는 한 가지 오염을 저감되면 또 다른 경로에서 오염이 발생하기 쉬우므로 통합적인 접근방법이 필수적이다. 현재는 화학제재를 축 분뇨에 첨가와 퇴비화가 가장 효율적인 방법이라고 제시하고 있다.

■ 표 2-14 동물환경위생을 향상시키기 위한 방법

구분	특징
화학제재를 축분에 첨가 (Alum, AlCl₃)	◎ 축사 내 발생되는 악취와 공기 중의 대기오염, 축분뇨와 깔짚 내수용성 P를 감소시키는 데 효과적임. ◎ 축분뇨에 함유된 중금속 함량이 감소됨. ◎ 경제적인 측면에서 가격이 쌈.
석탄재	◎ 축사의 축분과 부숙된 분에 석탄재를 처리 시 수용성 인(P)은 85~93% 감소됨.
퇴비화	◎ 식물양분 공급 역할을 함. ◎ 토양 생물 · 물리 · 화학성의 개선 효과가 있음. ◎ 질소의 과잉에 의한 영향으로 식물의 장해가 발생함. ◎ 함수율이 높은 미숙 퇴비 사용 시 토양의 물리성이 약해짐. ◎ 특정 미네랄에 과잉에 의한 그라스테타니가 발생함.
사료배합기술	◎ 계분이나 돈분 중에 함유된 N 함량은 사료 중에 단백질 수준을 낮추고 그 대신 아미노산을 보충하면 감소됨. ◎ 소화기내의 pH나 미생물균을 조정하면 냄새가 감소됨.
효소첨가제	◎ Anti-nutritional factor를 제거하는 효과가 있음. ◎ 사료에 현존하는 영양소의 이용력을 증진. ◎ Non-starchpolysaccharides의 이용력을 높임. ◎ 가축의 몸속에 존재하는 효소들의 보조 역할을 하며, 소화가 잘 이루어지면 영양소의 배출을 막을 수 있으며 이것은 곧 축산환경공해를 예방할 수 있음.
저장 카바	◎ Permeable cover는 분 저장 장소의 표면에 짚류나 옥수수 대, 땅콩대 등을 조밀하게 띠움으로써 생물학적으로 필터 작용을 갖도록 함. ◎ Impermeable cover를 쓰면 냄새를 제거하지만 비용이 비쌈.
필터	◎ 이 방법은 축사정화와 배설물 관리를 위해 공기의 질을 순화시키는 것이 주 목적임. ◎ 축사 내에 먼지를 걸러내고 냄새를 유발하는 가스를 걸러내는 생물학적 기능을 갖는 필터(Biomass filter)를 사용하면 약 80%의 먼지와 냄새를 제거 하는 효과가 있음.
오존	◎ 오존은 아주 강력한 산화제로서 독성을 갖는 여러 물질들의 결합을 분쇄할 수 있으며 약물의 잔존을 없앨 수 있고 냄새나는 물질들을 제어할 수 있는 힘이 있음. ◎ 오존의 효과는 돈사와 계사에서 이용하였을 때 축사환경을 개선하는 면과 그렇지 않은 면이 있음.

출처: 양계연구, 1997; Nahm과 Nahm, 2004

제3장

식품위생

1 식품위생 개념 이해

1.1 식품위생의 개념

1.1.1 식품위생의 정의

식품위생(food hygiene)이란, 식품의 성장(재배, 양식), 생산, 제조로부터 최종적으로 사람에게 섭취되기까지의 모든 단계에 걸친 식품의 안전성(safty)과 건전성(soundness) 및 완전무결성(wholesome)을 확보하기 위한 모든 필요한 수단을 말한다. WHO(World Trade Organization), 환경위생전문위원회 전문에서는 "Food hygiene means all measures necessary for the ensuring the safty, wholesome and soundness of food at all stages from its grows, production or manufacture until its final consumption"라고 기술되어 있다. 이처럼 사람에게 식품이 섭취될 때 안전해야 하는데 그 안전을 위협하는 위해물질이 있다.

1.1.2 식품 중의 위해물질

① 위해물질의 분류

식품의 위해물질은 크게 화학적, 생물학적, 그리고 물리학적 위해요소, 종합적 위해요소로 구분된다. 자세한 내용은 제4장 HACCP에서 자세히 기술하였다. 간단한 소개는 아래와 같다.

① 화학적 위해물질: 식품에 자연적으로 존재하는 위해요소는 버섯독, 복어독, 아플라톡신, 오크라톡신 등의 천연독이 있으며, 식품의 생산, 제조, 가공, 포장, 보관, 운반, 유통, 조리 등의 특정 단계에서 의도적 혹은 비의도적으로 들어갈 수 있는 중금속(수은, 카드뮴), 농약, 동물의약품(항생제), 살충제, 식품첨가물뿐만 아니라 세척제, 윤활제, 각종 페인트 등과 같은 화학물질이 있을 수 있다.

② 생물학적 위해물질: 생물학적 위해요소는 미생물로 설명할 수 있다. 물론 생물학적 위

해를 일으키는 미생물의 종류는 많지만, 대표적인 것으로는 세균, 바이러스, 곰팡이, 기생충 등이 있다. 이들은 사람이나 동물이 식품을 섭취하는 것을 부적합하도록 만드는 생물체(각종 미생물체)를 포함한다. 생물학적 위해요소는 원료에 함입되는 근본적인 것도 있고, 원료나 생산 공정에 유입될 수도 있다.

③ 물리학적 위해물질: 정상적으로 식품에서는 발견될 수 없는 것으로 외부에서 들어갈 수 있는 모든 물리적 요인이라고 할 수 있다. 소비자에게 질병을 일으킬 수 있는 혹은 상처를 유발할 수 있는 이물, 식품의 구성물과 이물질(동물의 뼈, 생선의 가시, 생선에 들어 있는 낚시 바늘 등)을 포함한다. 유리, 금속, 플라스틱 등 종류가 다양하다.

④ 종합적 위해물질: 화학적 위해물질, 생물학적 위해물질, 물리학적 위해물질이 모두 복합적으로 들어가 있는 것을 말한다.

② 위해물질의 유입 경로

식품의 위해물질은 유입 경로에 따라 크게 내인성과 외인성으로 구분한다. 내인성이란 식품 자체에 원래 위해 물질이 있었던 경우를 말하며, 외인성은 그 위해물질이 외부에서 들어간 것을 말한다. 외부에서 들어가는 경우 그 원인을 ① 생물학적(미생물학적) 원인체의 유입, ② 인위적(의도적) 원인체의 유입, ③ 인위적(비의도적) 원인체의 유입, ④ 인위적(가공과정의 유입) 원인체의 유입으로 구분할 수 있다. 그리고 그 구체적인 예는 아래 표와 같다.

■ 표 3-1 위해 원인물질의 종류와 구체적인 예

분류	종류	구체적인 예
내인성	자연독	복어독, 조개독, 버섯독
	고유 독성물질	알러젠, 알킬로이드
외인성	생물학적	경구전염병 원인균, 세균성 식중독균, 곰팡이독, 기생충 등
	인위적	
	- 의도적	부정첨가물(dulcin, cyclamate 등)
	- 비의도적	잔류농약, 방사선 물질, 카드뮴, 수은
	- 가공과정 유입	플라스틱, PCB, 비소

1.2 식품위생 용어 정리

1.2.1 용어의 정의(식품위생법 제2조)

① 식품: 모든 음식물 (단, 의약으로 섭취하는 것은 제외)

② 식품첨가물: 식품을 제조, 가공, 조리 또는 보존하는 과정에서 감미, 착색, 표백 또는 산화 방지 등을 목적으로 식품에 사용되는 물질(기구, 용기, 포장을 살균 및 소독하는 데 사용되어 식품으로 우연히 들어갈 수 있는 물질까지 포함)

③ 화학적 합성품: 화학적 수단으로 원소 또는 화합물에 분해 반응 외의 화학 반응을 일으켜서 얻는 물질

④ 기구: 음식을 담는 용기 또는 식품이나 식품첨가물을 채취, 가공, 조리, 저장, 소분, 운반, 진열할 때 사용하는 것(단, 농업과 수산업에서 식품을 채취하는 데 쓰는 기계, 기구는 제외)

⑤ 용기, 포장: 식품 또는 식품첨가물을 넣거나 싸는 것으로서 식품 또는 식품첨가물을 주고 받을 때 함께 건네는 물품

⑥ 영업: 식품 또는 식품첨가물을 채취, 가공, 조리, 저장, 소분, 운반, 판매하거나 기구 또는 용기, 포장을 제조, 운반, 판매하는 업(단, 농업과 수산업에 속하는 식품채취업은 제외)

⑦ 식품위생: 식품, 식품첨가물, 기구 또는 용기, 포장을 대상으로 하는 음식에 관한 위생

⑧ 집단급식소: 영리를 목적으로 하지 아니하면서 특정 다수인에게 계속하여 음식물을 공급하는 기숙사, 학교, 병원, 사회복지시설, 산업체, 국가, 지자체 및 공공기관, 그 밖의 후생기관 등에 해당하는 시설

출처: https://blog.naver.com/0629kmh/222850560804

식품위생법 정의 및 용어 | 작성자 미킨

1.3 우리나라 식품위생 행정

1.3.1 식품위생 행정의 시작과 현재

1962년 식품위생법이 공포되면서 시작되었다. 식품위생행정의 단일화 필요성으로 2008년에는 식품생산 분야의 단일화가 먼저 이루어져 농림수산식품부로 일원화되었다. 2008년 식품위생행정에서 가장 큰 비중을 차지하고 있는 관련 법령은 농림수산식품부의 축산물가공

처리법과 보건복지가족부의 식품위생법이었다. 2022년 현재는 식품위생법과 축산물 위생관리법이 있으며, 식품 및 축산물 안전관리인증기준이라는 식품의약품안전처고시에 의해 관리되고 있다.

1.3.2 식품위생행정의 과학화

식품행정의 과학화를 위해 1998년에 출범한 식품의약품안전청은 식품위해요소 중점관리기준(HACCP, Hazard analysis critical control point)을 적용하는 노력을 강화하기 시작했다. HACCP은 제4장에서 자세히 다루고 있다. 간단히 소개하면 다음과 같다. HACCP은 위해요소분석(Hazard Analysis)과 중요관리점(Critical Control Point)의 영문 약자로서 해썹(HACCP) 또는 식품안전관리인증기준이라 한다. HACCP 시스템이라고도 하며, Hazard Analysis and Critical Control Point system으로 표기한다. HACCP은 현재 가장 효과적인 식품안전관리방법으로 알려져 있다. HACCP은 완벽한 위생관리방식이 아니다. 소비자가 먹기에 안전한 제품으로 관리가 되고 있어 안전한 음식일 가능성이 높다고 할 수 있겠지만, 위해요소가 전혀 존재하지 않는 것이 아니다. 안전한 기준 이내로 식품이 생산되고 있다는 의미이며, 이처럼 HACCP은 식품의 안전성 확보를 위한 하나의 시스템이다. 2017년 인증통합기관(한국식품안전관리인증원) 출범하여, 식품과 축산물을 통합하여 인증하고 있다.

1.4 WHO 체제와 식품안전

우르과이라운드(Uruguay round) 협상은 관세무역일반협정(GATT, General Agreement on Tariffs and Trade)에 의한 다각적 무역교섭 협상이다. 1986년 9월 남아메리카 우루과이에서 열린 회의로 시작되었다. 협상의 목적은 무역장벽 해소를 통한 국제교역의 활성화이다. 1995년 1월 1일 발효되었으며 그 결과로 WTO(World Trade Organization)가 만들어졌다. 여러 협정문 중 식품위생과 관련된 분야는 SPS(Agreement on the Application of Sanitary and Phytosanitary) 협정문이다. SPS 협정문에서는 WTO 회원국이 국제 교역을 할 때, 자국의 위생 기준이 아닌 SPS에서 요구하는 국제 기준을 준수하게 요구하고 있다. 국제 기준이라 함은 국제식품규격위원회(Codex), 국제수역사무국(OIE), 국제식물보호협약(IPPC)에서 정하는 기준이다.

1.4.1 Codex Alimentarius Commission(CAC, Codex, 국제식품규격위원회)

국제식품규격위원회는 1963년 국제연합식량농업기구(FAO, Food and Agriculture Organization)와 WHO에 의해서 설립되었다. 주요 기능은 국제 사회에서 소비자의 건강보호, 식품 교역시 공정성 보장, 정부 및 비정부단체 간의 모든 식품기준을 조정하고 관리를 위한 프로그램(Joint FAO/WHO Food Standards Programme)을 개발하는 것이다. 모든 가공식품을 포함하여 가장 포괄적인 범위의 식품을 대상을 하고 있다.

1.4.2 World Organization for Animal Health(OIE, 국제수역사무국)

국제수역사무국은 범세계적으로 동물건강을 보호하고 축산물 및 생축의 유통에 의한 전염병의 확산을 방지하고자 1924년 설립되었다. 첫 명칭은 Office International des Epizooties이었으나, 2003년 5월 the World Organization for Animal Health로 명칭이 바뀌었다. 약칭은 OIE를 그대로 사용하고 있다.

1.4.3 International Plant Protection Convention(IPPC, 국제식물보호협약)

식물 병해충의 유입 및 만연 방지를 위해 1952년 세계식량기구(FAO)의 산하기구로 설립되었다. 회원국의 임무는 식물병해충의 유입 및 만연을 방지하기 위하여 협약에 규정된 입법, 기술 및 행정적 의무를 다해야 하며, 협약의 적용 범위는 국제 무역 시 퍼져 나갈 수 있는 검역대상병해충(quarantine pest)에 주로 적용된다. 각 국가는 식물 병해충의 본국의 유입을 방지하기 위하여 특정 식물의 수입을 금지하거나 제한할 수 있는 권한을 갖게 되며, 수입 관련 검역법규의 신규 제정 및 개정 시에 FAO 및 해당 국가에 그 내용을 통보해야 한다.

1.4.4 전 세계적으로 현장에 적용되는 안전성 관리방법

전 세계적으로 현장에 적용되는 안전성 관리방법은 다음과 같다.

① 우수농산물관리제도(GAP): 소비자에게 안전한 농산물을 제공하기 위한 방법으로 농산물의 재배, 수확, 수확 후 처리, 저장 등의 관리 내용을 소비자가 알게 하는 제도를 말한다.

② 선행요건프로그램(PP): 안전한 식품생산에 우호적인 작업 환경을 조성하도록 작업장 내에 가동조건을 관리하는 프로그램으로 반드시 HACCP plan에 앞서서 개발 및 수행해야 하는 프로그램이다.

③ 위해요소중점관리기준(HACCP): 식품의 안전성을 보장하기 위하여, 해썹(HACCP)이란 식품의 원재료부터 제조, 가공, 보존, 유통, 조리단계를 거쳐 최종소비자가 섭취하기 전까지의 각 단계에서 발생할 우려가 있는 위해요소를 규명하고, 이를 중점적으로 관리하기 위한 중요관리점을 결정하여 자율적이며 체계적이고 효율적인 관리로 식품의 안전성을 확보하기 위한 과학적인 위생관리체계를 말한다.

④ 우수제조관리기준(GMP): 스펙에 맞는 우수하고 균등한 제품생산을 보장하기 위하여 공정관리 및 제품의 품질관리를 수행하는 방법이다. 식품분야에서는 건강기능식품에 적용되고 있다.

⑤ 위생표준운영기준(SSOP): 작업공정에서 특정업무 수행 시 준수해야 할 위생관리 방법으로 HACCP에 앞서서 선행요건프로그램에 포함되어 준비되어야 하며, 작업장의 모든 cleaning 과정을 작업장별 공정조건에 맞추어 상세히 기술하는 방법이다.

⑥ 회수제도(recall): 식품위생상의 위해가 발생하였거나 가능성이 있다고 판단되는 경우, 그 사실을 국민들에게 알리고 영업자가 자발적으로 그 제품을 가장 빠르고 효과적으로 회수하여 폐기함으로써 소비자 피해를 최소화하고 소비자를 보호하는 제도이다.

⑦ 이력추적관리제도(traceability): 식품의 원자료가 되는 농산물, 축산물이 생산에서 소비자의 식탁에 오르는 전 과정을 기록하고 관리하여 소비자의 안전을 책임지는 제도이다.

2 식품과 미생물

2.1 미생물의 생태학적 특성

미생물의 대표적인 종류는 세균, 곰팡이, 바이러스, 기생충 등이 있다. 이 미생물은 식품에서 발견될 수 있으며, 기생충과 바이러스를 제외하고는 일정 조건에서 성장 및 증식할 수 있다. 이러한 물리화학적 조건을 미생물의 생태학적 특징이라고 한다. 식품에 있을 수 있는 가능성이 있는 미생물을 규명하고 환경요인과 균과의 관계를 규명하여, 요리나 조리에 응용할 수 있는 효모와 같은 특정 균을 증식시키거나, 병원성 미생물로 작용하여 식중독을 일으키는 원인균의 증식을 억제하는 방법을 연구하여 적절하게 미생물을 관리하는 방법을 식품에 적용하고 있다.

2.2 미생물의 오염

식품의 미생물에 의한 오염은 1차 오염과 2차 오염으로 구분한다. 1차 오염이란 농산물, 축산물, 수산물 등 원료에 이미 미생물이 존재하여 생기는 오염을 말한다. 2차 오염은 식품의 원료가 가공에서 소비될 때까지 식품을 취급하는 사람이나 동물 그리고 곤충에 의한 오염을 포함한다. 또한 식품의 처리가공보존을 위해 사용한 기구 설비 공기 물에서 유래한 미생물에 의한 오염도 2차 오염이다. 식품에 유입될 수 있는 오염원과 그 오염미생물은 다음과 같다.

■ 표 3-2 식품에 오염되는 미생물의 오염원별 분류

오염원	주요 오염미생물
토양	*Bacillus, Clostridium, Corynebacterium, Mycobacterium, Nocardia, Streptomyces*
담수 및 해수	*Psedomonas, Acinetobacter, Aeromonas, Flavobacterium*
공기	*Bacillus, Micrococcus, Staphylococcus, Penicillium*
동물 및 분변	*Enterobacteriaceae, Lactobacillus, Streptococcus, Staphylococcus, Clostridium, bacteroides*
식물	*Erwinia, Pseudomonas, Corynebacterium, Lactobacillus, Saccharomyces*

2.3 ＼ 식품 중 미생물의 발육에 영향을 미치는 인자

오염된 미생물이 식품 중에서 발육하는 데 있어 영향을 미치는 인자로 외재적 인자와 내재적 인자가 있다. 외재적 인자로는 온도, 기압이 있으며, 내재적 인자로는 식품 자체의 영양, 수분, 수소이온농도, 온도, 공기, 항생제의 유무 등이 있다.

2.3.1 영양

식품미생물은 영양분을 유기물로부터 얻는다. 탄소원으로서 식품 중의 탄수화물, 즉 각종 당류를 사용하며 유기산, 알코올, 펩타이드, 아미노산, 지방산 등도 이용한다. 질소원으로서 단백질, 펩타이드, 아미노산, 요소, 아미노산 등을 이용할 수 있는 것도 있고, 그렇지 못한 것도 있다. 일반적으로 고분자보다 저분자를 사용하는 것이 더 용이하다. 기타 미생물은 무기물이 필요한 경우도 있으며 식품이 함유하고 있는 영양분의 종류와 양에 따라 증식할 수 있는 미생물과 그렇지 못한 미생물이 있을 수 있다.

2.3.2 수분

미생물에게 수분은 보통 필요한 인자이다. 수분이 없는 경우는 건조한 상태라고 표현하며, 식품을 미생물의 침입을 막고 보존하기 위해 쓰는 방법이다. 치즈, 고기, 곶감, 생선 등이 대표적으로 건조 보관하는 것이며, 소금이나 염을 추가함으로써 보존 효과를 높일 수 있다. 미생물에게는 실제 이용할 수 있는 물의 양이라는 지표로 수분활성(water activity, Aw)이 사용된다. 보통의 미생물은 Aw=1에서 잘 자라며, 소금이나 설탕이 추가되면 Aw가 1보다 작아져 미생물의 발육이 억제된다. 냉동도 Aw를 낮추는 방법으로 미생물이 물을 사용할 수 없게 하는 방법이다.

2.3.3 수소이온농도(pH)

많은 식품관련 미생물의 성장을 위한 pH는 대개 6.5~7.5 사이이다. pH 7.0이 중성이므로 중성 근처에서 미생물은 가장 잘 자란다. 보통의 미생물은 산성과 알칼리성에서 미생물의 성장 속도에 영향을 받게 된다. 그래서 식품의 보존제로써 적절한 각종 산을 사용하기도 한다.

2.3.4 온도

대부분의 미생물은 발육적정 온도가 있으며 그 온도에 따라 크게 세 가지로 구분한다.

① 저온균(psychrophilic bacteria): 20℃ 이하에서 증식할 수 있는 미생물을 말한다. 최적 발육온도는 20~30℃이다.
② 중온균(mesophilic bacteria): 15~40℃ 사이의 온도에서 발육 가능한 미생물로 37℃ 전 후가 최적온도이다.
③ 고온균(thermophilic bacteria): 45~80℃ 사이의 온도에서 발육 가능한 미생물로 지 리적인 특징으로 온천, 심해 열수 등에서 분리되는 균이다. 80℃가 적정온도로 보통 50℃ 이상의 고온에서 증식이 가능하다.

2.3.5 공기

미생물은 산소의 요구에 따라 다음과 같이 분류할 수 있다.

① Aerobic 호기성균: 산소의 존재하에서 자라는 균이다.
② Facultatively anaerobic: 산소가 존재하거나 존재하지 않는 상태에서도 자라는 균이다.
③ Strictly anaerobic 혐기성균: 혐기상태에서 성장하는 균이다.
④ Micro-aerophilic: 대기보다 낮은 산소압에서 선택적으로 자라는 균이다.

2.4 식품의 미생물총(Microflora)

1차 및 2차 오염에 의하여 식품에 유입된 미생물은 발육에 영향을 미치는 식품의 물리학 적, 화학적, 생물학적 외부 환경에 영향을 받으며 식품에서 증식하기 시작한다. 그 환경에 가 장 적합한 균종이 먼저 증식하여 다른 미생물의 증식을 막게 된다. 이를 Microflora라고 한 다. 환경이 바뀌지 않으면 미생물총의 변화는 거의 없으며, 외부 환경이 바뀌게 되면 균 교대

현상이 일어난다. 예를 들어 폐렴에 걸린 환자를 치료하기 위해 장기간의 항생제 처방을 하였는데, 장의 미생물총이 변화하고 새로운 미생물총이 형성되면 이를 균 교대 현상이라고 한다.

2.5 오염지표세균

2.5.1 오염지표세균

식품 및 식품이 생산된 환경전반의 일반적 세균 오염상황을 알기 위하여 총균수나 일반세균수가 측정된다.

① 총균수(total counts)

생균수와 사균수를 전부 합친 것이 총균수이다. 식품위생법에 의한 식품의 성분규격에 의하면 가열살균을 행한 제품 등에서는 가열 이전의 원료 및 위생적 취급 상태를 알기 위해 총균수를 측정한다. 하지만 총균수는 사균 세균의 수도 포함하므로 그 수가 크다고 위험하다고 반드시 볼 수는 없다.

② 일반세균수(standard plate counts)

일반세균수는 표준 한천배지를 이용한 혼합희석 배양에서 집락을 형성할 수 있는 균 군의 수를 말한다. 생균수를 의미하기도 한다. 위생적 품질이나 선도를 판정하는 데 의의가 있다. 하지만 혐기성 균은 오염지표가 될 수 없기 때문에 일반세균수가 기준범위 내라고 해서 식품이 반드시 안전할 수 없으므로 주의가 필요하다. 표준 한천배지를 이용한 보통의 배양법에서는 호기성 균만 자라기 때문이다.

2.6 분변오염 지표세균

2.6.1 분변오염의 지표세균

식품이 분변에 오염되어 있으면 취급이 불량하거나 불결한 식품일 뿐 아니라 분변에 배설되는 병원성 대장균, 장티푸스균, 콜레라균, 이질균 등의 경구전염병의 병원균에 오염되어 있을 가능성이 있는 위험한 식품일 수 있다. 따라서 분변오염의 지표세균을 이용하여 분변에 의한 오염의 여부를 빠르게 추정할 수 있다. 대표적인 분변오염의 지표세균으로 대장균군, 장구균군이 있으며 다음의 특징을 가지고 있다. ① 사람과 동물의 분변 중에 대량으로 존재하고 있다. ② 분변 이외에는 잘 존재하지 않는 특징이 있다. ③ 체외로 배설된 후 점차 사멸하지만, 병원성 미생물보다는 길게 생존하는 성질이 있다. ④ 비교적 용이하게 검사하여 그 존재 여부를 확인할 수 있다.

① 대장균군

그람음성의 무아포간균이다. 호기성 또는 통성 혐기성 세균이다. 사람과 동물의 장관과 분변에 상재해 있다. 식품에서 대장균이 검출되었다는 것은, 식품이 어떤 경로이든 분변에 오염되었을 가능성을 시사하며 이와 유래를 같이하는 병원균이 존재할 위험성을 나타내는 것이다. 많은 식품에서 증식 가능한 이열성(열에 의해 사멸하는) 세균군이기 때문에 특수한 가공식품에 있어서 제품의 가열, 살균의 실시여부를 판정하는 지표로 사용된다.

② 장구균군

장구균군은 그람 양성의 구균이다. 대장균과 마찬가지로 사람과 동물의 분변에 상재한다. Lancefield의 D군 연쇄상구균을 의미한다. 특히 냉동식품에서의 생존율이 높기 때문에 냉동동결 전의 오염검출에 있어 대장균보다 활용도가 높다.

2.7 저온세균

식품의 보관과 이동방식 그리고 유통방식이 cold chain 시스템으로 바뀌어 감에 따라 중온균이 아닌 저온균의 중요도가 높아졌다. 과거의 식품위생의 문제는 저온균은 자랄 기회조차 없었지만 현 유통 시스템은 저온균의 발육이 더 용이하다. 물론 증식의 최저 온도는 세균마다 차이가 있어 모든 저온균이 문제를 일으키지는 않지만, 국제낙농연맹(1968년)에서는 7℃ 이하에서 발육할 수 있는 균이라고 정의하고 있다.

2.8 식품의 부패와 변패

2.8.1 식품의 부패와 변패

식품을 자연조건에 방치하게 되면, 그 성분이 변화하여 본래의 성질을 잃게 되는데, 주로 영양물, 비타민의 파괴와 향미가 손상되거나 탈수가 되어 식용에 부적합하게 되는 현상을 총칭하여 변질(spoilage)이라 한다. 미생물에 의하여 단백질이 분해되어 아미노산이 되고, 다시 분해되어 amine이나 ammonia가 생성되어 악취를 발생하게 되는데, 이러한 변질을 부패(putrefaction)라 하고, 질소성분을 함유하지 않은 유기화합물로서 당질이나 지방질도 미생물에 의해 변질을 일으키는데, 이와 같은 변질은 변패(變敗; deterioration)라고 한다.

2.8.2 식품의 보존

식품의 변질을 방지하기 위해 각종 보존방법이 이용되는데 미생물의 번식을 억제할 수 있는 조건으로 만들거나 미생물을 살균하여 보존하게 된다. 미생물의 번식과 관계되는 요소는 ① 온도, ② 습도, ③ 영양분, ④ pH 등이 제일 중요한 요소이다. 식품을 보존하는 방법은 물리적 보존법, 화학적 보존법 및 이의 병용처리법 등으로 구분할 수 있다.

① 물리적 보전법
① 가열법
일반적으로 포자를 형성하지 않는 미생물은 80℃에서 30분이면 사멸되나 완전 멸균을 위해서는 120℃에서 20분 정도가 좋다.
② 냉장법(cold storage)
식품을 0~4℃로 보존하는 방법으로 일반 식품의 단기간의 저장에 널리 이용되나 장기간의 보존에는 적당하지 않다. 호산세균의 경우 냉장온도에서도 발육할 수 있어 냉장상태에서는 식품이 변질될 수 있다. 가정에서 식품의 보관이 보통 이루어진다.
③ 냉동법(freezing storge)
이 방법은 미생물의 증식을 억제시키는 것이고 미생물의 완전한 사멸은 기대하기 어렵다. 장시간의 식품 보관의 경우 사용한다.
④ 건조법 혹은 탈수법
음식물을 건조한다는 것은 음식물을 탈수된 상태로 만들어서, 미생물 번식에 적합한 습도를 제거하여 미생물의 증식을 막는 데 그 목적이 있다. 소금과 설탕을 이용하여 화학적 방법과 병행되기도 한다.

⑤ 자외선 및 방사선 이용법

자외선의 살균작용 유효파장은 2,500~2,700Å 사이(250~270nm)에서 이루어지며, 식품을 다량 장기 보전하기 위해서 방사선을 처리하기도 한다. 자외선은 동물과 사람의 피부세포를 손상시키기도 하지만 세균이나 바이러스와 같은 미생물을 멸균하기도 한다.

⑥ 기타: 통조림법, 병조림법, 밀봉법 등 산소와의 접촉을 차단하는 방법이 있다.

② 화학적 보존법

① 방부제의 첨가법

방부제는 허용된 첨가물을 쓰도록 하여야 하며, 그 사용량도 허용량을 지켜야 한다. 방부제는 독성이 없고, 미량으로 효과가 있어야 하며, 무미, 무취해야 하고 식품에 어떤 변화가 없는 것이어야 한다.

② 소금, 설탕절임법(salting and sugaring method)

음식물에 소금이나 설탕을 고농도로 첨가하면 미생물의 발육을 억제할 수 있는데, 탈수작용과 염소이온의 직접적 작용 등에 의해 보존되는 방법이다. 일반적으로 10~20%의 소금, 40~50%의 설탕절임법(50%를 더 선호)이 이용되지만 식염내성균(예를 들면 비브리오균)도 있으므로 절대적인 보존법이라 할 수는 없다.

③ 물리 화학적 보존법

① 훈연법(smoking method)

주로 육류, 어류의 보존법으로 이용되는데, 대부분 소금절임에 의한 탈수작용이나 가열처리 후에 훈연하는 방법이다. 연기 속에 formaldehyde, acetone 및 개미산 등이 있어 살균작용을 하는 것인데, 근래에는 훈연액을 만들어 햄, 베이컨, 조개 등에 사용하기도 한다. 훈연 시 작용되는 열이 물리적 방법, 연기의 성분이 화학적 방법이다.

② 기타

그 밖에도 조미료의 첨가나 산의 첨가방법 등이 이용되며, 유산균의 이용으로 치즈, 발효유 등의 형태로 보존하는 생물학적인 보존방법도 있다. 우유보다 치즈와 발효유는 보존기간이 상대적으로 길다.

2.9 소독과 멸균

소독이란 미생물 가운데서 병원체만을 멸살시키거나 또는 그 수를 감소시켜 병원성을 발휘하지 못하게 하는 것이다(방역에서 가장 기본적인 방법이다). 이를 통해 식품 중에는 미생물이 증식하지 않도록 한다. 소독법의 종류로는 이화학적(물리적) 소독법, 화학적 소독법이 있다.

2.9.1 이화학적(물리적) 소독법

일광소독, 소각소독, 여과소독, 건열소독, 습열소독, 저온살균, 건조, 방사선, 음파 등이 있다. 습열소독이란 고압멸균법(sterilization by autoclaving)을 뜻하며 고압의 솥을 사용하여 121℃에서 15분간 멸균하는 것을 말한다. 아포를 형성하는 균(탄저균, 파상풍균)이라면 시간을 30분까지 늘려서 적용해야 한다. 저온살균(pasteurization)은 파스퇴르가 발견한 방법으로 우유안의 병원성미생물(결핵, 부르셀라)을 살균하기 위해 보통 63℃에서 30분간 혹은 71℃에서 15초간 가열한다.

2.9.2 화학적 소독법

미생물에 대한 화학적 인자의 작용은 어떤 세포에 작용을 하는지에 따라 비선택성 화학물질, 선택성 화학물질, 항생물질로 구분한다. 비선택적 화학물질(non-selective chemicals)은 모든 미생물과 동물세포에 대하여 동등한 독성을 가지는 것이다. 그래서 생체에서는 사용할 수 없고, 소독에 사용한다. 선택성 화학물질(selective chemicals)은 특정 세균종에만 독성을 나타내는 화학물질이다. 특정 세균종을 사멸하기 위해 생체에 적용이 가능하다. 항생물질은 (antibiotic substance)은 어떤 특정한 미생물이 만들어내는 물질으로 다른 특정 미생물의 증식을 억제하거나 정지하거나 사멸케 하는 화학물질을 통칭한다. 대표적인 항생제는 푸른곰팡이에서 발견 추출한 페니실린이 있으며 페니실린은 세균의 증식에 영향을 주었다. 화학적 소독약의 대표적인 종류로 페놀, formalin, alcohol, acetic acid, 염소제, 소금 등이 있다.

2.9.3 소독약 사용시 유의사항

① 소독 전에 먼저 청소를 실시한다.

② 농도가 진한 것이 반드시 소독력이 강한 것이 아니다. 해당 상황에 맞는 농도를 사용한다.

③ 소독약의 온도를 높임으로써 소독효과가 증대될 수 있다.

④ 소독약의 희석은 경수를 피해야 한다. 소독약이 잘 녹지 않는다.

⑤ 병원체를 고려하여 소독약을 선택해야 한다. 산성에 약한 미생물은 산성 소독제제를 선택한다.

⑥ 산과 알카리 계통의 소독제를 동시에 사용하면 산과 알카리가 만나 염과 물을 생성한다. 소독효과가 현저히 감소될 수 있다.

⑦ 조제 후에 즉시 사용해야 한다. 소독약은 유효 기간이 있다.

⑧ 소독 대상이 아포균이라면 소독제의 선택에 유의해야 한다.

⑨ 동물에게 직접 분무 시, 동물에게 위해가 있는 소독약은 피해야 한다.

2.9.4 국내 소독제 종류와 특성

1 산화제(oxidizing agents)

산화제는 기체상의 산소를 발생하는 과산화제(peroxides)와 기체상의 산소를 방출하지 않으면서 산화작용을 가지는 할로겐제로 나눌 수 있다. 산화제는 소독효과가 신속하게 나타난다. 산소의 이동과 전자의 흐름으로 설명할 수 있다.

① 과산화제(peroxides)

과산화제는 발생기 산소의 소독력을 이용한 소독약으로 과산화수소, 과붕산소다, 과망간산칼륨, 과산화벤조일, 과산화초산 등이다. 과산화수소(hydrogen peroxide)가 대표적인 과산화제이다. 과산화수소는 무색 무취의 수용액이나 특이한 맛을 가지고 있다. 구강점막과 접촉하게 되면 포말이 생성된다. 과산화수소 용액은 비교적 안정하며 약산성을 나타낸다. 알칼리, 유기물질 또는 금속과 접촉하게 되면 분해된다. 2.5-3.5%의 과산화수소 용액이 소독약으로 많이 사용된다. 과산화물 파괴효소인 카탈라아제와 접촉할 때 산소를 방출하여 살균효과와 탈취효과를 나타내며 소독 효과가 있다.

② 할로겐계 소독약(halogens)

할로겐계 소독약은 염소 또는 요오드를 함유하는 소독약으로 주로 세포막 및 원형질의 단백질은 산화시킴에 의해 소독력을 발휘한다. 이들 제제는 저렴할 뿐 아니라 신속한 살균효과를 나타내며 다양한 병원성 미생물에 대한 살멸효과를 가지고 있어 주요한 소독약으로 간주되고 있다. 대표적인 것으로 염소제가 있다.

염소제는 강력한 산화제이며 매우 엷은 희석용액에서도 소독작용 및 탈취작용을 가지고 있다. 염소제의 종류로 차아염소산염인차아염소산나트륨, 염소화라임(chlorinated lime) 또는 클로르아민류인 이염화이소시안산나트륨(sodium dichloroisocyanurate) 등이 많이 사용되고 있는 염소제이다. 이들의 작용기전은 비전리형의 차아염소산(HClO)을 발생시켜 살균력을 발휘하게 된다. 산성일수록 살균력은 증대되고 알칼리성에서는 살균력이 떨어진다. 살균작용은 그람양성, 그람음성균에 모두 유효하다. 고농도로 사용하면 바이러스, 아포균에도 효과를 나타내므로, 구제역 방역용 소독제로 사용되고 있다.

또 다른 할로겐인 요오드제는 물에 잘 녹지 않는다. 그래서 알코올 등 용매에 녹여 사용한다. 요오드제는 산화제이며 그 소독력은 매우 크고 또 항균 범위가 넓다. 그람음성균, 그람양성균에 대해 아주 우수한 살균력을 가지고 있으며 그 외에 진균, 기생충란, 아포 및 바이러스에도 유효하다. 요오드는 빨리 작용하나 체조직과 그 밖의 단백질에 의해서 빨리 불활성화된다. 종류로는 요오드팅크(Iodine tincture), 요오드포르(Iodophors), 포비돈요오드(povidone iodine) 등이 있다.

② 환원제

환원제 소독약에는 포름알데히드, 글루탈알데히드, 이산화유황이 있다.

① 포름알데히드(formaldehyde)

포름알데히드는 무색의 자극성이 있는 액체로서 방부제 및 조직표본 제작에 널리 사용되고 있다. 40% 포름알데히드 수용액을 포르말린이라고 한다. 피부 자극성과 냄새가 있기 때문에 기구 및 실내 소독에 많이 이용된다. 포르말린은 대부분의 미생물을 죽인다. 지구상의 최고의 방부제이기도 하다. 즉 그람양성균 및 음성균, 항산성균, 포자생성균, 바이러스, 곰팡이는 포르말린에 대해 감수성을 가지고 있다. 이 제제는 유기물에 의해 영향을 받지 않으며 세균의 세포 표면의 아미노기와 결합함으로써 소독의 효과를 발휘한다. 포름알데히드는 훈증소독이나 분무소독으로 사용하는데 건물의 훈증소독 시에는 보통 과망간산칼륨과 포름알데히드 용액을 1:1의 비율로 혼합하여 사용하며 3㎥당 45-90g의 과망간산칼륨을 사용한다. 사용 후 바로 소독 장소를 떠나고, 훈증소독하는 방은 적어도 10시간 이상 밀폐하여야 한다. 물이 튀지 않도록 주의해야 한다. 물이 튈 경우 뜨거운 용액이 멀리까지 튀어 나갈 수 있다. 과망간산칼륨은 훈증 시 덩어리 상태가 좋으며, 공간을 밀폐하기 직전에 포르말린을 붓는다. 소독할 공간에 미리 물을 뿌려두면 소독효과가 좋아진다.

③ 알코올계 소독약

알코올계 소독약에는 에탄올, 아이소프로판올이 많이 사용되고 있다. 이들은 알코올 계통으로 세포막을 변형시키든지, 세포 내 단백질을 응고시킴으로써 살균 효과를 나타낸다.

④ 페놀계 소독약

페놀은 외과수술용으로 최초에 사용된 소독약이지만, 부식작용이 있으며 또한 소독력이 떨어지기 때문에 소독약으로서 현재는 많이 사용되지 않고 있다. 페놀계 소독약의 주된 작용기전은 세포벽 및 세포막의 파괴이다.

① 페놀(석탄산)

페놀은 1867년 리스터에 의해 사용된 이래 역사적인 관점에서 중요한 소독제로 여겨졌다. 하지만 현재는 다른 우수한 소독약이 유용하기 때문에 거의 사용이 되지 않고 있다. 페놀은 다른 소독약을 위한 소독력 비교용 약물(석탄산 계수로 표현)로서 여전히 중요한 위치를 차지하고 있다.

⑤ 세정제

세정제는 비누의 다른 이름이며, 계면활성제로서 여기에는 양이온성 세정제, 음이온성 세정제, 비이온성(이이온성) 세정제가 있다. 세정제는 표면과 계면의 장력을 억제하는 성질을 가지고 있다. 계면활성제의 또 다른 작용은 습윤, 분산, 침부, 포말(거품)생성(어떤 경우 포말생성 억제), 청정작용 등이다. 많은 세정제는 이러한 작용들의 1개 또는 그 이상을 가지고 있으며 동시에 이러한 작용들이 발현된다. 따라서 세정제는 방부작용을 가진 유화제 또는 청정제로 간주되고 있다. 종류로는 음이온성 세정제(anionic detergents), 양이온성 세정제(역성 비누, cationic detergents) 등이 있다.

3 │ 식중독

3.1 ╲ 식중독의 개념

식중독이란 식품(food)과 중독(poisoning)의 합성어이다. 우리나라 식품위생법은 제2조 정의에서 식중독을 식품 섭취로 인하여 인체에 유해한 미생물 또는 유독물질에 의하여 발생하였거나 발생한 것으로 판단되는 감염성 질환 또는 독소형 질환으로 정의하고 있다. 또한 식품위생은 식품, 식품첨가물, 기구 또는 용기를 대상으로 하는 음식에 관한 위생이라고 정의하고 있다. 식중독이 일으키는 3대 증상은 설사, 복통, 구토이다.

3.2 식중독의 역사

식중독에 대한 역사적 기록은 19세기 이전까지 많지 않다. 식품이 부패한다는 것은 알고 있었으나 식품이 부패하는 이유는 알지 못하였다. 그리고 부패한 식품을 먹으면 질병이 발생할 수 있다는 상관관계를 정확히 알지 못하였다. 17세기 Leeuwenhoek에 의해 현미경이 개발되고 세균을 관찰할 수 있게 되었으며, 19세기가 되어서야 세균, 기생충에 대한 연구가 본격화되었다. 1885년 Daniel Salmon에 의해 장염을 일으키는 salmonella가 명명되었다. 1980년을 전후로 *Campylobacter jejuni, Escherichia coli O157: H7, Yersinia enteroclolitica* 등 식중독 세균이 확인되었다.

3.3 식중독의 분류

위해물질의 종류에 따라 생물학적, 화학적, 물리학적으로 구분하기도 하며, 식중독의 원인을 구분하여 세균성, 바이러스성, 자연독, 화학물질 식중독으로 구별하기도 한다. 식중독의 종류를 원인에 따라 구분하면 아래 표와 같이 구분할 수 있다.

■ 표 3-3 식중독의 분류

분류	세부 종류
세균성 식중독	감염형 식중독: Salmonella 균속, 장염 Vibrio 균, 병원성 대장균
	독소형 식중독: 포도상구균, 보툴리누스(Botulinus)균
바이러스성 식중독	노로바이러스, 로타바이러스, 아스트로바이러스, 아데노바이러스

자연독 식중독	식물성 자연독: 감자독, 버섯독
	동물성 자연독: 복어독, 조개독
	곰팡이독(Mycotoxin): 아플라톡신(aflatoxin), 오크라톡신(ochratoxin)
	알러지성 식중독: 우유, 계란, 견과류, 알레르기 유발물질 등
화학성 식중독	우연히 유입: 농약, 수은, 카드뮴, PCB
	유해착색제: auramine, rhodamine
	유해방부제: 포르말린
	유해인공감미료: dulcin, cyclamate

3.4 세균성 식중독

3.4.1 세균성 식중독

세균성 식중독이란 세균에 의한 급성 위장염이라 할 수 있는데, 감염형 식중독은 원인균 자체가 식중독의 원인이 되는 식중독을 말하며, 독소형은 균이 분비하는 독소가 원인이 되는 식중독을 말한다. 감염형 식중독을 일으키는 세균은 Salmonella 균속, 장염 Vibrio 균, 병원성 대장균 등이 있으며, 독소형 식중독을 일으키는 것은 포도상구균, 보툴리누스(Botulinus)균 등이 대표적이다.

① 감염형 식중독
① 살모넬라식중독
살모넬라식중독(salmonellosis)의 원인균은 우리나라에서만 30여 종이 알려졌는데, 대표적인 종류는 Salmonella 균속의 장티푸스균(Salmonella typhi), 파라티푸스균(Salmonella paratyphi)은 전염병이고, 장염균(Salmonella enteritidis), 쥐티푸스균(Sal. typhimurium), 돼지콜레라균(Sal. choleraesuis) 등이 있다. 그 밖에도 Sal. thompson, Sal. infantis, Sal. derby, Sal. nerport 등이 있다. 감염경로는 살모넬라균에 이환 또는 보균 조수류(鳥獸類)의 고기를 먹거나 환자, 보균자, 가축, 쥐들의 소변에 오염된 음식물을 섭취함으로써 감염되는데, 원인이 될 가능성이 큰 식품은 어육제품, 유제품, 어패류, 두부류, 샐러드 등이다. 잠복기간은 원인균의 양과 관계가 깊은데, 일반적으로 12~48시간으로 평균 20시간이며, 발병률은 다른 식중독균에 비해 높아서 75% 이상이다. 증상은 균량에 따라 다르나 증상은 급격한 발열로 38~40℃에 이르며 두통, 복통, 설사, 구토를 일으키는데, 대개 2~5일이면 발열이 그친다. 예방을 위해서는 도축장의 위생검사를 철저하고, 식육류의 안전보관과 저온보관, 조리장, 부엌의 쥐 및 파리의 구제, 가열 가능한 음식물은 먹기 전에 가열하여 섭취, 살모넬라 환자의 식품취급 금지, 보균자 색출 등의 대책이 필요하다.

② 장염비브리오식중독

비브리오 식중독(halophilism)은 1950년 10월 일본에서 처음 보고되었는데, 장염비브리오균(Vibrio parahaemolyticus)이 원인균이다. 비브리오균은 해수 세균의 일종으로서 3~5% 전후의 염도에서 잘 살며, 10% 이상의 염도에서는 성장이 정지되는 세균으로 포자가 없는 간균이며, 편모를 하나 가지고 있다. 잠복기는 일반적으로 8~20(평균 12)시간 전후이다. 감염경로는 어패류가 주이며, 오염 음식물을 통해서도 감염될 수 있는데, 주로 7~9월 사이에 다발한다. 증상은 전형적인 급성 위장염을 일으키는데 복통, 설사, 구토가 주 증상이며, 경우에 따라 혈변이 나오는 때도 있으며, 발열은 37.5~38.5℃로서 살모넬라만큼의 고열은 없다. 예방대책은 여름철 해수 중에서 번식하는 해수 세균이므로 생어패류의 생식에 유의하여야 한다.

③ 병원성 대장균(enteropathogenic Escherichia coli)

대장균(Escherichia coli)은 사람과 동물의 장관에 상재하는 세균이지만, 장출혈성대장균 감염증(O157-H7)은 우리나라 제1군 법정전염병으로서 잠복기간은 4~8일이며, 수양성 설사를 일으키고, 베로톡신이라는 독소를 분비하여 장벽의 세포를 파괴함으로써 장출혈을 일으키는 원인이 된다. 출혈을 일으키므로 장출혈성 대장균(Enterohemorrhagic E. coli)으로 구분된다. 소의 분변이나 환자의 분변에 오염된 식수나 음식물로 전파된다. 대장균의 종류는 다음 다섯 가지, Enteropathogenic E. coli (EPEC, 장관병원성 대장균), Enteroinvasive E. coli (EIEC, 장관침입성대장균), Enterotoxigenic E. coli (ETEC, 장관독소원성대장균), Enterohemorrhagic E. coli (EHEC, 장관출혈성 대장균), Enteroadhersive E. coli (EAEC, 장관부착성 대장균)으로 구분한다. 주 증상으로는 급성위장염 증상을 일으키며, 두통·발열·구토·설사·복통 등이 주요증상이다. 예방은 소의 분변 혹은 환자의 분변에 오염된 식수나 음식물로 전파되기 때문에 음식물은 75℃ 이상으로 가열 섭식하여야 한다. 가열의 이유는 이열성 균은 사멸하기 때문이다.

④ 캠필로박터균

캠필로박터균은 과거에는 식중독의 원인균으로 인식되지 않았었지만, 지금은 중요한 병원균으로 분류되어 취급, 관리되고 있다. 원인체는 Campylobacter jejuni로 산소가 소량 함유되어 있는 환경에서 발육할 수 있는 미호기성 세균이다. 발육할 때 필요한 산소 농도는 3~15%이며 5% 정도가 가장 좋은 조건이다. 이 균은 소량의 균량(100개 정도)으로도 식중독을 일으킬 수 있다. 잠복기간은 2~7일로 평균 2~3일이다. 증상은 일반적으로 발열, 권태감, 두통, 현기증, 근육통 등의 전구증상이 있다가 구역질, 복통이 일어나며 그 후 수 시간 혹은 2일 후에 설사가 시작된다. 감염경로는 소, 돼지, 닭 등의 분뇨가 우유, 하천, 우물물 등을 오염시키고 또한 가축, 가금을 도살, 해체할 때에 식육이 오염될 수 있다. 이외에도 개, 고양이 혹은 새 등의 반려동물(애완동물)에 의해 어린이가 이들을 통해 감염되는 경우가 많다.

⑤ **여시니아균**(*Yersinia enterocolitica*)

여니시니아균은 장내세균 중 발육이 늦고, 대표적 저온세균으로 4℃에서도 증식한다. 이 균이 생산하는 내열성 장독소(enterotoxin)는 설사의 원인물질로 주목받고 있다. 원인으로는 돼지, 개, 소, 사슴, 새 등 각종 동물 및 여러 식품에 널리 분포되어 있다. 특히 돼지의 장 내 용물에서의 검출율이 높으며 식육을 통한 사람에의 감염으로 생각된다. 또한 개, 고양이 등 의 장내에도 보균율이 높으므로 반려동물(애완동물)에 의한 접촉감염에 주의하여야 한다.

② 독소형 식중독

포도상구균, 보툴리누스균 등의 세균이 독소를 분비하여 오염된 식품에 의하여 발병한다. 독소형 식중독은 세균이 음식물 중에서 증식하여 산출된 장독소(enterotoxin)나 신경독소(neurotoxin)가 발병의 원인이 된다.

① 포도상구균 식중독(staphylococcal food poisoning)

포도상구균 식중독은 황색포도상구균(*Staphylococcus aureus*)으로 식중독 및 화농의 원인균인데, 식중독의 원인물질은 균이 생성하는 장독소(enterotoxin)이다. 장독소는 내열성이 강해서 100℃에서 30분간 처리해도 파괴되지 않으므로 보통의 조리법으로는 독소를 파괴시킬 수 없지만, 균체는 80℃에서 30분간에 사멸한다. 가열에 의한 조리 시 균체는 사멸하지만 장독소는 남게 된다. 잠복기는 짧아서 1~6(평균 3)시간 정도이다. 감염경로는 화농성 질환을 가지고 있는 환자, 이 균에 오염된 우유, 크림, 버터, 치즈, 과자 등의 유제품, 유방염이 있는 젖소로부터 감염되며 김밥, 도시락, 떡 종류가 원인 식품이 되는 경우가 많다. 증상은 급성 위장염으로 타액분비, 구토, 복통, 설사를 일으킨다. 발열은 38℃ 이하이다. 예방대책으로 황색포도상구균으로부터 식품오염을 방지하고, 식품 및 식기구의 멸균을 수행하고, 화농이 있거나, 상처가 있는 사람의 조리를 금지한다. 마지막으로 취사장의 청결을 유지한다.

② 보툴리나스균 식중독

원인체는 *Clostridium botulinum*으로 토양 및 자연계에 널리 분포되어 있으며 통조림, 소시지 등 식품의 혐기성 상태에서 발육하여 신경독소(neurotoxin)를 분비한다. 보툴리나스균은 4℃ 이하에서도 증식되어 독소를 산출한다. *Clostridium*은 아포(spore)를 형성하는 세균이며 어떤 아포는 100℃에서 수 시간 가열해도 파괴되지 않는다. 신경계 증상이 주 증상이며, 감염경로는 통조림, 소시지 등 혐기성 상태에 놓인 식품에서 문제가 된다. 또한 야채, 과일, 식육, 어육, 유제품 등이 혐기성 상태에 놓이게 되는 경우에도 문제가 된다. 치명률이 높은 식중독으로 구분된다. *Clostridium botulinum*이 만들어내는 독소를 "보톡스"라고 하며, 미용의 용도로 사용되기도 한다. 잠복기는 일반적으로 12~36시간이지만, 섭취한 독소의 양에 따라 다르다. 독소의 양이 많으면 잠복기는 짧아진다. 증상은 신경증상이 나타나는 것이 특징이다. 일반적으로 신경증상을 발현하기 전에 구역질, 구토, 설사 등의 위장염 증상을 보이며 이어 권태감, 현기증 등을 동반하며 더 진행되면 약시, 복시, 안검하수, 동공산대 등의 눈 증상과 인두마비에 의한 연하곤란, 발성곤란 등의 증상이 나타난다. 신경증상의 주 증상은 마비이다. 예방대책으로는 음식물의 가열처리, 통조림 및 소시지 등의 위생적 보관과 위생적 가공을 하는 것이 필요하다.

③ 웰치균 식중독

사람이나 동물의 장관 상재균으로 토양, 하수 등에 널리 분포되어 식품오염의 기회가 많다. 집단급식소에서 잘 발생하며 열에 매우 강하고, 공기가 있는 곳에서는 발육할 수 없는 혐기성균이다. 원인체는 *Clostridium welchii*(*Cl. perfringens*)가 원인균이며, 식중독의 주 원인은 아포가 형성될 때만 생성하는 체외독소(exotoxin)로서 장독소(enterotoxin)이다. 장독소는 열에 약하여 70~80℃에서 1분 만에 독소의 활성이 소실된다. 잠복기는 오염된 식품을 섭취한 후 8~12시간의 잠복기를 거쳐 발병한다. 증상은 복통과 설사가 주 증상이고 구토는 상대적으로 적으며 발열은 거의 없다.

④ 바실러스 세레우스균(*Bacillus cereus*)

바실러스 세레우스균은 토양세균의 일종으로 사람의 생활환경을 비롯하여 농장이나 야외, 하천 등 자연계에 널리 분포하는 세균이다. 이 균에 오염된 식품 중에서 생성된 독소를 사람이 섭취함으로써 발생한다. 복통과 설사를 주 증상으로 하는 설사형과, 구역질과 구토를 주 증상으로 하는 구토형으로 구분된다. 설사형 식중독은 장관 내에서 이 균이 증식하는 과정에서 생성되는 설사원성 독소(enterotoxin)의 작용에 의해서 발생되며, 구토형 식중독은 음식물 내에서 생성된 구토독(vomitoxin)을 섭취함으로써 발생된다.

3.4.2 세균성 식중독과 소화기계(경구) 전염병의 차이점

세균성 식중독과 경구 전염병은 경구적으로 침입된다는 것은 동일하지만, 역학적으로 몇 가지 차이가 있다. 세균성 식중독은 2차 감염(감염자에 의한 감염)이 거의 없고, 원인식품으로 발병하는 반면, 경구 전염병은 2차 감염이 형성되어 하나의 숙주로부터 다른 숙주로 전염되는 점이 다르다. 경구 전염병은 균량이 적어도 감염 후 감염균의 증식에 의해 발병되지만, 식중독은 균량이나 독소량이 많이 침입될 때 식중독을 일으킨다. 식중독은 경구 전염병보다 잠복기간이 짧고 면역이 잘 형성되지 않는다. 같은 식중독의 원인체에 반복 발병한다. 경구 전염병이나 식중독 모두 겨울철보다 여름철에 많이 발생한다.

3.5 바이러스성 식중독

3.5.1 노로바이러스(Norovirus)

① 원인균

노로바이러스(Norovirus)는 바이러스학적 분류상 family Caliciviridae에 속하는 27nm 크기의 RNA 바이러스로 유전자의 다양성이 매우 심하게 나타난다. 5개의 genotype이 밝혀졌으며, 사람, 소, 쥐에서 확인되었다. 노로바이러스는 다른 식중독 유발 바이러스보다 염소소독에 의한 저항성이 강하므로 살균 시 주의가 필요하다.

② 잠복기간

감염된 후 12~24시간 안에 증상이 나타난다. 보균자의 분변 물질을 통해 직접 식품에 오염되었거나 오염된 물에 의해 간접적으로 오염되었을 경우 감염된다.

③ 증상

노로바이러스는 장관막 융모를 덮고 있는 세포에 감염되어 세포손상을 유발, 수분흡수를 막게 된다. 그 결과 자가치유성 장염을 일으키고, 극심한 구토와 설사가 주 증상이다. 물론 구역질, 복통, 발열도 나타난다. 이 밖에도 두통, 목의 통증 등 감기와 유사한 증상을 1~2일 간 보이기도 하며, 발병하면 2~3주간 바이러스를 배설한다.

3.5.2 로타바이러스(Rotavirus)

① 원인균

로타바이러스는 Reoviridae군에 속하며 double-stranded RNA(dsRNA)로 7개의 그룹

이 있으며, 그룹 A가 영유아 및 어린아이에게 감염이 종종 발생한다.

② 잠복기간

잠복기는 1~2일이며, 오염된 식품의 섭취로 감염된다. 특히 아주 적은 양으로도 감염되며, 겨울철에 문제가 된다고 알려져 있다. 어린이 보육시설에서 어린이들 사이의 감염이 종종 일어나며, 6개월에서 2세 사이의 유아에게서 가장 많이 발생한다.

③ 증상

급격한 구토와 설사가 주 증상이며, 고열과 복통을 동반한다. 증상이 3~8일간 지속되기도 한다. 후진국에서는 탈수에 의한 영유아 사망이 많으며, 수액치료가 필요하다. 바이러스는 대략 5~7일간 설사나 분변을 통해 배출된다고 한다.

3.5.3 아스트로바이러스(Astrovirus)

① 원인균

아스트로바이러스는 Astroviridae에 속하며, single-stranded RNA(ssRNA)이다. 아스트로바이러스는 환경 저항력이 매우 크다고 알려져 있으며, 50℃, 혹은 pH 3에서 생존이 가능하다. 클로르포름(chloroform), 알코올(alcohol) 등 화학물질과 다양한 소독약에도 저항성이 있다.

② 잠복기간

잠복기는 3~4일이며, 굴과 패류와 오염된 물을 통한 식중독이 보고되었다.

③ 증상

구토, 설사 그리고 고열이 주 증상이며, 설사는 2~3일간 지속된다.

3.5.4 아데노바이러스(Adenovirus)

① 원인균

아데노바이러스는 Adenoviridae에 속하며, linear double-stranded DNA(dsDNA)이

다. 51개의 혈청형이 보고되었으며, 알코올(alcohol)과 같은 유기용매와 같은 화학물질에 저항성이 강한 반면, 56℃ 이상의 열처리에는 쉽게 사멸한다고 알려져 있다.

② 증상

4세 이하의 영유아에게 급성 장염을 일으키며, 면역력이 결핍되어 있는 환자에게는 만성 장염을 일으킨다. 물이나 식품을 통한 감염은 가능하지만, 식중독 보고가 없어 병인 기전이 분명하지 않다.

3.6 곰팡이 독소 중독증

3.6.1 Mycotoxin의 분류와 종류

Mycotoxin은 곰팡이 독소를 총칭하는 용어이다. 많은 곰팡이의 경우 성장과정에서 생성된 대사산물 중에는 사람과 동물에게 해로운 물질들이 있으며, 곰팡이 독소를 포함하여 총칭하는 용어가 Mycotoxin이다. Mycotoxin을 발견한 경위 그리고 장애가 일어나는 기관에 따라 구분하면 다음과 같다.

① 발견균주에 따른 분류

① 식중독 유래 Mycotoxin: 사람이나 가축의 식중독 원인식품에서 직접 분리 추출된 물질. Mycotoxin 중 가장 중요한 것으로 aflatoxin, fusarium, patulin, maltoryzine, sporidesin, psoralen 등이 있다.

② 오염균주 유래 mycotoxin: 식품이나 사료에 고도로 오염된 곰팡이를 분리하여 인공적으로 배양하고 실험동물에 의하여 독성이 확인된 물질(황변미독, fumonisin)이다.

③ 보존균주 유래 mycotoxin: 식품과는 직접 관계는 없지만 ①, ②에서 mycotoxin의 생산성이 분명해진 곰팡이와 분류학상 가까운 균주를 검색하고 그 대사산물의 독성을 실험동물에 의하여 분명히 한 것을 뜻한다. 식품위생상의 중요성은 떨어지나 보존균주 또는 야생균주를 사용하여 새로운 의약품이나 식품을 제조하고자 할 때는 여러 가지 배양조건 아래에서 mycotoxin이 생성되지 않음을 확인하고 구분해야 한다.

② 장애가 일어나는 생체 내의 주된 기관에 따른 분류

① 간장독(hepatotoxins): aflatoxin, sterigmatocystin, rubratoxin, luteoskyrin, ochratoxin 등과 같은 생체에 간경변, 간종양 또는 간세포의 괴사를 일으키는 mycotoxin이 있다.

② 신장독(nephrotoxin): ochratoxin, citrinin, kojic acid 등과 같은 신장에 급성 또는 만성의 nephrosis를 일으키는 mycotoxin이 있다.

③ 신경독(neurotoxin): paturin, maltoryzine, citreoviridin 등과 같은 뇌중추신경계에 장애를 일으키는 mycotoxin이 있다.

④ 기타: sporidesmin이나 psoralen 등의 광과민성 피부염 물질, zearalenone(발정유인물질), saframine, fusarium 독소류(조혈기능장애물질, 조직출혈요인물질) 등이 있다.

③ Aflatoxin

① 1960년의 봄과 여름 사이, 영국에서 수개월간 10만 마리 이상의 칠면조의 떼죽음을 당한 사고를 일으킨 원인체이다.

② 수입된 땅콩류에 기생하는 *Aspergillus flavus*의 형광 대사산물에 의하여 급성 간장장애를 칠면조에게 일으켰다.

③ 곡류를 저장할 경우, 상대습도를 70% 이하로, 곡류 중의 수분은 옥수수밀 13% 이하, 땅콩은 7% 이하로 유지해야 한다.

④ aflatoxin B1, B2, G1, G2가 가장 중요하게 분류된다.

⑤ 식품위생상 중요한 것은 aflatoxin B1, M1이 있으며 모두 강력한 발암작용을 가지고 있다.

⑥ Aflatoxin은 물에 잘 녹지 않으며, 메탄올, 아세톤, 클로로포름과 같은 용매에 녹는다.

⑦ 열에는 강하여 280~300℃로 가열하여야만 분해가 일어난다.

⑧ 매우 강력한 간장독으로 작용한다.

⑨ 미국 FDA는 1965년 30ppb로 잠정적 허용기준을 세웠다.

⑩ 시간이 지나 1969년 미국은 aflatoxin B1은 20ppb로, 식품에서는 10ppb로 재설정하였다.

⑪ 캐나다는 3ppb, 네덜란드 5ppb, 독일, 영국은 더욱 엄격해 불검출이라는 기준을 가지고 있다.

⑫ 우리나라 aflatoxin B1으로 10ppb, 혼합사료는 20ppb, 사료원료는 50ppb로 정하고 있다.

④ Ochratoxin

① *Aspergillus ochraceus, A. alliaceus, A. ostianus* 등의 대사산물로 ochratoxin A(독성이 가장강력), B, C 등이 알려져 있다.

② 동물에 대한 독성은 간장 및 신장 독성을 나타낸다.

⑤ Zearalenone

① *Fusarium graminearum, F. tricinctum* 등의 독성 대사산물이다.

② 우기에 옥수수에 감염이 되는데, 옥수수 수확 후 습도관리를 실패하면 곰팡이가 자라면서 독소를 생성한다.

⑥ Fumonisins

① *Fusarium* spp.에 의해 생성되는 fumonisins은 옥수수와 기타 곡류와 관련이 깊다.

② 1904년 미국 sheldon에 의해 *Fusarium moniliforme*에 오염된 옥수수를 먹은 가축이 심한 독소중독 현상을 일으킨다는 것을 보고하였다.

3.7 자연독 식중독

자연독에 의한 식중독이란 자연식품 자체가 내포하고 있는 유독물질의 섭취로 발생되는 식중독으로서, 동물성 자연독과 식물성 자연독으로 구분되는데, 자연독을 내포하는 상태에 따라 분류하면 다음과 같다. ① 첫째, 본래 유독물질을 함유하는 것, 예를 들면 독버섯, 맥각, 석산초, 독꼬치고기 등, ② 둘째 어떤 특정 조건하에서 유독물질을 함유한 상태로 있는 것, 예를 들면 조개류(검은조개, 모시조개), 감, 청매 등, ③ 셋째 독물질이 한정된 부분에 함유되어 있는 것, 예를 들면 복어, 감자 등이 있다.

3.7.1 동물성 자연독

① 복어 식중독

① 독성분: 복어에 의한 식중독의 원인 독성분은 tetrodotoxin($C_{11}H_{17}O_8N_3$)으로 복어의 난소, 간장, 고환, 위장 등에 많이 함유되어 있으며, 과거 연구는 복어독이 열에 의해

거의 파괴되지 않는다고 하였지만, 최근 연구는 열에 의해 천천히 파괴되지만, 여전히 치명적인 독의 양이 남아있으므로 섭취하면 안 된다라고 결론을 내고 있다. 중독 증상은 식후 30분~5시간 내에 나타나는데, 심한 경우 1~24시간 이내에 호흡근 마비에 이어 호흡곤란으로 사망한다.

② 증상: 구순 및 혀의 자각마비, 사지의 운동마비, 언어장애, 호흡근 마비 등으로 중추신경 및 말초신경에 대한 신경독을 일으키는 것이 특징이다.

③ 예방책: 전문 복어조리사만이 요리를 하도록 하며 내장, 난소 부위 등을 먹지 않도록 하고, 내장 부위는 철저히 폐기처리 해야 한다.

② 조개류 식중독

① 독성분: 조개류는 유독패와 무독패의 구별이 육안으로 잘 되지 않는데, 조개의 식중독 원인물질은 일반적으로 바다 속의 어떤 해조류에 형성된 독소를 조개류가 섭취함으로써 조개류 체내에 옮겨지는 것으로, 조개류 자체가 생성하는 것이 아니다. 모시조개나 바지락 및 굴의 독성분은 Venerupin으로 알려졌는데, 이것은 100℃에서 1시간 가열하여도 파괴되지 않는다.

② 증상: 초기에 전신권태, 구역, 구토, 변비, 두통 등이 있으며 배, 목, 다리 등의 피하에 출혈반점이 생기며, 중증에서는 피하출혈, 토혈, 혈변, 혼수 등이 나타난다.

3.7.2 식물성 자연독

① 독버섯

버섯은 식용버섯과 독버섯 등 수천 종이 있으나 그 구별이 곤란한 경우가 많다. 독버섯에는 알광대버섯, 무당버섯, 미치광이버섯, 광대버섯 등이 있다. 주요 독성분은 muscarin, muscaridine, cholin, neurin, phalin 등 여러 가지가 있으나 일반적으로 muscarin에 의하는 경우가 많다. Muscarin에 의한 중독증상은 식후 2시간 후에 발생하는데, 부교감신경의 말초를 흥분시켜 각종 분비액(침 등)의 증진, 축동 등을 일으키고, phalin은 흉통, 경직, 경련, 구토 및 설사 등의 증상을 나타낸다.

② 감자의 독소

감자의 싹이 발아한 부분과 태양에 노출되어 solanin 색소가 많이 형성된 부분은 상당히 아린 맛이 나는데 이 부위에 solanin 색소가 침착되었기 때문이며, 이것은 열에 강한 색소로서 솔라닌 식중독의 원인이 된다. 이 중독의 주요증상은 위장장애, 허탈, 복통, 현기증을 일으키는 것인데 발열 증상은 없다.

③ 맥각균의 독소

맥류의 개화기에 발생하는 맥각균(Claviceps purpurea)의 기생에 의하여 활동성이 강한 균핵이 생기는데, 이것이 교감신경에 작용하여 위장계 증상과 신경계 증상의 중독을 일으킨다. 맥각균의 독성분은 ergotamine, ergotoxin, ergometrin 등이라고 알려져 있다.

④ 곰팡이류 식중독 독소

곰팡이류는 발효식품이나 양조식품의 중요한 자원으로서 이동되고 있지만 어떤 곰팡이류는 식품에서 증식하는 과정에서 생성된 독소가 식중독의 원인이 되기도 한다. 곰팡이류는 식품의 표면에서 서식하는 호기성 미생물이지만 통기성이 높은 식품의 경우는 식품 내부에서 증식하여 독소를 생성한다. 특히 aflatoxin, citreoviridin(황변미독), ergotoxin(맥각균독) 등을 비롯해서 곰팡이 2차 대사물인 각종 mycotoxin은 사람이나 동물에 치명적인 간장독, 신장독, 신경독 등의 중독을 일으킨다.

⑤ 곰팡이 독소의 특징

곰팡이 독소의 특징을 나열하면 다음과 같다.
① 탄수화물이 풍부한 농산물, 특히 곡류에 압도적으로 많다.
② 의심되는 원인식품에서 곰팡이 오염의 증거 또는 흔적이 인정된다. 물론 흔적이 없어도 곰팡이 독이 있을 수 있다.
③ 급성 mycotoxicosis에는 계절적인 경향을 볼 수 있다.
④ Penicillium 및 Aspergillus속이 생산하는 독에 의한 사고는 봄부터 여름에, Fusarium 독에 의한 사고는 한냉기에 많이 발생한다.
⑤ 사람과 사람, 동물과 동물, 동물과 사람 사이에서는 2차 감염되지 않는다. 즉 감염형이 아니다.

⑥ 기타 식물성 식중독 종류

덜 익은 청매(매실)는 amygdalin이라는 청산배당체(cyanogenic glycosides)가 가수분해가 일어나면 청산(HCN)을 생성하는데 이로 인해 독작용이 나타난다. amygdalin이라는 청산배

당체를 가지고 있는 식물은 아몬드, 사과, 살구, 복숭아, 배, 자두, 카사바 등 다양하다.

3.8 화학성 식중독

3.8.1 화학성 식중독의 분류

동식물의 영양성분이 아니며, 인체나 동물에게 유해한 작용을 하는 화학성분이 식품에 들어가게 되어 식중독의 원인이 될 수 있다. 대표적인 요인으로는 비소, 납, 수은 등이 있으며 급성 중독과 만성 중독을 일으킨다.

화학성 식중독을 분류하면 다음과 같다.

① 우연 또는 과실에 의하여 식품에 가해진 유해물질에 의한 식중독: 비소, 메탄올, PCB, 유기수은, 비소, 농약, 화학성 독극물 등으로 분류한다.

② 음식물에 사용하는 기구가 원인이 된 식중독: 포름알데하이드, 페놀, 유해 금속류 납 등에 의한 식품오염으로 분류한다.

③ 식품에 첨가하는 화학물질 첨가물의 사용 규정 이상의 사용으로 분류한다.

3.8.2 우연 또는 과실로 인해 유발되는 유해물질 식중독

메탄올, 유해금속, 기타 유해 물질이 우연이나 과실에 의해 식품 중에 들어가거나, 공장에서 식품의 제조공정에서 우연히 유입되거나, 농약이나 의약품이 우연히 식품에 들어가게 되는 경우 식중독이 유발될 수 있다. 대표적인 사례는 다음과 같다.

1 **메틸알코올**: 메탄올이라고도 부르며, 가짜 주류를 만드는 데 오래전부터 사용되었다. 식품의 허용 기준은 과실주는 1.0mg/ml, 일반주는 0.5mg/ml까지 허용하고 있다. 메탄올의 중독증상은 두통, 현기증, 복통, 설사가 있을 수 있으며, 시신경의 염증이 심해지면 실명에 이를 수 있다. 다량을 짧은 시간에 섭취할 경우, 마비 증상과 함께 호흡장애, 심장쇠약 등으로 사망할 수 있다.

2 **농약**: 농약으로는 살충제, 제초제, 살균제, 살서제 등이 있다. 급성 중독부터 만성 중독까지 다양한 장애의 형태가 있으며, 피부병, 결막염 등의 인체 장애도 있다.

3.8.3 음식물에 사용되는 기구, 용기, 포장으로 인한 식중독

음식물을 요리하거나 보존하는 데에 여러 가지 기구가 사용된다. 이들 기구가 우연히 음식물에 혼입되어 식중독을 유발하는 경우가 있으며, 금속 용기의 금속성분 중독, 플라스틱 제품의 성분 유입, 포장재료에 사용하는 가소제, 안전제 등의 유입이 식중독의 원인이 된다.

3.8.4 유해화학물질을 식품첨가물로 사용하여 발생하는 식중독

식품첨가물로 허용되지 않은 불량품을 사용하거나, 허용된 식품첨가물이라고 하더라도 과량을 사용하는 경우 식중독이 유발될 수 있다. 식품의 보존, 착색, 감미, 증량 등의 목적으로 사용하는 유해화학물질의 종류는 다음과 같다.

1 **유해보존료**: 허용되지 않은 보존료는 보존효과가 있지만 독성이 있어 사용이 금지되었다. 금전적 이익이 우선이 되어 사용하는 경우가 있으며, 대표적은 예로 붕산, 승홍 (소독약의 하나), 포름알데하이드, 불소화합물 등이 있다.

2 **유해인공착색료**: 식품을 착색하는 목적은 식품의 신선도의 저하에 따른 색의 변화를 감추고자 사용하는 경우가 많다. 식품에 가까운 색을 인공적으로 착색하기 위하여 사용한다. 착색제의 종류는 인공착색제와 천연착색제가 있으며 인공착색제에 유해한 것이 많다. 대표적인 예로 Auramine이 있으며, 염기성의 황색색소로서 자외선하에서 형광의 황색을 발하는 특징이 있어 단무지 등에 많이 사용되었다. 간 장애 및 발암성의 보고에 의해 지금은 거의 사용하지 않는다.

3 **유해감미료**: 다이어트와 함께 설탕의 대용으로 감미료에 대한 관심이 높아졌다. 하지만 중독사고도 많이 늘어났으며, 사용량에 따라 유해한 것이 많다. 대표적인 것으로 p-nitro-toluidine이 있으며, 설탕보다 200배의 단맛이 있지만, 중독사고가 다발하여 살인당이라는 별명을 가지고 있다. Ethylene glycol은 부동액으로 사용되며 단맛이 있어 부동액으로 사용되며 감미료로 사용되기도 한다. 하지만 대사 후 뇌나 신장에서 신경 중독증상이 나타난다.

4 │ 식품첨가물 및 안전성

4.1 \ 식품첨가물의 개념

식품첨가물은 식품의 변질 또는 부패를 막는 역할과 식품의 가치를 향상하기 위해 고의적으로 첨가되는 화학산물이다. 식품의 품질향상을 위해 의도적으로 첨가한 것이며, 우연히 유입된 식품에 불필요한 물질이 아니다.

식품첨가물에 대한 WHO의 식품첨가물의 정의는 "식품의 외관, 향미, 조직 또는 저장성을 향상시키기 위한 목적으로 보통 적은 양이 식품에 첨가되는 비영양물로 천연물이든 아니든 간에 식품으로서 보통 소비되지 않으며, 또한 식품의 일반적 성분으로 사용되지 않는 것으로 식품의 제조가공조제 중에 식품에 잔류하거나, 또는 그의 부산물이 식품 중에 생성되거나, 또는 식품의 품질에 영향을 미치게 하는 것을 말하며, 단 우발적인 오염물(살충제, 포장재료, 비료 종류, 해충 등)은 제외한다"라고 정의하고 있다. 한국의 식품위생법에서는 "첨가물이라 함은 식품의 제조가공 또는 보존을 함에 있어 식품에 첨가, 혼합, 침윤, 기타의 방법으로 사용되는 물질을 말한다"고 정의하고 또한 "유독 또는 유해한 물질이라도 식품에 자연적으로 함유되어 있거나 부착되어 있는 물질 또는 생산과정에 첨가하지 않아야 하는 물질로그 유해의 정도가 일반적으로 인체의 건강을 해칠 우려가 없다고 인정되는 물질은 식품첨가물로 사용할 수 있다"라고 명문화하고 있다. 식품첨가물은 의도적인 식품첨가물과 비의도적 식품첨가물로 구분한다.

4.2 \ 식품첨가물의 분류 및 종류

식품첨가물은 화학적 합성품과 천연물로 나누어진다. 식품의 품질을 향상시키고 기호성과 보존성을 높이는 목적으로 사용한다. 대부분의 식품첨가물은 화학합성품이며 화학적 수단에 의하여 원소 또는 화합물에 분해반응 이외의 화학반응을 일으켜 얻은 물질을 말한다. 국내에서 식품첨가물로 허용된 품목은 수백 종에 달하며 대표적인 첨가물을 정리하면 다음과 같다.

보통 방부제로 불리는 보존제는 식품의 선도를 높이고 품질을 보존하는 역할을 한다. 단맛을 내는 화학적 첨가물을 총칭하여 합성감미료라고 하며 사카린, MSG 등이 있다. 사카린은 단맛이 설탕보다 250~500배 강하다. MSG는 다시마 추출물에서 발견된 물질로 미생물을 이용하여 발효 정제한 것이다. 또한 식품에 인공적으로 색을 넣는 착색제도 있으며 대표적 예로 타르 색소가 있다. 색을 안정시키거나 발색을 촉진하는 발색제도 있으며 빵이나 과자를 구울 때 사용하는 팽창제, 지방의 산화와 변색을 막는 산화방지제도 있다. 식품첨가물을 사용 목적별로 분류하면 다음과 같다.

① 식품의 기호성과 관능을 높이는 첨가물: 조미료, 감미료, 착색제, 발색제, 표백제
② 식품의 변질 변패를 막는 첨가물: 보존제, 살균제, 산화방지제
③ 식품의 품질을 개량하여 일정하게 유지하는 첨가물: 밀가루 개량제, 유화제
④ 식품의 영양을 강화하는 첨가물: 강화제
⑤ 식품 제조에 넣는 첨가물: 소포제
⑥ 기타: 팽창제

4.3 　주요 식품첨가물

4.3.1 보존료(Preservatives)

식품의 변질, 부패, 변패 및 화학적 변화를 방지하여 식품의 영양가와 신선도를 유지하기 위해 사용하는 첨가물이다.

① 소르브산(sorbic acid): 미생물 포자의 발아와 성장을 억제한다. 작용범위는 효모와 곰팡이며 세균은 선택적으로 효과를 나타낸다.
② 프로피온산(propionic acid): 저급지방산으로 특유의 자극취가 있는 무색의 부패성 냄새가 나는 가연성 액체이다. 물과도 썩이며 유기용매에도 잘 녹는다. 곰팡이와 몇몇 세균에 항균작용을 한다.
③ 안식향산(benzoic acid): 값이 싸고 방부력이 뛰어나다. 특히 독성이 낮아 식품에 광범위하게 사용된다. 식품첨가물 중 가장 오래된 것으로 알려져 있다.
④ 유기산: 식품에서 생장할 수 있는 미생물은 pH에 의해 성장 속도가 늦어지거나 멈추게 된다. 따라서 미생물의 증식을 저해하는 방법으로 식품의 산도를 높이는 방법을 사용하기도 하며, 아세트산을 주로 사용한다.

4.3.2 살균소독제(Bacterocides)

살균제는 세균을 죽이는 약으로 식품에는 매우 낮은 농도로 사용되고 있다. 살균제가 식품 첨가제로 사용하는 양보다 검출량이 많은데 그 이유는 식품 제조기구를 소독하려다가 우연히 혼입되는 경우, 고기와 생선의 도체 소독을 위해 사용한 살균제가 혼입되는 경우 등이 있다.

① 염소류: 식품에서 염소 계통 살균제는 다양한 형태로 사용하고 있다. 수돗물의 살균 역시 염소를 대표적으로 사용하고 있으며, 식품 표면, 고기와 생선, 식품의 저장기간의 연장을 위해 염소류 살균제를 사용하고 있다. 염소는 각종 미생물, 조류, 원생동물과 포자에 대해 살균효과가 있다. 염소는 수돗물에서 나는 특유의 냄새가 있어 식품에 직접 첨가하는 일은 드물다.

② 요오드화합물: 할로겐의 하나인 요오드를 주원료로 사용하는 살균제이다. 포비돈요오드로 부르기도 하며 이전부터 대표적인 소독약으로 사용하였다. 알코올용액 혹은 KI와 혼합용(요오드팅크)으로 사용하였다. 식품에서는 요오드포르가 더 많이 사용된다.

4.3.3 항산화제(Antioxidants)

산화를 억제하는 물질을 통칭하는 용어이다. 우리 몸안에서 활성산소가 생기면 몸의 세포나 조직에서 전자를 빼앗아 가는 산화작용이 일어난다. 이 산화작용은 세포를 손상시키기도 하고 몸에서는 스트레스로 작용하기도 하는데, 이 산화작용을 막는 물질을 뜻하는 용어이다.

① 토코페롤(tocopherol): 대표적인 천연 항산화제로 알려져 있으며 Vit E 활성에 관여한다. 항산화 효과도 가지고 있으며, 일반적으로 식품유래 지방은 동물지방에 비교해서 토코페롤 함량이 10~100배 정도 더 많다.

② BHA(butylated hydroxyanisol): 백색 결정으로 구연산과 같은 유기산과 같이 사용하기도 한다. 알칼리성에서 안정해 빵과 같은 곡류제품에 첨가하여 사용한다.

③ BHT(butylated hydroxytoluene): 무미 무취의 백색 분말이다. 단독보다는 혼용으로 사용이 많으며 마가린의 식품첨가물 항산화제로 사용하고 있다.

④ 에리소르브산(erythorbic acid): 신맛이 나는 황색분말이다. 색을 띠고 있어 발색보조제와 산의 성분으로 항산화제의 역할을 한다. 질산염과 병용하기도 하며 색과 풍미를 좋게 하기 위해 첨가한다.

4.3.4 착색제(Coloring agents)

식품 고유의 색이 제조, 가공, 보존 등의 식품 공정과정에서 변색되거나 퇴색된 것을 본래의 색으로 복원 또는 식품적 가치를 높이기 위해 착색제를 사용한다. Vit A, Vit B, Carotene과 같이 영양소이면서 착색제인 것이 가장 이상적이지만 이 천연색소는 불안정하여 그대로 색을 보존할 수 없다. 그래서 인공색소는 다음과 같은 특징을 가진 것을 선정하고 사용한다. ① 독성이 적거나 없는 것, ② 체내에 잔류나 축적이 되지 않는 것, ③ 적은 양으로도 착색효과가 있는 것, ④ 물리적 화학적 변화에 색이 안정할 것 ⑤ 사용이 간편하고 값이 저렴할 것 등의 기준을 가지고 법으로 정하고 있다.

4.3.5 발색제(Color fixatives)

착색제와는 달리 그 자체가 색을 나타내지 않으며, 식품에 첨가했을 경우 식품 중의 성분과 반응하여 색을 안정화하는 물질이다. 대표적인 것으로 식육제품의 발색제로 질산염, 아질산염이 있으며, 야채나 과일에는 황산철을 사용하고 있다. 햄의 경우 진한 갈색을 젓갈의 경우 진한 붉은색을 띠게 한다.

아질산염을 사용했을 때의 문제점은 첫째, 아질산염 급성 독성인 met-Hb 혈증이 생길 수 있다. 다량의 아질산염을 섭취 시 Fe^{2+}이 Fe^{3+}로 산화되면서 Hb의 산소운반능력이 떨어지면서 산소결핍증이 유발된다. 두 번째로는 아질산염이 아민, 아민류와 반응하여 나이트로사민(nitrosamine)이라는 발암성 물질을 생성하기 때문이다. 세 번째로는 아질산염이 Vit A의 대사와 갑상선 기능을 억제하기 때문이다.

4.3.6 표백제(Bleaching agent)

식품의 색을 희게 하거나, 식품으로 기호성이 떨어지는 색을 없앤 후, 다른 색소를 착색하기 위해 표백제를 사용한다. 대표적인 것으로 산화표백제가 있다.
① 산화표백제: 식품에 사용이 가능한 산화표백제는 과산화수소(H_2O_2)이다. 과산화수소는 표백제, 소독제, 산화제로 널리 사용하고 있으며, 생선묵, 물고기의 알, 밀가루, 고구마 및 감자전분의 표백에 사용한다.

4.3.7 감미료(Non-nutritive sweeteners)

감미료는 영양성분을 가지고 있는 영양적 감미료와 감미 목적으로만 사용되는 비영양적 감미료로 구분한다. 영양적 감미료는 천연감미료라고 하며, 감미기능과 영양기능이 있는 당류를 말한다. 비영양적 감미료는 인공감미료 혹은 합성감미료라고 부르며 당질 이외의 화학적 합성품을 총칭하는 용어이다. 현재 사용하고 있는 것은 사카린나트륨염, 글리실진, 아스파탐, 스테비오사이드 등이 있다. 스테비오사이드는 최근 설탕 토마토를 만드는 데 활용하고 있다.

4.3.8 산미료(Acidulents)

식품의 신맛은 미각의 자극이나 식욕의 증진을 유발한다. 신맛은 어떤 맛을 강화해 주거나 혹은 감추고 싶은 맛을 나지 않게 해주는 향미료로 사용된다. 신맛은 산성을 띠고 있어 식품의 pH를 조절하기 위해 사용되기도 한다. 산성에서 부패균이나 식중독 원인균 중 일부는 발육이 억제되므로 식품의 보존제의 역할을 하기도 한다. 신맛은 여러 가지가 있으며, 감칠맛 나는 신맛(글루탐산), 상쾌한 신맛(구연산, 탄산), 자극적인 신맛(초산) 등의 특징을 이용하여 식품에 다양하게 사용되고 있다.

4.4 식품첨가물의 안전성

4.4.1 식품첨가물 안전성의 중요성

최근 식품첨가물의 사용량이 급증하고, 다양한 식품첨가물이 개발되어 식품 소비자들의 관심이 높아지고 있다. 하지만 식품첨가물의 독성은 식품을 섭취하고 즉각적으로 나타나기도 하지만, 장시간이 지난 후 독성이 나타날 수도 있다. 그래서 통계적으로 그 안전을 분석하기가 매우 까다롭다. 그래서 위해평가라는 새로운 기법(정량적 위해성 평가법)을 이용하여 식품첨가물의 안정성에 대한 소비자 인식을 높이고 있다.

4.4.2 식품첨가물의 안전에 관한 사용량 결정

식품첨가물 중 독성이 있다고 판단되는 것은 식품에 사용할 경우 사용한계량을 법으로 정하고 있다. 합성식품첨가물의 사용한계량의 결정은 가급적 큰 동물에 대한 장기간(보통 2년)의 만성독성시험에서 무독성으로 인정되는 최고섭취량인 최대안전량(MNEL, maximum no effect level, mg/kg/day)을 먼저 정하고 이 값을 FAO/WHO에서 인정하는 각 식품첨가물에 대한 안전계수(보통 100~200)로 나누어 그 양을 1일 섭취허용량(ADI, acceptable daily intake)으로 정한다.

제4장

HACCP
(위해요소중점관리기준)

1 HACCP 개념 이해

1.1 HACCP의 정의

HACCP은 위해요소분석(Hazard Analysis)과 중요관리점(Critical Control Point)의 영문 약자로서 해썹(HACCP) 또는 식품안전관리인증기준이라 한다. HACCP 시스템이라고도 하며, Hazard Analysis and Critical Control Point system으로 표기한다. HACCP과 HACCP 시스템은 개념적으로는 다른 의미를 가지고 있지만, 포괄적으로 사용하기도 한다.

HACCP은 현재 가장 효과적인 식품안전관리방법으로 알려져 있다. 기존의 위생관리방식과 차이점은 최종제품에 대한 평가에 의존하는 것이 아닌 위해발생의 종류를 예상하고 그 예방조치를 하는 체계적인 위생관리방법이라는 측면이다. 식품에 의해 발생할 수 있는 위해의 예방조치이므로 생산농장부터 제조가공, 유통, 판매과정, 서비스 그리고 소비에 이르는 식품의 흐름과 관련이 있는 전 과정에서 활용이 가능하다.

HACCP은 위해요소분석(Hazard Analysis) 과정을 통해 잠재되어 있는 위해요소를 관리 대상으로 하고 있으며, 그 위해를 성격에 따라 물리적, 화학적, 생물학적(미생물학적) 요소로 구분하고 있다.

HACCP은 완벽한 위생관리방식이 아니다. 소비자가 먹기에 안전한 제품으로 관리가 되고 있어 안전한 음식일 가능성이 높다고 할 수 있겠지만, 위해요소가 전혀 존재하지 않는 것이 아니다. 안전한 기준 이내로 식품이 생산되고 있다는 의미이며, 이처럼 HACCP은 식품의 안전성 확보를 위한 하나의 시스템이다.

1.2 HACCP의 역사

HACCP 제도는 1959년 우주개발계획의 일환으로 우주인에게 안전한 식품을 공급하기 위하여 미 항공우주국(NASA)의 요청에 의해 도입되었다. NASA와 식품회사인 Pillsbury(필즈베리) 등이 공동으로 연구를 진행하여, 우리가 알고 있는 "아폴로 우주 계획"의 준비를 위해 HACCP이 처음 개발되었다. 1971년 Pillsbury 회사가 처음으로 HACCP 시스템 개념을 보고하였으며, 그 이후 HACCP의 안전성을 인정받아 1970년대 미국 FDA는 저산성통조림 생산에 HACCP 개념을 도입하였다. 1985년에 들어서 ICMSF(International Commission on Microbiological Specification Foods)와 NAS(Nationnal Academy of Sciences)에서 HACCP을 식품안전을 확보하기 위한 가장 합리적이고 효과적인 방법으로 인정하였다. 1989년 NACMCF(National Advisory Committee on Microbiological Criteria for Foods)에서 처음으로 HACCP 7원칙을 제시하였으며, 1993년 Codex에서 HACCP 적용을 위한 가이드라인을 제시한 후, 각국에서 빠른 속도로 HACCP을 도입·적용하고 있다.

1.3 HACCP의 특성

기존의 품질검사법과 비교 시 가장 큰 특징은 사전예방이 가능한 감시체계라는 특징이다. 식품의 원료 생산(생산 농장)에서부터 최종 소비(식탁)단계까지 오는 단계에서 발생할 수 있는 위해요소를 규명하고, 이를 중점적으로 관리하기 위한 Control point를 두어 체계적이고 효율적으로 관리할 수 있게 하는 과학적인 시스템이다. HACCP과 기존 방식(GMP 등)과의 비교표는 아래와 같다.

■ 표 4-1   HACCP 제도와 기존방식(GMP 등)의 비교

항목	기존방식(GMP 등)	HACCP 제도
특징	위해의 사후통제	위해의 사전예방
위해관리방법	최종제품 관리, 검사	공정관리(중요관리점 관리, CCP)
위해요소관리	규정된 위해요소만 관리	분석에 의한 위해요소 관리
신속성	시험분석에 장시간 소요	필요시 즉각적 조치가능
소요비용	시험분석에 많은 비용 소요	시스템 도입 후 운영경비 저렴
공정관리	현장 및 실험실 관리	현장관리
제품의 안전성 관리	숙련공만 가능	비숙련공도 가능

출처: 국립수의과학검역원

1.4 HACCP 적용의 장점

HACCP은 원재료와 부재료의 입고에서부터 제조공정을 거쳐 출고에 이르는 모든 공정에서 일어날 가능성이 있는 위해요소를 체계적으로 사전에 예방함으로써 안전을 확보하는 위생관리방식이다. 이 HACCP을 도입하면 다음의 기대효과가 있다.

첫째, 과학적인 근거에 기초하므로 제품안전성에 대한 신뢰성을 높여주는 효과가 있다.

둘째, HACCP은 생산부터 소비까지 모든 단계에 적용되므로 종합적인 위생관리시스템이다.

셋째, 위해 발생 시 발생의 근본 원인을 파악하여 예방조치가 가능하므로 재발 방지가 가능하다.

넷째, 체계적인 관리방법에 따라 식품의 품질 향상도 가능하다.

다섯째, 위해식품 생산이 HACCP 프로세스에 의해 줄어듦에 따라 재정적인 손실을 줄일 수 있다.

여섯째, 제품에 때한 소비자의 신뢰가 높아짐에 따라 국민건강에 기여하고, 수입업체와의 경쟁에도 긍정적으로 작용할 수 있다.

HACCP의 도입은 시설 및 공정에 대한 투자로 인해 분명히 생산단가가 높아진다. 하지만 장기적인 관점에서 HACCP 적용업체의 이익은 그 투자보다 많을 것이다. HACCP 적용업체의 이익은 다음과 같다.

① 식품에 대한 안전성 강화로 소비자와 정부로부터 신뢰가 늘어난다.
② 위해 발생에 대한 예방이 상당 부분 가능하므로 리콜과 같은 재정적 손실이 감소한다.
③ 식품안전의 인식 변화에 따라 영업자와 종업원의 참여의식이 강화된다.
④ 소비자에게 신뢰성을 회복할 수 있어 판매량이 증가하고 이익이 늘어난다.
⑤ 국내외 시장에서의 식품안전성에 대한 경제력이 상승한다.
⑥ HACCP에 따른 문서 기록은 안전성에 대한 기록이므로 시행착오를 줄일 수 있고, 혹시 발생할 수 있는 소비자와의 문제를 해결하는 데 활용할 수 있다.

소비자 측면에서의 장점은 다음과 같다.
① 식품안전성이 증가됨에 따라 식품관련 사고가 감소되므로 이로 인한 직간접적 피해가 감소한다.
② 식품에 대한 신뢰가 늘어감에 따라 식품을 믿고 즐길 수 있다.

정부 측면에서의 장점은 다음과 같다.
① HACCP에 따른 문서 기록은 식품관리의 모니터링이 가능하게 하고, 전염병 혹은 식

중독과 같은 위기 상황이 아닌 평상시의 위생관리 상황의 파악이 가능하여 정부의 감시활동을 원활하게 한다.

② 식품의 안전성이 확보됨에 따라 경구 전염병 혹은 식중독에 의해 발생한 직접 간접적인 의료비용을 줄일 수 있어 재정 손실이 감소된다.

③ 국제사회에서도 HACCP의 적용을 요구하고 있어 식품의 국제 경쟁력을 확보할 수 있다.

④ 소비자의 식품에 대한 신뢰가 높아짐에 따라 정부의 식품위생행정에 대한 믿음으로 연결되어 안정적인 식품위생 행정을 추진할 수 있다는 장점이 있다.

1.5 HACCP의 선행요건

HACCP의 선행요건은 작업장 가동조건이며, 가동조건을 체계적으로 관리하는 프로그램을 말한다. 선행요건이 미흡하면 HACCP 계획에서 관리해야 할 CCP가 많아지며 효과적인 HACCP를 어렵게 한다. 선행요건의 국제적인 지침은 GHP(Good Hygienic Practices)라고도 하며, 주요 내용은 아래 8개 분야가 있다.

첫째, 원재료의 위생적인 생산, 입고, 보관 분야이다.

둘째, 시설 및 공정흐름의 위생적인 설계 분야이다.

셋째, 공정의 위생관리 분야이다.

넷째, 위생적 유지관리 분야이다.

다섯째, 개인위생 분야이다.

여섯째, 운반 분야이다.

일곱째, 소비자 보호 분야이다.

여덟째, 교육훈련 분야이다.

HACCP의 선행요건은 시설투자를 강조하지 않으며, 기존시설을 최대한 활용하는 것에서부터 최소한의 설비를 보완하는 것으로 효과를 얻을 수 있다. 물론 최소한의 설비가 없다면 그 선행요건으로부터 최소한의 작업 시설을 갖추는 데 투자가 필요할 것이다.

1.6 HACCP의 준비단계

HACCP은 준비 5단계가 있다. 준비단계에서는 사용되는 원재료의 특성, 관계규정, 위해관리를 위한 제조공정, 제품의 최종 용도, 취약 소비집단, 식품안전성과 관련된 자료 등이 종합적으로 검토되어야 한다. 준비 5단계는 아래와 같다.

1.6.1 1단계: HACCP팀을 구성한다(해썹팀 구성)

HACCP 개발업무를 주도적으로 담당할 팀을 구성한다. HACCP 팀장은 업소의 최고책임자가 되는 것을 권장한다. 팀원은 생산과 공정에 대한 경험과 지식이 많은 실무책임자로 구성해야 한다. 팀장 및 팀원은 식품위생, 미생물학, 공중보건학 등에 대한 지식을 쌓고 이해도를 높여야 한다.

1.6.2 2단계: 해당식품의 특성과 취급방법을 기술한다(제품설명서 작성)

HACCP팀이 가장 먼저 수행할 일은 생산제품에 대한 전반적인 제품설명서를 작성하는 것이다. 여기에는 재료가 되는 식품의 종류, 특성, 원료, 성분, 제조 그리고 유통방법 등을 포함한다. 그리고 제품유형, 성상, 제조 연월일, 작성자, 작성 연월일, 성분, 비율, 제조단위, 제품의 규격, 제품용도, 포장방법, 재질, 기타 필요한 사항 등이 기재되어야 한다. 제품설명서의 각 사항에는 위생적인 요소를 가장 기본적으로 고려한다. 물론 품질에 대한 부분은 위생적인 요소와 구분하여 기술한다.

1.6.3 3단계: 해당식품의 사용용도를 기술한다(용도 확인)

생산된 제품의 사용방법 및 대상 소비자를 기술해야 한다. 이는 해당 제품을 그대로 섭취할 것인가 아니면 가열하여 조리하여 먹을 것인가를 결정하게 된다. 특히 제품에 포함될 잠재 가능성이 있는 위해물질에 대해 감수성이 있는 소비자(노인, 어린이, 면역결핍환자 등)를 파악해야 한다.

1.6.4 4단계: 공정흐름도 및 평면도를 작성한다(공정흐름도 작성)

공정흐름도(flow diagram)에는 작업장 내로 원재료의 입고부터 완제품의 출하까지 공정별로 도식화해야 한다. 각 공정별 명칭과 주요 가공조건의 개요를 표시해야 한다. 표시내용은 작업 특징에 따른 구획의 표시, 기계 및 기구의 위치, 제품의 이동 경로, 작업자의 동선, 세척 방법, 소독의 방법, 출입문의 위치, 창문의 위치, 공조기의 위치, 배수처리 체계 등이 있다. 이러한 공정흐름도는 과정에서 발생할 수 있는 미생물의 오염, 2차 오염, 미생물의 증식 가능성을 파악 및 판단할 수 있게 한다.

1.6.5 5단계: 공정흐름도 및 평면도가 작업현장과 일치하는지를 검증한다 (공정흐름도 현장확인)

HACCP팀은 작성된 공정흐름도와 평면도가 실제 현장과 일치하는지를 확인해야 한다. 다르다면 예측할 수 있는 결과가 모두 사실이 아니라는 뜻이 된다. 검증을 위해 HACCP팀은 작업 현장에 직접 가서 공정별 각 단계를 직접 확인해야 한다. 공정흐름도와 평면도는 공정 및 작업과정에서 위해요소의 발생 포인트를 찾아내기 위한 것이므로 그 정확성은 매우 중요하다. 현장검증 결과 그 내용이 사실과 다르다면 해당 부분을 수정해야 한다. 정확한 공정흐름도를 알아야만 본격적인 HACCP 개발을 시작할 수 있다.

1.7 HACCP의 7원칙

1.7.1 원칙 1: 위해요소분석

위해분석은 ① 위해요소확인(hazard idenfication), ② 예방조치방법 설정(preventive measures), ③ 위해평가(hazard evaluation)의 순서로 진행한다. 우선적으로 제품설명서에 기술된 원료별 혹은 공정별로 가능한 모든 잠재적 위해요소를 발생원인과 함께 목록으로 작성하고 각 위해요소를 통제할 수 있는 예방조치방법을 결정한다. 나열된 위해요소의 발생가능성과 심각성을 고려하여 위해성을 평가하고 HACCP 계획에서 다뤄야 할 위해요소를 선정한다. 이 과정을 위해 다음 위해요소분석표 예시를 통해 수행해 볼 수 있다. 이 표를 통해 위해요소를 분석할 수 있다.

원료 및 공정	위해요소	발생원인	예방조치 방법	위해성 평가			
				발생가능성	위해여부	심각성	종합평가

① 위해요소 확인

위해요소분석의 첫 번째 단계는 위해요소의 확인이다. 위해요소는 식품과 함께 섭취하면 건강상의 피해를 줄 수 있는 것으로 생물학적, 화학적, 물리적 위해물질이 있다. 물론 HACCP는 물질뿐 아니라 환경도 위해요소로 볼 수 있으므로 물리적, 화학적, 생물학적 환경으로 부를 수 있다. 앞에서 기술한 제품설명서와 공정흐름도를 모두 정확히 파악하여 위해요소와 발생원인을 다음의 특징별로 구분해야 한다.

① 생물학적 위해요소

생물학적 위해요소는 미생물로 설명할 수 있다. 물론 미생물의 종류는 많지만 대표적인 것으로는 세균, 바이러스, 곰팡이, 기생충 등이 있다. 이들은 사람이나 동물이 식품을 섭취하는 것을 부적합하도록 만드는 생물체(각종 미생물체)를 포함한다. 생물학적 위해요소는 원료에 함입되는 근본적인 것도 있고, 원료나 생산 공정에 유입될 수도 있다. 심지어 유통 과정에서 유입될 수도 있다. 그러므로 작업자는 원료, 식품의 제조 공정, 심지어 유통 공정에서도 생물학적 유해에 노출될 수 있다는 사실을 명심해야 한다. 생물학적 위해요소는 각종 위해 곤충도 포함될 수 있지만, 가장 빈번한 것은 미생물이다. 식품은 생산, 제조, 가공, 포장, 보관, 운반, 조리 및 음식물 섭취 과정에서 언제든지 위해 미생물에 노출 및 오염될 수 있다. 위해 미생물에 오염된 식품은 식품의 부패 및 변패뿐만 아니라 식중독 및 식품매개 전염병도 일으킬 수 있다. 그래서 통제 및 관리가 필요하다.

② 화학적 위해요소

카드뮴으로 기인한 이따이이따이 병은 우리가 먹는 식품인 쌀(벼)에서의 화학적 원인물질인 카드뮴에 의한 통증을 유발하는 질병이었다. 이처럼 화학적 위해요소는 식품에 존재할 수 있으며 식품유래 급성질병과 만성질병을 유발한다. 식품에 자연적으로 존재하는 위해요소는 버섯독, 복어독, 아플라톡신, 오크라톡신 등의 천연독이 있으며, 식품의 생산, 제조, 가공, 포장, 보관, 운반, 유통, 조리 등의 특정 단계에서 의도적 혹은 비의도적으로 들어갈 수 있는 중금속(수은, 카드뮴), 농약, 동물의약품(항생제), 살충제, 식품첨가물뿐만 아니라 세척제, 윤활제, 각종 페인트 등과 같은 화학물질이 있을 수 있다. 현재 식품에서 지속적으로 문제가 되는 것은 동물에게 사용하는 항생물질과 같은 동물의약품, 중금속, 농약, 각종 포장제(환경 오염물질) 등의 잔류이다.

③ 물리적 위해요소

물리적 위해요소는 정상적으로 식품에서는 발견될 수 없는 것으로 외부에서 들어갈 수 있는 모든 물리적 요인이라고 할 수 있다. 소비자에게 질병을 일으킬 수 있는 혹은 상처를 유발할 수 있는 이물, 식품의 구성물과 이물질(동물의 뼈, 생선의 가시, 생선에 들어 있는 낚시 바늘 등)을 포함한다. 유리, 금속, 플라스틱 등 종류가 다양하다. 이들 물질이 식품에 있을 수 있는 이유는 원료 자체의 문제, 유지 및 관리되지 않는 시설, 부주의한 관리, 오염된 포장재, 종업원의 부주의 등이 관련이 있다.

④ 종합적 위해요소

앞에서 언급한 세 가지 위해요소는 각각의 위해로도 나타날 수 있지만 복합적으로 나타날 수 있다. 예를 들어 파리가 살모넬라균을 다리에 묻힌 상태로 날아다니다가 살충제에 맞아 죽기 직전 음식물에 혼입되었다면, 파리 자체는 음식물에 들어간 이물로 물리적 위해, 파리가 다리에 묻히고 있었던 살모넬라균은 생물학적 위해, 파리가 가지고 있었던 살충제 성분은 화학적 위해로 모두가 같이 들어 있을 수 있다. 최근 COVID-19가 유행하는데 다른 예를 들어보면, 짜장면 중국집 주방장이 COVID-19 환자로 담배를 피우다가 비의도적으로 그 담배꽁초가 음식물인 짜장면에 유입되었다. 이 경우에는 담배 꽁초 자체는 물리적 위해, COVID-19 관련 코로나바이러스는 생물학적 위해, 담배에 들어있는 타르나 니코틴 성분은 화학적 위해라 할 수 있다.

② 예방조치 방법설정

위해요소분석의 두 번째 단계는 파악된 각 위해요소를 예방하거나, 안전한 수준으로 감소하거나, 제거하거나 하는 방법을 설정하는 것이다. 예방조치 방법은 안전한 식품생산에 필요한 모든 행위와 활동을 포함한다. 어떠한 위해요소를 관리하기 위해서는 한 가지 이상의 방법이 필요할 수도 있으며, 여러 위해요소를 한 가지 방법으로 통제 관리할 수도 있다. 위해요소의 예방조치방법으로는 다음과 같다. 먼저 생물학적 위해요소관리 예시이다.

① 시험성적서 수령
② 입고 원료의 위생상태 검사(미생물학적 테스트)
③ 보관, 가열, 포장 등의 가공조건 준수 여부 확인

④ 시설, 설비의 위생상태 확인, 작업자의 위생관리

⑤ 공기 중에 식품의 노출 최소화(낙하세균 등 유의)

⑥ 작업자의 위생교육

⑦ 시설기준에 적합한 개수와 보수

두 번째로 화학적 위해요소관리 예시이다.

① 시험성적서 수령

② 입고되는 원료의 화학 성분 검사(화학적 위해 확인)

③ 승인된 화학물질만 사용 확인

④ 화학물질에 대한 제품명세서 확보 및 확인

⑤ 화학물질의 적절한 식별표시 및 보관

⑥ 화학물질의 사용기준에 따른 사용 및 확인

⑦ 화학물질 취급자의 교육 및 훈련

세 번째로 물리적 위해요소관리 예시이다.

① 시험성적서 수령

② 입고되는 원료의 무작위 육안 검사(물리적 위해 확인)

③ 시설 기준에 적합한 개수와 보수

④ 육안 선별, 금속검출기 등 사용

⑤ 작업자의 교육 및 훈련

③ 위해평가

위해요소분석의 마지막 단계는 파악된 위해요소에 대한 평가이다. 위해요소에 의한 실제 위험 가능성을 평가하는 작업이다. 각 위해요소의 발생가능성과 심각성으로 구분하여 정량화하는 과정이다. 발생가능성은 얼마나 빈발하게 나타날 수 있는지에 대한 가능성이며, 심각성은 위해의 발생에 따른 동물과 사람에게 위협적인 정도와 피해 예상 인원 등으로 평가한다. 이 두 가지를 정량화하여 발생가능성과 심각성을 평가한다.

① 발생가능성 평가

위해요소의 발생가능성이란 소비자가 해당식품을 섭취할 때, 해당 위해요소에 노출될 가능성을 말한다. 각 위해요소의 발생가능성은 가늠하기가 쉽지 않지만, 사례와 문헌을 참고하여 정보를 수집한다. 실질적인 발생 가능성 평가는 당연히 해당 작업장에서 실시한다. 작업장의 위생관리수준, 제품의 형태, 제품의 용도, 작업장의 오염실태, 식품제품의 불량발생상황 등과 같은 실질적인 자료를 근거해 수행한다. 발생가능성에 따라 발생가능성 낮음, 보통, 높음으로 표시할 수 있으나 정량적 구분 근거가 모호할 수 있으니 주관적인 판단을 배제해야 한다.

② 심각성 평가

위해요소의 심각성은 보통 동물과 사람에게 건강상 영향을 미칠 수 있는 정도에 따라 평가한다. 질병 발생의 3요소에서 언급한 병인의 특징과 직접적인 연관성이 높다. 질병의 원인이 되는 미생물의 경우 무증상(깜깜이) 감염, 잠재감염, 전파력이 높거나 낮은 경우, 독력이 강한 경우 등의 여러 특징을 가진다. 이처럼 심각성을 평가하는 데 하나의 원인체도 고려할 것이 많다. 코로나바이러스만 하더라도 SARS, MERS. COVID-19 등 독력, 전파력이 모두 같다고 할 수 없다. 그래서 심각성의 구분은 병원체도 고려해야 하고, 숙주와 환경적인 요인도 고려해야 한다.

③ 관리대상 위해요소 선정

심각성에 따른 위해요소의 종류는 다양하다. 하지만 이 위해요소 중 심각성 및 발생가능성에 따라 위해요소를 선정해야 한다. 그리고 선정된 위해요소는 중요관리점(critical control point)으로 구분하여, 확인해야 할 대상으로 결정해야 한다.

1.7.2 원칙 2: 중점관리점 결정

위해요소분석이 끝나면 해당식품의 위해요소를 통제하기 위한 중요관리점(CCP, critical control point)을 결정한다. 중요관리점이란 위해요소분석에서 파악된 정보를 활용하여 식품의 원료에서부터 공정상에 존재할 수 있는 위해요소를 예방, 감소(허용기준까지), 제거할 수 있도록 조치방법을 적용할 수 있는 작업공정상의 지침, 단계, 공정 절차를 뜻한다. 중요관리점으로 결정될 수 있는 예시는 다음과 같다.

① 미생물 유입을 막을 수 있는 출입구 방역
② 미생물 성장을 최소화할 수 있는 냉장 및 냉동 공정
③ 병원성 미생물을 소독하기 위한 온도 및 시간 관리가 가능한 가열처리 공정
④ 병원성 미생물 유입 차단이 가능한 공조기 필터 시설
⑤ 금속 검출기를 이용한 물리적 이물질 검출 공정

중요관리점을 결정하기 위한 질문 flow는 다음과 같다.

① **질문 1:** 해당공정 혹은 이후의 공정에서 도출된 위해요소의 관리를 위한 선행요건프로그램 방법이 있는가?에 대한 답으로 선행 프로그램이 있으며, 예방으로 적절하다면 그 답은 "예"이며 CP(control point)로 종결한다. 그렇지 않은 경우는 "아니오"이며 질문 2로 간다.

② **질문 2:** 해당공정이나 이후의 공정에서 도출된 위해요소를 관리할 수 있는 방법으로 예방조치방법이 있는가?에 대한 답으로 예방조치 방법이 있으면 "예"이며 질문 3으로 이동한다. 그렇지 않은 경우는 "아니오"이며 질문 2-1로 간다.

③ **질문 2-1:** 그렇다면 이 공정에서 관리가 필요한가?에 대한 답으로 답변이 "예"인 경우는 위해요소관리를 위하여 식품 생산 공정의 변경이 필요하므로 조치를 수행한다. 질문 2-1의 답이 "아니오"인 경우는 CP로 종결한다.

④ **질문 3:** 해당공정은 도출된 유해요소의 발생가능성을 제거하거나 허용 수준까지 감소케 하는가?에 대한 답으로 제거 혹은 허용 수준까지 감소할 수 있는 경우는 "예"이며 CCP(critical control point)로 선정한다. 오염을 제거할 수 없거나 감소할 수 없는 경우는 "아니오"이며 질문 4로 간다.

⑤ **질문 4:** 해당공정에서 도출된 위해요소가 허용기준을 초과하여 발생할 수 있는가? 혹은 위해요소가 허용할 수 없는 수준까지 증가할 수도 있는가?에 대한 답으로 "예"에 해당되면 질문 5로, 아니오인 경우는 CP로 종결한다.

⑥ **질문 5:** 해당공정 이후의 공정에서 도출된 위험요소를 제거하거나 허용수준까지 감소시킬 수 있는가?에 대한 답으로 "아니오"에 해당하면 CCP로 결정하고 위해요소를 해당공정에서 허용기준까지 줄이거나 제거할 수 있는 대책을 강구해야 한다. "예"인 경우에는 CP이므로 종결한다.

1.7.3 원칙 3: 한계기준설정

한계기준(critcal limit)이란 각 CCP(critical control point)에서 통제되어야 할 위해요소가 예방, 제거 혹은 허용 가능한 수준으로 감소되어야 할 한계치를 말한다. 그 기준을 벗어나면 안전하지 못하므로 과학적 근거에 기초하여 정해야 한다. 한계기준은 육안 혹은 계측에 의한 수치나 지표로 나타낸다. 그 예로 온도, 수분, 시간, 염도, 산도, pH 등이 있다. 한계 기준은 다음 절차에 따라 정한다.

① 결정된 CCP별로 해당 식품의 안정성을 보증하기 위하여 어떤 법적 기준이 있는지를 확인한다. 그 기준에 맞게 상세히 설정한다.

② 법적인 한계 기준이 없는 경우 외부 전문가의 자문을 구해 자체적으로 한계치를 설정한다.

③ 설정한 한계기준에 대한 법적 근거, 과학적 근거 등의 자료를 보관한다.

1.7.4 원칙 4: 모니터링 방법 설정

모니터링이란 CCP에 해당하는 공정이 한계기준을 벗어나지 않고 있는지를 확인하는 것이다. 안정적으로 되고 있는지를 직원을 통해 확인할 것인지, 기계적인 수치에 의해 확인할 것인지를 결정하고 효과적인 방법인지를 확인한다. 바람직한 모니터링 방법은 식품의 생산공정이 통제를 벗어나는 경우 신속히 확인되어 공정을 멈춘다던지 제품 폐기를 최소화한다던지 계획하고 통제할 수 있게 해준다. 모니터링 자료는 식품위생 및 HACCP 전문가가 책임자가 되어야 하며 정기적으로 평가해야 한다. 평가에 따라 신속한 개선 조치가 필요하다면 이를 결정하고 수행할 수 있는 권한 또한 있어야 한다. 모니터링은 가동 중인 공정에서 신속히 이루어져야 한다. 신속을 요하는 위해요소는 물리적 화학적 측정 방법이 적절하며, 미생물의 모니터링은 시간이 필요하므로 신중해야 한다. 계획된 모니터링은 다음 세가지를 충족해야 한다.

① 작업과정에서 발생되는 위해요소의 확인이 용이해야 한다.

② 작업공정에서 발생한 CCP의 일탈시점을 최대한 빨리 알려줘야 한다.

③ 추후 검증을 위해서라도 기록에 의한 문서화를 수행한다.

설정된 모니터링 방법에는 최소한 다음의 내용이 포함되어야 한다.

① **측정대상:** 한계기준으로 설정한 온도, 수분, 시간, 염도, 산도, pH 등의 결과를 신속히 얻을 수 있는 방법을 사용한다.

② **측정빈도:** 연속적 측정이 가장 바람직하지만 여건상 불가능할 수도 있다. 제품의 특성에 따라 비연속적이지만 필요에 따라 수행할 수 있어야 한다.

③ **담당자:** 모니터링을 책임지는 담당자가 반드시 필요하다. 대상자는 감독관, 품질관리 담당자 혹은 종업원 모두 가능하며 현장에서 활용가능한 인력으로 책임감을 가지고 모니터링을 해야 한다.

1.7.5 원칙 5: 개선조치방법 설정

HACCP는 위해가 발생하기 이전에 문제점을 미리 파악하고 개선하는 예방적 프로세스 관리 방법이다. 그래서 한계 기준으로부터 잠재적인 일탈 가능성을 고려하고 예상하여, 일탈 시 취해야 할 개선방법 역시 설정해야 한다. 미리 설정함으로써 신속한 대응 및 추후 조치가 가능하다. 보통 수행될 개선 조치사항은 공정상태의 원상복귀, 한계 기준을 넘었을 때의 식품에 대한 조치, 일탈에 대한 원인 규명 및 재발방지방법, 심지어 HACCP 계획의 변경 등이 포함된다. 개선 조치방법은 다음과 같다.

① 일탈 가능성을 고려하여, 각 CCP별로 가장 적합한 개선조치 절차를 파악한다.
② 각 CCP별 잠재적 위해요소의 심각성에 따라 차별하여 개선조치법을 설정한다.
③ 개선조치 결과의 기록서식을 선정한다.
④ 개선조치 담당자를 지정하고 교육하고 훈련한다.

1.7.6 원칙 6: 검증방법 설정

검증이란 HACCP 계획이 설정하고 있는 목표를 달성하는 데 효과적인지의 여부를 확인하는 과정이다. 또한 계획에 따라 제대로 실행되고 있는지의 여부를 확인하는 과정이다. 모니터링과는 별개로 독립된 방법과 절차로 검증방법이 결정되어야 한다. 식품 공정이 일어나고 있는 작업장은 검증을 통해 지속적으로 보완되고 발전되어야 한다. 검증 업무는 반드시 전문화된 HACCP팀에 의해 수행되어야 하며, HACCP 계획의 결함과 수행상태를 평가해야 한다. 검증활동은 다음과 같이 수행된다.

① HACCP 계획의 유효성 평가

HACCP 계획의 유효성을 평가하는 것으로 위해분석, CCP 결정, critical limit, 모니터링, 개선 조치, 문서화 방법, 검증활동에 이르는 HACCP 7원칙이 적합하게 계획되어 있는지, 그 계획이 위해요인을 통제하거나 위해를 없애거나 감소하는 데 있어 효과가 있는지를 평가하는 것이다. 평가의 핵심은 CCP 선정과 한계기준 설정의 과학적 근거, 개선조치의 타당성 점검이 주 내용이다. 정확한 평가를 위해서는 미생물의 유무 확인, 유해 잔류 물질에 대한 분석평가를 실시할 수도 있다.

② 현장수행평가(현장업무의 일치도 평가)

HACCP 계획으로 정한 것이 실제로 현장에서 정확하게 수행되고 있는지, 그 내용이 문서화 되어 있는지를 확인하는 평가이다. 검증은 CCP에 초점을 맞추어 수행하며, CCP 관련 기록의 검토, 모니터링 활동의 적합성 및 개선 조치의 정확성, 검사기기의 검정 상태 등을 확인한다. 이러한 확인은 육안 확인, 종업원과의 면담, 기록 확인 등으로 수행한다. 필요하면 실험실에 분석을 의뢰할 수도 있다. 검증의 결과로 HACCP 계획의 변경이 이루어질 수도 있으며, 특히 위해요소에 대한 과잉평가에 대한 결론 혹은 위해요소에 대해 간과하여 추가 관리의 필요성이 발견될 수 있다. 이 경우에는 절차에 따라 HACCP 계획을 수정해야 하며, 수정된 계획에 대해 재평가를 실시해야 한다. HACCP 계획에 대한 전반적인 재평가가 필요한 경우는 다음과 같다.

① 해당 식품(제품)과 관련된 새로운 안전성 정보가 있을 때
② 해당 식품이 식중독이나 식품매개 질병과 관련이 있을 때
③ 설정된 한계기준이 적합하지 않을 때
④ 신규원료의 사용 및 변경, 원료 공급 업체의 변경이 있을 때
⑤ 공정이 변경되었을 때, 신규 또는 대체 장비로 교체가 있을 때
⑥ 작업장 변경이나 작업량의 변화가 있을 때
⑦ 공급체계의 변경, 종업원의 대폭적 교체가 있을 때

1.7.7 원칙 7: 기록 및 문서화 방법 설정

정확한 기록 유지는 HACCP에서 매우 중요하다. 작업과정에서 수행된 모든 HACCP 활동은 기록되고 문서화되어야 한다. 이런 문서는 HACCP 검증에도 반드시 필요하며, HACCP이 제대로 수행되고 있다는 증거이기도 하다. 보존된 기록은 식중독 발생 시 그 원인규명을 위해 중요한 단서를 제공하기도 한다. 혹시 식중독이 발생될 수 있는, 소비자에게 판매된 식품을 회수(리콜)할 경우에도 회수할 제품을 결정하는 유용한 정보를 제공할 수 있다. 기록의 유지방법은 기존에 사용하는 방법을 개선하면서 발전시키면 된다. 기록을 위한 공정상의 위치, 기록 검토자, 기록의 보관 장소 및 기간 등은 기록자와 검토자가 정해서 결정하면 된다.

1.8 외국의 HACCP 적용현황

위해요소분석이란 "어떤 위해를 미리 예측하여 그 위해요인을 사전에 파악하는 것"을 의미하며, 중요관리점이란 "반드시 필수적으로 관리하여야 할 항목"이란 뜻을 내포하고 있다. 즉 해썹(HACCP)은 위해 방지를 위한 사전 예방적 식품안전관리체계를 말한다. 해썹(HACCP) 제도는 식품을 만드는 과정에서 생물학적, 화학적, 물리적 위해요인들이 발생할 수 있는 상황을 과학적으로 분석하고 사전에 위해요인의 발생여건들을 차단하여 소비자에게 안전하고 깨끗한 제품을 공급하기 위한 시스템적인 규정을 말한다. 결론적으로 해썹(HACCP)이란 식품의 원재료부터 제조, 가공, 보존, 유통, 조리단계를 거쳐 최종소비자가 섭취하기 전까지의 각 단계에서 발생할 우려가 있는 위해요소를 규명하고, 이를 중점적으로 관리하기 위한 중요관리점을 결정하여 자율적이며 체계적이고 효율적인 관리로 식품의 안전성을 확보하기 위한 과학적인 위생관리체계라고 할 수 있다. 해썹(HACCP)은 전 세계적으로 가장 효과적이고 효율적인 식품 안전 관리 체계로 인정받고 있으며, 미국, 일본, 유럽연합, 국제기구(Codex, WHO, FAO) 등에서도 모든 식품에 해썹을 적용할 것을 적극 권장하고 있다.

1.9 국내의 도입현황

우리나라도 식품의 안전성 확보와 식품산업의 안전성 확보와 식품산업의 국제 경쟁력 제고를 위하여 1995년 12월, 보건복지부에서 식품위생법을 개정하여 식품안전관리인증기준 규정을 신설하고, 1996년 12월에 "식품안전관리인증기준"을 고시하였으며, 농림축산식품부에서는 축산물 HACCP의 효율적인 운영을 위하여 1997년 12월 축산물가공처리법을 개정하여 도축장 및 축산물가공공장(식육포장처리업 포함)에 제도를 도입하였다. 2014년 HACCP 제도 보급 확대를 위한 "위해요소중점관리기준" 용어를 "안전관리인증기준"으로 알기 쉽게 변경하였다. 2017년 식품과 축산물의 인증 기관을 통합하여 한국식품안전관리인증원을 출범하였다. 우리나라 HACCP 역사는 다음 표와 같다.

연도	해당 내용
1995년	HACCP제도 도입근거 마련(식품위생법 32조의 2)
1996년	식품안전관리인증기준 고시
1997년	축산물가공처리법 개정으로 HACCP근거 신설(제9조)
1998년	축산물 안전관리인증기준 제정고시(농림부) - 도축장 2000.7.1. ~ 2003.7.1. 규모별 연차적 의무 적용 - 축산물가공장은 자율 적용(오리도축장 2007.7.1. 적용) - 햄류, 소시지류, 우유류, 발효유류, 가공치즈, 자연치즈 적용
2000년	가공유류, 버터류 적용
2001년	포장육 적용
2002년	양념육류, 분쇄가공육제품, 저지방우유류, 아이스크림류 적용
2004년	사료공장 HACCP고시 제정, 2005. 1. 배합사료공장 적용
2005년	축산물 HACCP고시 제정(검역원)
2006년	갈비가공품, 건조저장육류, 전란액, 난황액, 난백액 적용 돼지농장, 식육판매업, 분유류, 알가열성형제품 적용
2007년	조제유류, 염지란, 베이컨 적용 소농장, 집유업, 축산물운반업, 축산물보관업 적용
2008년	축산물안전관리인증원 법정법인 설치
2008년	닭농장, 유크림류, 농축유류 적용
2009년	오리농장 적용
2011년	메추리농장 적용
2012년	부화업 적용
2013년	산양농장 적용
2014년	HACCP제도 보급 확대를 위한 "위해요소중점관리기준" 용어를 알기 쉽게 변경 - HACCP용어: 위해요소중점관리기준 → 안전관리인증기준 - 담당기관명칭: 축산물위해요소중점관리기준원 → 축산물안전관리인증원
2015년	식품 및 축산물 안전관리인증기준 제정 고시(식품의약품안전처)

2017년	HACCP 인증기관 통합(식품+축산물): 한국식품안전관리인증원 출범
2017년	HACCP인증 연장심사 유예 및 신청절차 마련
2018년	전년도 매출액 100억 원 이상 업체 유예 관련 고시 개정
2019년	소규모 업소 인증 및 사후관리 평가표 개선
2019년	식품 및 축산물 안전관리인증기준 고시 개정 축산농장의 안전관리인증기준(HACCP) 평가표 개선
2020년	식품안전관리인증기준의 교육훈련기관 지정 및 취소 등에 관한 사항 명시
2020년	축산물 위생관리법 일부개정

축산물 관련 법령은 다음 표와 같다.

▓ 표 4-4 우리나라 축산물 관련 법령

법	해당 내용
축산물 위생관리법	제9조(안전관리인증기준)
	제9조 2(인증 유효기간)
	제9조 3(안전관리인증기준의 준수 여부 평가 등)
	제9조 4(인증의 취소 등)
축산물 위생관리법 시행규칙	제7조(안전관리인증기준의 작성·운용 등)
	제7조 2(안전관리인증기준 적용 확인서의 발급)
	제7조 3(안전관리인증작업장등의 인증신청 등)
	제7조 4(영업자 등에 대한 교육훈련)
	제7조 5(인증 유효기간의 연장신청 등)
	제7조 7(안전관리인증기준 및 운용의 적정성 검증)
	제7조 8(안전관리인증작업장등의 인증취소 등)
식품 및 축산물 안전관리인증기준	식품의약품안전처고시 제2020-15호, 2020. 3. 11.

식품 관련 법령은 다음 표와 같다.

■ 표 4-5   우리나라 식품 관련 법령

법	해당 내용
식품위생법	제48조(식품안전관리인증기준)
	제48조의2(인증 유효기간)
	제48조의3(식품안전관리인증기준적용업소에 대한 조사·평가 등
식품위생법 시행령	제33조(식품안전관리인증기준)
	제34조(식품안전관리인증기준적용업소에 관한 업무의 위탁 등)
식품위생법 시행규칙	제62조(식품안전관리인증기준 대상 식품)
	제63조(식품안전관리인증기준적용업소의 인증신청 등)
	제64조(식품안전관리인증기준적용업소의 영업자 및 종업원에 대한 교육훈련)
	제65조(식품안전관리인증기준적용업소에 대한 지원 등)
	제66조(식품안전관리인증기준적용업소에 대한 조사·평가)
	제67조(식품안전관리인증기준적용업소 인증취소 등)
	제68조(식품안전관리인증기준적용업소에 대한 출입·검사 면제)
	제68조2(인증유효기간의 연장신청 등)
식품 및 축산물 안전관리인증기준	식품의약품안전처고시 제2020-15호, 2020. 3. 11.

2 | 식품의 안전관리 인증 및 교육

2.1 안전관리 인증 제도소개

2.1.1 목적

농장에서 판매까지 모든 단계를 연계 관리하여 진정한 의미의 'HACCP적용 축산물'을 생산함으로써 HACCP 제도의 실효성을 높이기 위하여 제도를 도입하였다. HACCP적용 축산물의 취급을 위해 가축의 사육과 축산물의 처리, 가공, 유통 및 판매의 모든 과정에서 안전관리인증기준(HACCP)을 이행하고 있음을 인증하는 내용이다.

2.1.2 관련법령

「축산물위생관리법」 제9조(안전관리인증기준), 제41조(수수료)에 「축산물위생관리법 시행규칙」 제7조의3(안전관리인증작업장등의 인증신청 등) 제3~5항에 그리고 「식품 및 축산물 안전관리인증기준」 제7조(축산물통합인증관리) 이상의 법령을 근거로 시행하고 있다.

2.1.3 인증주체

인증심사, 조사·평가 및 연장심사는 한국식품안전관리인증원에서 수행하며, 안전관리통합인증업체에 대한 인증취소 등 행정권한은 식품의약품안전처에서 수행한다. 인증의 대상은 축산물의 전 유통단계 HACCP 적용을 관리할 수 있는 농협과 축협, 농업경영체, 축산물가공업자, 축산물판매업자 등이 있다.

2.1.4 인증요건

식품의 모든 단계에서 안전관리인증기준을 준수하는 브랜드경영체, 유통법인 등이 참여하여 각각의 작업장·업소 또는 농장의 통합적인 안전관리인증기준 적용을 위한 위생관리프로그램을 하나의 프로세스로 통합관리프로그램에 참여하려고 하는 업체는 서류와 요건을 갖추어야 한다.

2.1.5 구비서류

축산물 위생관리법 시행규칙 제7조의3 제4항에 근거하여 다음의 구비서류가 필요하다.
① 별지 제1호의4서식 「안전관리통합인증업체(HACCP)」 인증신청서(별도 첨부)
② 안전관리통합인증 대상임을 확인할 수 있는 서류
③ 통합인증업체의 안전관리인증기준(HACCP)을 관리·운용하기 위한 전담조직 구성 및 운영 규정
④ 통합관리프로그램 3개월 이상의 운용실적
⑤ 통합인증에 참여하는 각각의 작업장·업소·농장과 체결한 계약서 사본(최소 3년 이상)
⑥ 통합인증에 참여하는 각각의 작업장·업소·농장 관련 서류(인증서 등)

2.1.6 인증세부요건

축산물 위생관리법 시행규칙 제7조의3 제5항에 근거하여 다음 요건이 필요하다.
① 통합관리프로그램을 작성·운용하고 있을 것
② 통합인증업체는 가축의 생산부터 판매 등 축산물이 거치는 모든 단계에서, 안전관리인증기준을 준수하고 있는 관계 업소를 보유하고 계약을 체결할 것(계약에는 통합인증에 참여하는 각각의 작업장·업소·농장이 통합관리프로그램을 준수한다는 내용을 포함해야 하며, 각 계약기간은 3년 이상)
③ 통합인증에 참여하는 각각의 작업장·업소·농장은 위생관리프로그램 및 자체안전관리인증기준을 작성·운용하고 있을 것
④ 통합인증에 참여하는 각각의 작업장·업소·농장의 영업자 및 종업원은 HACCP과 관련된 법적 교육훈련을 수료하였을 것

2.2 안전관리 인증 절차

2.2.1 인증 및 연장

법적근거는 「축산물위생관리법」 제9조, 제9조의2, 제9조의3 및 시행규칙 제7조의3, 제7조의5 그리고 「축산물안전관리인증기준」 제8조에 근거하여 인증 및 인증연장을 신청한다. 민원처리 기관은 한국식품안전관리인증원이다.

2.2.2 처리 절차

HACCP 인증신청서의 처리 절차 기간은 120일(인증 신청 내용에 따라 다를 수 있음)이며, 연장신청은 유효기간 만료 120일(인증 신청 내용에 따라 다를 수 있음) 전까지 신청한다. 서류 검토 후 구비서류 미비 시 보완 또는 반려조치가 있을 수 있으며, 보완 조치 시에는 해당 보완내용을 수행한다. 반려조치는 선행요건 및 HACCP 관리 기준서 미작성, 인증신청 시 1개월 이상 운용실적이 없다 등의 중대 결함 시 내려지는 조치이다. 특별한 보완이 없는 경우 현장 평가가 실시되며 결과에 따라 적합(인증서 발급) 혹은 부적합 판정을 받게 된다. 부적합 판정을 받게 되면 3개월 이내 시정조치 요구 후 보완완료 시 현장 등의 재확인을 통하여 인증서를 발급하게 되나, 보완 미완료 시에는 종결처리한다. 부적합 작업장은 부적합 사항을 개선하여 1개월 이상 다시 운용 후에 신청이 가능하다. 인증 심사 절차 과정의 도식은 다음과 같다.

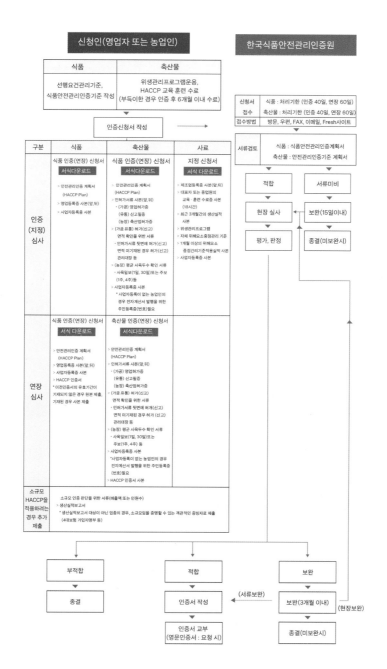

출처: 한국식품안전관리인증원, https://www.haccp.or.kr/

https://fresh.haccp.or.kr/haccp/process/haccpProcess.do

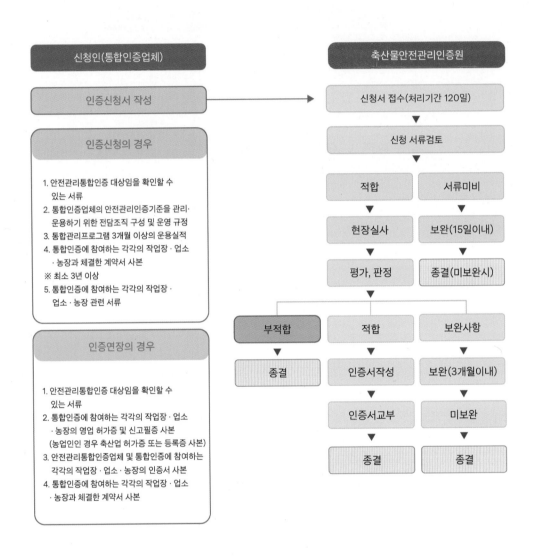

출처: 한국식품안전관리인증원, https://www.haccp.or.kr/

https://fresh.haccp.or.kr/haccp/safetyManagement/haccpSafetyManagement.do?tp=2

2.3 \ 안전관리 인증 교육

2.3.1 교육대상

HACCP 안전관리 인증 교육의 대상은 안전관리인증작업장·안전관리인증업소·안전관리인증농장 대표자 및 종업원이다. 작업장과 업소의 교육은 영업자(대표자)는 4시간 이상, 종업원은 24시간 이상의 교육훈련을 수료해야 한다. 종업원을 고용하지 않고 영업을 하는 축산물 가공업·식용란선별포장업·식육포장처리업·축산물보관업·축산물운반업·축산물판매업·식육즉석판매가공업 영업자는 종업원이 받아야 하는 교육훈련을 대표자인 본인이 직접 교육이수하여 수료하여야 하며, 이 경우 영업자가 받아야 하는 교육훈련은 받지 않아도 된다. 농장 대표는 4시간 이상의 교육훈련을 수료해야 한다. 정기 교육훈련에 대한 면제 기준도 있는데, 전년도 조사평가 점수 95% 이상일 경우, 다음 연도의 정기 교육훈련을 면제받을 수 있다(축산물위생관리법 시행규칙, 21.01.25 시행).

2.3.2 교육신청 방법

한국식품안전관리인증원 민원홈페이지(http://fresh.haccp.or.kr)를 활용하여 신청할 수 있다. 민원 카테고리를 통해 교육신청이 가능하며, 본인 인증 후 HACCP교육일정 중 해당과정을 선택한다. 교육비는 다음과 같으며, 한국식품안전관리인증원의 계좌번호는 (농협)301-0206-8579-01이다. 과정별 금액 예시는 다음과 같다.

① 축산물가공·유통HACCP영업자과정: 90,000원(4시간)
② 축산물가공·유통HACCP종업원과정: 250,000원(24시간, 3일)
③ 축산물(농장) HACCP농업인과정: 80,000원(4시간)

2.3.3 축산물 HACCP 교육훈련기관

2020년 12월 기준으로 가공·유통 관련 교육훈련기관명은 한국식품안전관리인증원(충북 청주시 흥덕구 오송읍 오송생명5로 156)과 농협 축산물위생교육원이 있다. 농장의 교육은 한국식품안전관리인증원, 농협 축산물위생교육원, (사)대한한돈협회, 국립한경대학교 축산위생교육원, 제주대학교 수의과학연구소, (사)한국축산물처리협회 등의 교육기관이 있다. 마지막으로 사료 HACCP 교육은 (사)한국사료협회, 농협중앙회, 단미사료협회 등에서 수행하고 있다.

3 | 식품의 안전관리 지침 및 서식

3.1 식품의 안전관리 지침

식품의 안전관리 지침은 가장 상위의 법령자료가 있다. 사료관리법, 축산물 위생관리법, 축산물 위생관리법 시행령, 축산물 위생관리법 시행규칙, 식품위생법, 식품위생법 시행령, 식품위생법 시행규칙 등이 있다. 하위 기준으로는 식품 및 축산물 안전관리인증기준, 식품안전관리지침, 식품첨가물의 기준 및 규격 등이 있다. HACCP 매뉴얼로는 식품안전관리인증기준(HACCP)평가 매뉴얼이 있으며, 세부 내용으로는 한국식품안전관리인증원 홈페이지에 지침과 매뉴얼이 HACCP 종합자료실에 각종 양식, 교육 및 법령자료 등이 탑재되어 있다. 그 세부 주소는 https://fresh.haccp.or.kr/board/boardDataList.do?board=117이다.

3.2 축산물 HACCP 의무적용 분야

축산물의 생산, 사료, 가공, 유통의 모든 분야에 적용된다. 2002년 도축업 등 업종에 축산물안전관리인증기준(HACCP) 의무적용을 도입한 이래 안전한 축산물의 소비를 위하여 HACCP인증 대상을 점차 확대하여 관리하고 있다. HACCP인증 신청 작업장(업소·농장)에 대하여 서류검토 및 현장실사를 실시하여 HACCP인증 기준에 적합하다고 인정되는 경우 인증서(지정서)를 발급하고 있다. 의무적용 업종은 농장(가축사육업)의 경우, 돼지, 한우, 젖소, 육우, 육계, 산란계, 오리, 부화업, 메추리, 산양, 사슴 등이 있으며 농장 업의 종류로 사육업 외에도 종축업, 부화업 등이 있다. 추가로 도축업, 집유업, 축산물가공업(식육가공업, 유가공업, 알가공업), 식육포장처리업, 식용란선별포장업, 축산물보관업, 축산물운반업, 축산물판매업, 식육부산물전문판매업, 축산물유통전문판매업, 식용란수집판매업, 식육즉석판매가공업 등이 있다. 진행 중인 식육가공업 의무적용 시행일은 다음과 같다.

업종	단계	2016년도 매출액 기준	의무적용 시행일
식육가공업	1단계	20억원 이상	2018년 12월 1일 완료
	2단계	5억원 이상	2020년 12월 1일 완료
	3단계	1억원 이상	2022년 12월 1일 예정
	4단계	1~3단계 외 모든 업체	2024년 12월 1일 예정

사료제조업(배합사료, 단미사료, 보조사료, TMR) 분야 역시 의무적용 업종이다. 안전관리통합인증 관련 업종으로는 돼지, 한우, 젖소, 육계, 식용란, 오리, 메추리 분야가 의무이다.

축산물 인증업소 현황 통계(2022년 8월 기준)는 다음 표와 같다.

■ 표 4-7 축산물 인증업소 현황

구분	업체수(개)
가공업	5,394
유통업	2,642
생산단계(농장)	7,061
사료	233
합계	15,330

가공업은 식육포장처리업(3,000여 개), 식육가공업(1,700여 개), 유가공업, 알가공업이 있다. 유통업은 식육즉석판매가공업, 식육판매업(600여 개), 식용란수집판매업(1,100여 개), 식육부산물전문판매업, 축산물유통전문판매업, 축산물보관업, 축산물운반업, 식용란선별포장업(590 개) 등이 있다. 생산단계(농장)는 돼지(1,600여 개), 한우(2,300여 개), 젖소(600여 개), 육계(1,000여 개), 산란계(1,000여 개), 오리, 메추리, 산양, 사슴, 부화업 등이 있다.

3.3 식품 HACCP 의무적용 분야

식품의 제조, 가공, 유통, 외식, 급식의 모든 분야에 적용하고 있다. 2003년 어묵류 등 6개 식품유형에 식품안전관리인증기준(HACCP) 의무화 규정을 신설한 이래 안전한 식품소비를 위하여 식품안전관리인증기준 대상을 점차 확대하여 관리하고 있다. HACCP인증 신청 작업장(업소)에 대하여 서류검토 및 현장실사를 실시하여 HACCP인증 기준에 적합하다고 인정되는 경우 인증서를 발급하고 있다. 의무적용 유형(업체)은 다음 표와 같다.

■ 표 4-8　우리나라 식품 의무적용 유형

분야	세부 의무적용 업종
식품제조	식품제조가공업, 식품제조가공업(운반급식), 식품제조가공업(주류제조)
식품접객업	일반음식점, 위탁급식, 제과점, 휴게음식점
추가분야	건강기능식품전문제조업, 식품첨가물제조업, 식품냉동냉장업, 식품운반업, 식품소분업, 즉석판매제조가공업, 집단급식소, 집단급식소식품판매업, 기타식품판매업

식품 인증업소 현황 통계(2022년 8월 기준)는 다음 표와 같다.

■ 표 4-9　식품 인증업소 현황

구분	업체수(개)
식품제조가공업	9,751
집단급식소	10
집단급식소식품판매업	20
기타식품판매업	6
식품접객업	62
식품소분업	109
건강기능식품전문제조업	21
식품첨가물	19

즉석판매제조가공업	11
식품냉동냉장업	2
합계	10,011

3.4 식품의 안전관리 서식

축산물 안전관리인증기준(HACCP) 인증(연장) 신청서 양식, 축산물 위생관리법 시행규칙 [별지 제1호의3서식] 서식은 별첨자료로 첨부하였다. 또한 식품 HACCP 인증(연장) 신청서 양식, 식품위생법 시행규칙 [별지 제 52호 서식] 서식 역시 별첨자료로 첨부하였다.

4 식품 등의 표시기준

안전관리인증기준(HACCP) 적용심벌(표시)이나 현판은 다음 기본 심벌을 참조하여 제품 및 업소의 특성과 포장 재질 또는 디자인에 적합하게 다양한 색상과 크기를 적용하여 사용할 수 있다(식품 또는 축산물 구분이 필요한 경우 심벌 내부에 "식품안전관리인증 또는 축산물안전관리인증", "안전관리인증식품 또는 안전관리인증축산물"로 표시할 수 있음). 식품 및 축산물안전관리인증기준(시행 2022. 5. 18) 제27조(우대조치)에 표시기준이 기술되어 있다.

4.1 안전관리인증기준(HACCP) 심벌

안전관리인증기준(HACCP) 심벌으로 사용하는 대표적인 예시 그림은 다음과 같다. 사용하고자 하는 업체는 사용장소에 맞게 색상 및 크기를 조정할 수 있다. 하지만 디자인은 아래의 본 견본과 같아야 한다. 심벌의 색상 및 크기는 조정이 가능하지만, 디자인은 조정할 수 없다.

■ 그림 4-5   축산물 안전관리통합인증업체

4.2 자동 기록관리 시스템(스마트 해썹, Smart HACCP) 심벌

자동 기록관리 시스템(스마트 해썹, Smart HACCP) 심벌로 사용하는 대표적인 예시 그림은 아래와 같다. 사용하고자 하는 업체는 사용장소에 맞게 색상 및 크기를 조정할 수 있다. 하지만 디자인은 아래의 본 견본과 같아야 한다. 심벌의 색상 및 크기는 조정이 가능하지만, 디자인은 조정할 수 없다. 안전관리인증기준(HACCP) 심벌과 병행하여 사용하는 것은 가능하다. 물론 단독으로도 사용할 수 있다. Smart HACCP이므로 자동 기록관리 시스템을 적용한 업소만 사용할 수 있다.

■ 그림 4-6   스마트 해썹(Smart HACCP) 심벌

4.3 안전관리인증기준(HACCP) 적용(인증)작업장·업소·농장 현판 견본

안전관리인증기준(HACCP) 적용(인증)작업장·업소·농장 현판 심벌 사용 예시, 그 외 HACCP 적용작업장·업소 심벌 사용 예시, 축산물 안전관리통합인증업체 심벌 사용 예시는 아래와 같다.

■ 그림 4-7　도축장·집유장·농장의 심벌 사용 예시

인증번호 제○○호 (인증번호는 생략 가능함)

안전관리인증기준(HACCP)
적용작업장(업소, 농장)

○○○(업소명 또는 농장명)

■ 그림 4-8　그 외 HACCP 적용작업장 · 업소의 심벌 사용 예시

인증번호 제○○호 (인증번호는 생략 가능함)

안전관리인증기준(HACCP)
적용작업장(업소)

○○○(업소명)

■ 그림 4-9　축산물 안전관리통합인증업체의 심벌 사용 예시

인증번호 제○○호 (인증번호는 생략 가능함)	
	안전관리통합인증기준 적용업체
○○○(업소명)	

[별지 제1호의3서식] <개정 2021. 9. 10.>

안전관리인증 [ ] 작업장 [ ] 업 소 (HACCP) [ ] 인증 신청서
[ ] 농 장 [ ] 인증연장

접수번호		접수일		처리기간 인증: 40일 인증연장: 60일

신청인	영업허가(신고·등록)번호		영업허가(신고수리·등록) 년 월 일	
	작업장(업소·농장) 명칭		전화번호	
	소재지	본사		
		공장(농장)		
	대표자 성명		생년월일	
	관리 책임자		생년월일	
	HACCP 적용 업종 또는 가공품의 유형			

「축산물 위생관리법」　[ ] 제9조제4항　　　　　　　및 같은 법 시행규칙　[ ] 제7조의3제1항　　　에 따라 HACCP

　　　　　　　　　　　　[ ] 제9조의2제2항　　　　　　　　　　　　　　　　　[ ] 제7조의5제3항

([ ] 작업장 [ ] 업소 [ ] 농장)으로 ([ ] 인증 [ ] 인증연장)을 신청합니다.　　　　　　　　　　　　　　년　　월　　일

　　　　　　　　　　　　　　　　　　　　신청인　　　　　　　　　　　　　　　　　　　　　　(서명 또는 인)

한국식품안전관리인증원장 귀하

첨부서류	인증 신청의 경우	안전관리인증기준의 운용에 관한 계획서	수수료 「축산물 위생관리법」 제41조 및 같은 법 시행규칙 제59조제1항에 따라 한국식품안전관리인 증원장이 정하는 수수료
	인증연장 신청의 경우	인증서 사본	
담당자 확인사항 (인증연장 신청)		영업 허가증 또는 신고필증(농업인의 경우에는 축산업 허가증·등록증 또는 농업경영체증명서)	

행정정보 공동이용 동의서

　본인은 이 건 업무처리와 관련하여 담당자가 「전자정부법」 제36조제1항에 따른 행정정보의 공동이용을 통해 위의 담당자 확인사항을 확인하는 것에 동의합니다. * 동의하지 않는 경우에는 신청인이 직접 영업 허가증 또는 신고필증 사본(농업인의 경우에는 축산업 허가증·등록증 또는 농업경영체증명서 사본)을 제출해야 합니다.

　　　　　　　　　　　　　　　　　　　　신청인　　　　　　　　　　　　　　　　　　　　　　(서명 또는 인)

처리절차

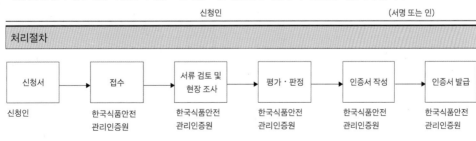

신청서	→	접수	→	서류 검토 및 현장 조사	→	평가·판정	→	인증서 작성	→	인증서 발급
신청인		한국식품안전 관리인증원		한국식품안전 관리인증원		한국식품안전 관리인증원		한국식품안전 관리인증원		한국식품안전 관리인증원

210mm×297mm[백상지 80g/㎡]

개인정보 수집 · 이용 및 제3자 제공 동의서

한국식품안전관리인증원은 "안전관리인증기준(HACCP)인증 등 에 관한 사업"과 관련하여 개인정보 수집·활용 및 제3자의 제공 동의를 구하오니 자세히 읽어보신 후 <u>동의여부를 결정하여</u> 주시기 바랍니다.

■ 고유식별정보 수집 · 이용 내역

※ 개인정보보호법 제15조제1항제2호에 따라 아래와 같이 개인정보를 수집 · 이용합니다.

항 목	주민등록번호(사업자가 아닌 경우에 한함)
수집목적	전자계산서 발급을 위한 주민등록번호 수집 · 이용
수집근거	「법인세법 제121조(계산서의 작성 · 발급 등)」및 「국세기본법 시행령 제68조 (민감정보 및 고유식별정보의 처리)」

■ 개인정보 수집 · 이용 내역(필수사항)

항 목	업소명, 성명, 생년월일, 연락처, 팩스번호, 주소, 이메일
수집목적	안전관리인증기준(HACCP)인증 등에 관한 사업 「식품위생법」제48조,「축산물 위생관리법」제9조 및 제44조,「사료관리법」제16조, 「한국식품안전관리인증원의 설립 및 운영에 관한 법률」제6조
보유기간	10년 * 공공기록물관리에 관한 법률 시행령 제26조(보존기간)을 기준으로 보존

※ 위와 같이 개인정보를 수집 · 이용하는데 동의를 거부할 권리가 있습니다.

(동의를 거부할 경우 심사일정, 결과통지 및 법적사항 알림 등 정보제공에 제한을 받으실 수 있습니다.)

☞ 위와 같이 개인정보를 수집 · 이용하는데 동의하십니까? (예, 아니오)

■ 개인정보 수집 · 이용 내역(선택사항)

- HACCP 관련 정보제공 기술지원 자료 제공 등을 위한 수집 · 이용 내역

항 목	□ 이메일주소, □ 휴대전화번호
수집목적	국내·외 식품·축산물 안전 정책 동향, HACCP 관련 뉴스, 전문정보, 교육(행사)알림 등
보유기간	10년 * 공공기록물관리에 관한 법률 시행령 제26조(보존기간)을 기준으로 보존

※ 위와 같이 개인정보를 수집 · 이용하는데 동의를 거부할 권리가 있습니다.

(동의를 거부할 경우 거부한 내용 관련 서비스에 제한을 받으실 수 있습니다.)

☞ 위와 같이 개인정보를 수집 · 이용하는데 동의하십니까? (예, 아니오)

■ 개인정보 제3자 제공 내역(필수사항)

항 목	식품의약품안전처, 농림축산식품부, 시·도 교육청, 전국 지방자치단체
제공목적	법령 등에서 정하는 공공기관 소관업무 수행 실적 보고
제공항목	업소명, 성명, 생년월일, 연락처, 팩스번호, 주소, 이메일
보유기간	10년 * 공공기록물관리에 관한 법률 시행령 제26조(보존기간)을 기준으로 보존

※ 위와 같이 개인정보를 수집·이용하는데 동의를 거부할 권리가 있습니다.

　(동의를 거부할 경우 정보제공에 따른 이익에 제한을 받으실 수 있습니다.)

☞ 위와 같이 개인정보를 수집·이용하는데 동의하십니까? (예, 아니오)

★ 수수료 납부에 따른 증빙 발급 민원에 한함

제 공 처	국세청
제공목적	법령에 따른 과세자료 제출(계산서 작성·교부 및 합계표 제출)
제공항목	업소명, 성명, 개인사업자등록번호(주민등록번호), 주소, 이메일
보유기간	5년 * 공공기록물관리에 관한 법률 시행령 제26조(보존기간)을 기준으로 보존

※ 위와 같이 개인정보를 수집·이용하는데 동의를 거부할 권리가 있습니다.

　(동의를 거부할 경우 정보제공에 따른 이익에 제한을 받으실 수 있습니다.)

☞ 위와 같이 개인정보를 수집·이용하는데 동의하십니까? (예, 아니오)

년　월　일

동의자 업체명(농장명) :

　　　　성　　　명 :　　　　　　　　　　　　　(서명)

한국식품안전관리인증원장 귀중

식품안전관리인증기준(HACCP)적용업소 인증(연장) 신청서

※ 첨부서류는 아래를 참고하시기 바라며, 색상이 어두운 난은 신청인이 적지 않습니다.

접수번호		접수일	발급일	처리기간	인증: 40일 인증연장: 60일

신청인	영업신고(등록) 번호			영업신고(등록) 연월일	
	영업소명			전화번호 E-mail :	
	소재지	본사			
		공장(농장) ※ 집단급식소 중 위탁운영의 경우 그 이름과 소재지, 신고번호를 기재			
	대표자 성명		생년월일 (외국인의 경우 외국인 등록번호)		휴대전화
	관리 책임자		생년월일		전화 휴대전화

신청 내용	HACCP적용 식품명(유형)			인증번호	
	HACCP적용 규모 □ 일반 □ 소규모 ※ 소규모 HACCP : 해당품목의 연매출액 5억원 미만이거나 종업원 수가 21인 미만인 경우				
	HACCP적용 품목별(유형) 1년간 생산실적				
	품목명	생산실적(단위: 천원)		품목명	생산실적(단위: 천원)
	품목명	생산실적(단위: 천원)		품목명	생산실적(단위: 천원)

「식품위생법」 제48조제3항·제48조의2제2항 및 같은 법 시행규칙 제63조제1항·제68조의2제2항에 따른 식품안전관리인증기준적용업소 인증 또는 인증 유효기간의 연장을 신청합니다.

년   월   일

신청인

(서명 또는 인)

한국식품안전관리인증원장   귀하

첨부서류	1.「식품위생법」제48조제1항에 따라 작성한 적용대상 식품별 식품안전관리인증계획서(중요관리점의 한계 기준, 모니터링 방법, 개선조치 및 검증방법을 기술한 자체 계획서 등을 말합니다) 2. 식품안전관리인증적용업소 인증서 원본(법 제48조의2제1항에 따른 인증 유효기간의 연장을 신청하는 경우만 제출합니다)	수수료
		200,000원

처리절차

신청서 작성	→	접수	→	서류검토 (HACCP 관리 계획서)	→	현지 확인 및 평가 (HACCP 실시 상황 평가)	→	판정	→	결재	→	HACCP 적용 업소 인증서 발급

신청인

법 제48조제12항에 따른 위탁기관
(HACCP 적용업소 인증 담당부서)

210mm×297mm[일반용지 60g/㎡(재활용품)]

개인정보 수집 · 이용 및 제3자 제공 동의서

한국식품안전관리인증원은 "안전관리인증기준(HACCP)인증 등 에 관한 사업"과 관련하여 개인정보 수집·활용 및 제3자의 제공 동의를 구하오니 자세히 읽어보신 후 <u>동의여부를 결정하여</u> 주시기 바랍니다..

■ 고유식별정보 수집 · 이용 내역

※ 개인정보보호법 제15조제1항제2호에 따라 아래와 같이 개인정보를 수집 · 이용합니다.

항 목	주민등록번호(사업자가 아닌 경우에 한함)
수집목적	전자계산서 발급을 위한 주민등록번호 수집 · 이용
수집근거	「법인세법 제121조(계산서의 작성 · 발급 등)」및 「국세기본법 시행령 제68조 (민감정보 및 고유식별정보의 처리)」

■ 개인정보 수집 · 이용 내역(필수사항)

항 목	업소명, 성명, 생년월일, 연락처, 팩스번호, 주소, 이메일
수집목적	안전관리인증기준(HACCP)인증 등에 관한 사업 「식품위생법」제48조,「축산물 위생관리법」제9조 및 제44조,「사료관리법」제16조, 「한국식품안전관리인증원의 설립 및 운영에 관한 법률」제6조
보유기간	10년 * 공공기록물관리에 관한 법률 시행령 제26조(보존기간)을 기준으로 보존

※ 위와 같이 개인정보를 수집 · 이용하는데 동의를 거부할 권리가 있습니다.

(동의를 거부할 경우 심사일정, 결과통지 및 법적사항 알림 등 정보제공에 제한을 받으실 수 있습니다.)

☞ 위와 같이 개인정보를 수집 · 이용하는데 동의하십니까? (예, 아니오)

■ 개인정보 수집 · 이용 내역(선택사항)

- HACCP 관련 정보제공 기술지원 자료 제공 등을 위한 수집 · 이용 내역

항 목	□ 이메일주소, □ 휴대전화번호
수집목적	국내·외 식품·축산물 안전 정책 동향, HACCP 관련 뉴스, 전문정보, 교육(행사)알림 등
보유기간	10년 * 공공기록물관리에 관한 법률 시행령 제26조(보존기간)을 기준으로 보존

※ 위와 같이 개인정보를 수집 · 이용하는데 동의를 거부할 권리가 있습니다.

(동의를 거부할 경우 거부한 내용 관련 서비스에 제한을 받으실 수 있습니다.)

☞ 위와 같이 개인정보를 수집 · 이용하는데 동의하십니까? (예, 아니오)

▨ 개인정보 제3자 제공 내역(필수사항)

항 목	식품의약품안전처, 농림축산식품부, 시 · 도 교육청, 전국 지방자치단체
제공목적	법령 등에서 정하는 공공기관 소관업무 수행 실적 보고
제공항목	업소명, 성명, 생년월일, 연락처, 팩스번호, 주소, 이메일
보유기간	10년 * 공공기록물관리에 관한 법률 시행령 제26조(보존기간)을 기준으로 보존

※ 위와 같이 개인정보를 수집 · 이용하는데 동의를 거부할 권리가 있습니다.

　(동의를 거부할 경우 정보제공에 따른 이익에 제한을 받으실 수 있습니다.)

☞ 위와 같이 개인정보를 수집 · 이용하는데 동의하십니까? (예, 아니오)

★ 수수료 납부에 따른 증빙 발급 민원에 한함

제 공 처	국세청
제공목적	법령에 따른 과세자료 제출(계산서 작성·교부 및 합계표 제출)
제공항목	업소명, 성명, 개인사업자등록번호(주민등록번호), 주소, 이메일
보유기간	5년 * 공공기록물관리에 관한 법률 시행령 제26조(보존기간)을 기준으로 보존

※ 위와 같이 개인정보를 수집 · 이용하는데 동의를 거부할 권리가 있습니다.

　(동의를 거부할 경우 정보제공에 따른 이익에 제한을 받으실 수 있습니다.)

☞ 위와 같이 개인정보를 수집 · 이용하는데 동의하십니까? (예, 아니오)

년　월　일

동의자 업체명(농장명) : ─────────────

성　　　명: ─────────────　(서명)

한국식품안전관리인증원장 귀중

제5장

축산물위생

1 도축검사

1.1 축산물 안전과 도축검사

1.1.1 도축검사란?

과거에는 식품의 안전보다 맛, 영양 등에 대한 관심이 높았으나, 축산물을 중심으로 한 식중독 사고가 빈번하게 발생하면서, 최근에는 식품안전에 대한 국민들의 관심이 점점 증대되고 있다. 안전한 축산물의 생산과 소비를 위해서는 농장부터 식탁까지 축산물을 깨끗하고 안전하게 관리되어야 한다. 그 중 질병에 걸리거나 문제가 있는 축산물을 엄격하게 선별하는 과정인 도축검사는 안전한 축산물을 위한 핵심과정이라고 볼 수 있다.

"도축하는 가축 및 그 식육의 세부검사기준" 고시에 따르면 도축검사란 식용을 목적으로 도축장에서 도축하는 가축 및 그 식육을 검사하는 것으로서, 생체검사와 해체검사로 구분한다. 정밀검사가 필요한 경우 실험실 검사가 수반된다. 여기서 이야기하는 도축장은 식용을 목적으로 농장에서 사육된 가축을 식육으로 전환하기 위해 가축을 도살 및 해체하고 생산된 축산물을 적절한 조건에서 보관 . 처리하는 데 필요한 시설을 갖춘 곳이다.

1.1.2 도축검사의 중요성

도축장은 국내 HACCP이 의무적용된 곳으로서 안전한 축산물의 생산에 있어 가장 핵심적인 영역이다. 도축과정에 문제가 생기면, 질병에 걸리거나 미생물에 오염된 축산물이 유통되기 때문에 공중보건 및 국민보건에 큰 문제가 될 수 있다. 특히 식육은 그 자체로 병원균의 증식이 용이한 축산물이기 때문에, 식중독균 및 각종 위해 미생물이 증식할 수 있는 환경을 제공한다. 동시에 축산물을 키우는 과정에서 과도한 항생제 사용, 중금속 및 농약 등의 화학물질 노출, 오염된 사료의 섭취 등은 가축의 건강뿐아니라 가축을 소비하는 사람에게도 건강상의 위해를 미친다. 특히 BSE(소해면상뇌증), 소 결핵 등의 몇몇 인수공통감염성 질병은 사람의 건강에 치명적인 위해를 줄 수 있으며, 이러한 위해요소는 전문가의 체계적인 검사를 통해 예방되어야 한다.

1.1.3 도축장의 분류

도축장은 소와 돼지를 주로 다루는 포유류 도축장과, 닭과 오리, 기타 가금류(꿩, 메추리 등)를 다루는 가금류 도축장으로 분류되어 있다. 포유류 도축장은 소와 돼지가 주가 되지만, 염소, 양, 사슴, 당나귀를 다루기도 한다. 축산물안전관리시스템(LPSMS)에 올려진 자료에 따르면 2021년 한 해(1-12월) 동안의 국내 도축실적은 소 약 90만두, 돼지 약 1,800만두, 닭 약 10억두, 오리 약 5천만두 가량이다. 농림축산검역본부에 올라와 있는 자료에 따르면 2022년 8월 기준 국내 포유류 도축장은 경우 전국 90개(이 중 정상영업 81개), 가금류 도축장은 경우 전국 62개(이 중 정상영업 49개)가 존재한다.

1.2 \ 도축장 시설

1.2.1 도축장 시설

도축장은 동물로 인한 냄새, 처리과정에서의 오염물 생산 등으로 인해 혐오시설로 분류되어 왔다. 그러나 식육의 소비량이 늘어나고, HACCP 도입이 의무화되면서, 도축시설이 크게 개선되었다.

축산물 위생관리법의 시행에 관하여 필요한 사항을 정하고 있는 "축산물 위생관리법 시행규칙"에 따르면 도축을 위한 작업장의 설치허가와 품목허가를 위해서는 신청서를 관할 도지사에게 제출하도록 되어 있다. 또한 해당 규칙에서의 "영업의 종류별 시설기준(29조)"에서는 도축업을 위한 공통적이고 세부적인 시설을 구체적으로 규정해 놓고 있다. 공통기준의 경우 계류장·생체검사장·격리장·작업실·검사시험실·소독준비실·폐수처리시설·폐기물처리시설·가축수송차량의 세척 및 소독시설·탈의실·목욕실·휴게실 등이 있어야 하며, 별도의 식당을 설치하는 것을 권장하고 있다. 또한 각각의 계류장, 작업실, 생체검사장, 소독준비실, 급수시설, 폐수처리시설 등에 대해 개별적이고 세부적인 규정을 두고 있다. 개별시설기준은 소, 돼지, 양, 당나귀, 사슴, 토끼, 가금류 등 축종별로 세부적으로 나누어 시설별(계류장, 생체검사장, 작업실, 냉장/냉동실 등) 면적에 최소한의 기준을 두고 있으며, 시설의 배치순서도에 대한 기준도 제시하고 있다. 일례로 포유류 중 소의 도축시설에 대한 배치순서는 아래와 같다.

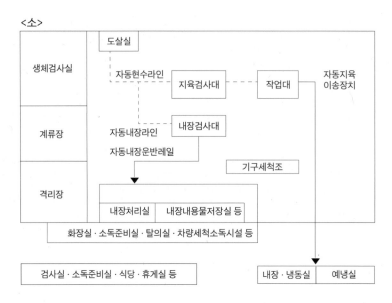

출처: 축산물 위생관리법 시행규칙

1.3   도축장 위생관리 준수사항

도축장은 HACCP이 의무화되어 있기 때문에, 시행규칙에 제시된 내용 외에도 자체적으로 작업장 내 위생기준 및 업무매뉴얼을 가지고 있다. 여기서는 시행규칙의 "위생관리 기준(6조)" 및 농림축산식품부 등에서 발간한 "도축장 위생관리 준수사항"의 내용을 바탕으로 간략한 내용만 정리하였다.

<자체위생관리기준의 운용>

· 도축업 및 축산물가공업의 영업자는 작업장안의 위생관리를 위하여 작업장별 위생관리 기준을 작성하여 영업장 내 비치하고 종업원의 작업 시 적용하도록 해야 한다.
· 자체위생관리기준에는 작업개시전과 작업과정에서 발생할 수 있는 축산물의 오염이나 변질을 방지하기 위한 구체적인 절차와 방법 등이 포함되어야 한다.
· 모든 종업원은 자체위생관리기준을 준수하여야 하며, 영업자는 이를 매일 점검하여 점

검일지에 기록해야 한다.
- 자체위생관리기준의 점검일지는 최종기재일부터 6월간 보관하여야 하며, 영업자는 검사원이 요구하는 경우 검사일지를 검사원에게 보여주거나 그 사본을 제출해야 한다

<도축장 시설 및 종사자 위생관리>
- 시계, 반지, 목걸이, 귀걸이, 머리핀 등의 장신구가 축산물에 접촉되지 않도록 한다.
- 위생복·위생모·위생화·위생장갑 등을 착용하여야 하며 항상 청결히 유지한다.
- 종업원은 국가지정의료기관에서 연 1회 이상 건강진단을 받는다.
- 영업자는 종업원에게 위생교육을 실시하고 교육내용을 교육일지에 기록한다.
- 위생복 등을 착용하지 않을 경우에는 축산물 취급을 하지 않는다.

<도축장 영업자 및 검사원의 준수사항>
- 영업자는 작업개시 전에 시설·장비·도구 등에 대한 위생점검을 실시해야 한다.
- 허가받은 가축 외의 동물을 도살·처리하지 않는다.
- 작업장 안에서 위생복·위생모 및 위생화를 착용하고, 개인위생 상태를 점검하여 작업에 종사하도록 한다.
- 검사관·검사원 또는 영업자가 지정하지 않은 사람(외부용역 업체 등)을 작업장 안으로 출입시키지 않는다.
- 도축장에서 사용되는 색소 및 왁스 등은 식품위생법에 따른 식품첨가물 공전에 등재된 것을 사용한다.
- 교차오염 방지를 위해 냉장실과 반출실 등 출입문 관리 철저히 한다.
- 정기적인 위생교육 및 건강진단을 받은 종사자만 근무하도록 한다.

<작업 전후의 위생관리>
- 영업장의 벽, 천장에는 먼지, 습기, 곰팡이 등이 생기지 않도록 수시로 점검하고 필요시 청소를 실시하여 청결하게 유지·관리한다.
- 작업개시 전 축산물과 직접 접촉되는 장비·도구 등의 표면은 흙·고기찌꺼기·털·쇠붙이 등 이물질이나 세척제 등 유해성 물질이 제거된 상태이어야 한다.
- 영업장 바닥 및 하수구는 고기 찌꺼기 등 이물질을 제거한다.
- 냉장·냉동실은 항상 청결하게 관리하여야 하며 내부는 적정온도를 유지한다.

<작업 중 위생관리>

• 축산물은 벽·바닥 등과 닿지 아니하도록 위생적으로 운반하고 냉장·냉동 등 적절한 방법으로 저장해야 한다.

• 종업원 등 작업장에 출입하는 사람은 작업장안에 들어올 때 손을 씻도록 해야 한다.

• 작업 중 위생복을 입은 상태에서 영업장 밖으로 출입하지 않아야 하며 화장실 출입 시는 앞치마와 장갑은 영업장의 지정된 장소에 걸어 둔다.

• 작업장 바닥은 항상 청결하게 유지하고 수시로 청소하여 오염을 줄인다.

<도축과정에서의 위생관리>

• 작업 시 식육이 벽, 바닥에 닿지 않도록 관리한다.

• 지육의 오염을 방지하기 위하여 수시로 작업한다.

• 종업원은 작업과정 중 수시로 손·팔·장갑·앞치마·장화 등을 세척·소독해야 한다.

• 칼, 기구 등 작업에 사용하는 도구를 적어도 83℃ 이상의 뜨거운 물로 세척 소독한다.

• 식용에 적합하지 않거나 폐기 처리 대상인 것은 별도로 구분하여 관리한다.

• 최종 지육 세척 시 분변이나 털 등 오염물이 묻었는지 확인하고, 보이지 않을 때까지 세척하여 오염을 방지한다.

• 도축장에서 반출되는 소, 돼지 등 포유류의 식육은 10℃ 이하로 냉각하고, 닭, 오리 등 가금류의 식육은 심부온도 2℃ 이하로 냉각한다.

1.4 도축과정 및 방법

본 영역에서는 본격적인 도축검사에 대한 설명에 앞서 전반적인 도축검사의 방법을 기술하였다. 국내에는 소, 돼지, 닭의 도축이 흔하고 다른 가축은 비중이 적은 편이다. 도축의 과정은 도살에서 시작되는데, 고통을 최소화하는 방향으로 도살하는 것을 원칙으로 삼고 있다. 소, 돼지의 경우 도살 후, 탕박(scalding, 뜨거운 물에 담근 후 털을 뽑는 방식) 등의 방식으로 껍질과 털 등을 제거하고 머리와 다리 등을 절단한다. 이후 장기를 제거하는데 이를 도체(屠體: 도축하여 머리 및 장기 등을 제거한 몸체)라고 한다. 도체는 2등분 혹은 4등분으로 절단하게 되며, 절단된 도체는 미생물의 증식 등을 막기 위해 낮은 온도에서 보관해야 한다. 가금류의 경우 탕박을 통해 털 등을 제거하고, 탈모, 머리절단, 발절단, 항문제거, 개복, 장기적출, 냉각, 냉장 및 냉동 과정을 거치게 되며, 필요에 따라 가공장으로 이동하게 된다. 동물의 내장 등에는 병원성 대장균, 캠필로박터, 살모넬라 등 사람에게서 식중독을 일으킬 수 있는 위해세균이 많기 때문에, 도축과정에서 오염이 생기지 않도록 주의해야 하며, 중간중간 소독제를 이용한 세척 및 살균 과정을 거치게 된다. 특히 닭의 경우에는 매우 낮은 온도에서 미생물의 활성을 억제하는 냉각(칠링(chilliing)이라고도 함) 과정을 통해 식품의 안전성을 향상시킨다. 이러한 전반적인 도축의 과정은 기본적으로 가축의 종류에 따라 다르지만, 세부적으로 나라마다 도축장마다 조금씩 다르다. 가령 냉각의 경우 물을 사용하는 수세냉각이 있고 공기를 사용하는 공기냉각이 있는데, 각 방법의 장단점이 있어 도축장마다 사용하는 방법이 다르며, 두 개를 함께 사용하는 경우도 있다. 또한 도축장마다 HACCP을 적용하는데, 전반적인 틀은 비슷하지만 세부적인 매뉴얼은 각각 다르다.

아래의 내용은 "축산물 위생관리법 시행규칙"중 "가축의 도살, 처리 및 집유의 기준(제2조)"에서 요약 및 발췌한 내용으로서 전반적인 도축과정에 대해 기술하고 있다.

1.4.1 토끼를 제외한 포유류(소, 말, 양, 돼지 등)

① 도살방법
- 도살 전 몸 표면에 묻어 있는 오물을 제거하고 깨끗하게 물로 씻는다.
- 도살은 타격법, 전살법, 총격법, 자격법 또는 CO_2 가스법을 이용하여야 하며, 방혈 전후 연수 또는 척수를 파괴할 목적으로 철선을 사용하는 경우 소독된 스테인리스 철재를 사용한다.
- 방혈법: 방혈은 목동맥을 절단하여 실시하며, 절단 시 식도와 기관이 손상되서는 안 된다. 방혈 시에는 뒷다리를 매달아 방혈함을 원칙으로 한다.

② 처리방법
부위별 절단은 다음 방법에 따르고, 미생물의 오염을 줄이는 목적으로 살균·소독제를 도체에 사용한다면 이는 식품에 첨가해서 사용할 수 있도록 허용된 것이어야 한다.
- 가축의 껍질과 털: 해당 가축의 특성에 맞게 벗기거나 뽑는 등 위생적으로 제거해야 한다.
- 머리: 소의 경우 뒷머리뼈와 제1목뼈 사이를 절단한다. 머리부위에는 하악림프절, 인두후림프절 및 귀밑림프절을 부착시킨다. 양이나 돼지의 경우 소 머리와 동일하게 절단하되 림프절을 머리에 부착시킨다. 다만 양, 염소, 산양 등의 머리는 절단하지 않을수도 있다.
- 앞다리: 앞발목뼈와 앞발허리뼈 사이를 절단한다. 다만, 탕박을 하는 경우에는 절단하지 않을 수 있다.

- 뒷다리: 뒷발목뼈와 뒷발허리뼈 사이를 절단한다. 다만, 탕박을 하는 경우에는 절단하지 않을 수 있다.
- 장기: 배 쪽의 정중선에 따라 절개한 후 다음 방법에 따른다.

  √ 절개 시에 음경·고환 및 유방(새끼를 낳은 소만 해당한다)을 제거한다.

  √ 항문, 외음부 및 그 주위 부분을 제거한 후 횡격막의 부착 부분부터 절개한다.

  √ 가슴뼈와 두덩뼈결합 사이를 세로로 절개한다.

  √ 장 내용물이 쏟아지지 않도록 항문을 묶는다.

  √ 흉강장기, 복강장기를 모두 끄집어내고 도체에서 분리한다.

  √ 식용에 제공하기 위한 간은 그 밖의 장기와 구분·하여 채취하고 오염을 방지할 수 있는 위생적인 용기에 담거나 포장해야 한다.

  √ 식용에 제공하기 위한 위, 소장 및 대장은 그 밖의 장기와 구분하여 처리하되, 내용물이 보이지 않을때까지 세척하고, 오염을 방지할 수 있는 위생적인 용기에 담거나 포장해야 한다.

- 도체: 다음 방법에 따라 2등분 또는 4등분으로 절단하되, 필요에 따라 더 작은 크기로 절단할 수 있다. 다만, 양, 염소, 산양 등의 도체는 절단하지 않을 수 있다.

  √ 도체를 2등분으로 절단할 경우에는 엉덩이사이뼈, 허리뼈, 등뼈 및 목뼈를 좌우 평등하게 절단해야 한다. 이 경우 소의 도체는 제1허리뼈와 최후등뼈 사이가 일부 절단되도록 해야 한다.

  √ 도체를 4등분으로 절단할 경우에는 제1허리뼈와 마지막 등뼈(13번째 등뼈) 사이를 절단하여야 하며, 추가로 절단하려는 경우에는 도체 소유자의 요구에 따라 절단 부분을 정할 수 있다

  √ 도체의 절단은 전기톱을 이용하여 위생적으로 해야 한다. 다만, 양, 염소, 산양 등의 도체 및 4등분 이상으로 나누는 경우에는 그 특성에 따라 칼 등을 사용할 수 있다.

1.4.2 닭, 오리, 칠면조 등 가금류

① 도살방법
- 도살은 전살법, 자격법 또는 CO_2 가스법을 이용한다.
- 방혈은 목동맥을 절단하여 실시하며, 도체에 상처나 울혈이 생기지 않도록 한다.

② 처리방법

- 가금의 처리는 충분히 방혈한 후 탕지, 탈모, 머리절단, 발절단, 항문제거, 개복, 장기적출, 냉각(수세냉각 또는 공기냉각), 냉장·냉동(냉동을 하는 경우만 해당한다) 및 포장(포장을 하는 경우만 해당한다) 등의 순서로 실시해야 한다.
- 탕지는 가금이 죽은 후에 하여야 하고, 탕지하는 물은 식육이 익지 않을 정도의 온도를 유지하여야 하며, 일정한 주기로 새로운 물을 투입하여 깨끗한 상태여야 한다.
- 가금의 털은 도체를 식용에 제공할 수 있도록 위생적으로 제거하되 도체에 상처를 주지 않도록 해야 하고, 오리 등의 경우 털을 제거하기 위하여 사용하는 처리제는 식품첨가물공전에 등재된 것이어야 한다.
- 가금의 절단작업은 도체를 식용에 제공할 수 있도록 머리, 발, 기도, 허파, 식도, 심장, 모이주머니, 내장 등을 제거하고, 해체된 식육은 더럽혀지지 않도록 하고, 내장의 적출은 항문의 주위를 도려낸 후 실시한다.
- 냉장, 냉동(냉동을 하는 경우에 한한다) 및 포장은 해체된 식육을 신속히 냉각한 후에 해야 한다. 기본적으로 도축장에서 반출되는 식육의 심부온도는 2℃ 이하로 유지되어야 한다.
  √ 빙수냉각은 식용얼음을 사용하여 위생적인 방법으로 취급, 저장되어야 한다. 다만, 제빙기가 없는 도축장에서는 수냉각장치를 사용한다.
  √ 식육은 규정된 시간 내에 5℃ 이하로 냉각하여야 하며, 포장을 하는 경우에는 포장 시까지 이 온도가 유지되어야 한다. 도체의 중량에 따라 규정된 시간은 다르며, 1.8kg 미만은 4시간, 1.8kg 이상-3.6kg 미만은 6시간, 3.6kg 이상은 8시간이다.
  √ 식육가공품 또는 포장육의 원료로 사용하는 식육은 5℃ 이하의 온도를 유지할 수 있는 냉각탱크에 24시간까지 보관할 수 있다.

1.5 도축검사 시행 단계

도축검사의 첫 단계는 도축의뢰로서, 도축의뢰인으로부터 도축장 경영자로 도축의뢰가 된다. 도축장 경영자는 도축검사신청서(전자문서 포함)를 제출함으로써 도축검사관에서 검사를 의뢰하게 된다. 이러한 과정은 축산물안전관리시스템(LPSMS) 등을 통하여 이루어진다. 도축검사의 수수료는 관할 지자체마다 상이하다. 일례로 충청북도의 경우 소는 두당 3천원, 돼지는 두당 천원, 닭은 두당 6원의 도축검사수수료를 받고 있다. 도축검사신청서가 접수되면 개체 및 농장확인 절차를 거치게 된다.

도축검사신청서(전자문서 포함)를 받은 검사관은 도축검사가 신청된 가축인지의 여부를 확인한다. 실물대조 확인을 완료하면 도축검사를 실시한다. 도축검사는 생체검사와 해체검사로 구분되며, 이 과정에서 실험실 검사가 수반된다. 도축검사가 완료되면 도축검사 증명서를 통해 신청한 사람에게 검사결과를 통보하게 된다.

이어지는 단락에서는 도축검사의 인력 및 도축검사 과정에서 가장 중요한 생체검사와 해체검사를 중심으로 내용이 구성되어 있다. 생체검사 및 해체검사에 관련된 주요 내용은 "축산물 위생관리법 시행규칙" 및 "도축하는 가축 및 그 식육의 세부검사기준" 고시 등의 자료에 기반한다.

1.5.1 도축검사 인력

위에서 언급한 바와 같이 도축검사란 식용을 목적으로 도축장에서 도축하는 가축 및 그 식육을 도축검사관이 검사하는 것이다. 도축검사관과 이를 보조하는 검사보조원의 정의 및 업무는 다음과 같다.

① 도축검사관

"축산물 위생관리법 시행령"의 "검사관의 자격, 임무(제14조)"에 따르면, 농림축산식품부, 식품의약품안전처, 지자체 또는 축산물 시험, 검사기관의 소속 공무원 중 수의사의 자격을 가진 사람 및 공수의가 검사관의 자격을 갖는다. 이전에는 닭, 오리 등의 가금육의 경우 책임수의사 제도를 통해 지자체 소속이 아닌 수의사도 도축검사를 실시했지만, 현재 소, 돼지, 닭 등 모든 축종의 도축검사는 지자체소속의 검사관이 진행하도록 하고 있다.

② 검사보조원

검사보조원은 검사관의 업무를 보조하는 인원으로서 학교에서 수의학, 축산학, 식품학, 생물학분야의 학과 또는 학부를 이수하여 졸업한 자, 축산기능사 또는 식육처리기능사의 자격이 있는 자, 축산물위생검사기관에서 축산물위생 관련 업무에 종사한 경험이 있는 자 등이다. 주요 업무는 검사관이 하는 가축 및 식육검사에 대한 보조업무로서 도축장에서의 보조뿐아니라 실험실 검사의 보조업무도 맡고 있다. 또한 검사관련 문서의 정리, 도축장 내의 장비, 시설, 기구 등에 관한 위생관리도 하고 있다.

1.5.2 생체검사

1 생체검사란?

생체검사란 가축의 자세, 거동, 호흡, 피부, 털 및 영양상태 등 개체검사를 통해 질병유무 및 이상을 식별하는 것이다. 도축금지 대상 가축질병 및 인체에 위해를 끼칠 우려가 있는지에 대한 검사이다.

2 생체검사의 준비

생체검사는 도살직전에 실시하는 검사로서, 검사관은 생체검사전 위생복, 위생화, 안전모, 위생장갑 착용과 검사도구(체온계, 청진기, 손전등 등), 기록지 및 필기도구를 준비한다.

3 생체검사의 과정

생체검사의 전반적인 과정은 아래 모식도와 같다. 생체검사는 생축에 대해서만 검사하고, 폐사축은 폐사축검사를 따로 하여 폐기하게 된다. 생축을 생체검사 할 경우 관련규정에 따라 실험실 검사도 수반된다. 생체검사는 적합과 부적합으로 나누어, 적합한 경우에만 도축이 허용된다. 이 과정에서 적합도 부적합도 아닌 의심축이 나올 수 있는데 의심축은 격리장에서 일정시간 이상 계류후 재검사를 통해 도축허용 여부를 결정하게 된다.

한편 소, 돼지 등의 포유류와 가금류는 몸의 구조가 다르기 때문에 생체검사의 방식도 차이가 있다.

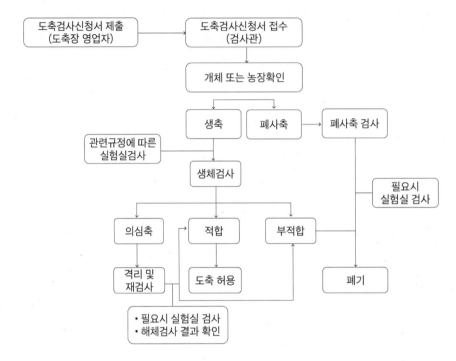

출처: 도축하는 가축 및 그 식육의 세부검사기준 고시

① 소, 돼지 등의 포유류의 생체검사

생체검사의 개요: 생체검사는 도축장안의 계류장에서 가축을 일정기간 계류한 후에 생체검사장에서 진행된다. 생체검사는 생축을 대상으로 하고 있으며, 죽은 가축, 죽어가는 가축, 일어서지 못하는 가축(부상, 난산, 산욕마비 및 급성고창증 가축제외)은 도축이 금지되고 있다. 생체검사 시에는 품종, 성별, 나이, 행동, 영양, 피부와 털 상태, 보행과 기립상태, 비경 및 비강, 구강, 연하곤란, 안검과 결막, 비뇨생식기, 소화기 및 호흡기계 등 주요관찰 항목을 고려하여 검사를 실시한다.

생체검사 과정: 기본적으로 망진과 촉진을 기준으로 한다. 소 또는 말의 경우 개체별로 진행하고, 돼지의 경우는 개체별 또는 돈군별로 진행한다. 먼저 망진 후 체온이상 여부를 조사하고 다음에 안검, 비강 및 구강을 열어 검사한다. 가축의 한쪽 측면에 대해 체표 림프절을 포함하여 경부, 몸통 및 전지를 촉진하고 후방으로 향하여 항문, 생식기 및 후지를 검사

한다. 다른 쪽의 측면에 대하여도 동일한 방법에 의해 검사를 실시할 수 있다. 돼지의 경우는 개체별 또는 돈군별로 검사를 실시할 수 있다.

의심축: 생체검사 결과 뚜렷한 징후는 없지만 질병 또는 감염 등이 의심되는 경우에는 위에서 언급한 것과 같이 "의심축"으로 분류하여 격리장에서 일정시간 이상 계류시킨 후 재검사를 실시한다. 재검사하여 식용으로 공급하기에 적합한 경우에는 다른 가축의 도축이 완료된 후에 도축하고 해체검사 결과에 따라 처리한다. 그러나 식용으로 공급하기에 부적합한 경우에는 폐기처리한다.

기타 사항: 눈 편평상피암 등과 같이 악성종양으로 인해 종양조직이 눈을 파괴하고 광범위하게 침습하여 화농 및 괴사가 수반하여 악취가 나거나 악액질을 수반하는 가축은 폐기하거나 도축을 금지한다. 한편 생체검사결과 탄저로 의심될 경우 정밀검사를 의뢰하고 정밀검사 시 탄저로 확인될 경우 해당 가축의 출하농가 관할 기관에 통보하여 법에 따라 조치할 수 있도록 하여야 하며, 탄저 환축이 있는 계류장 등은 철저히 세척·소독해야 한다.

참고로 탄저란 *Bacillus anthracis*라는 세균에 의한 전염성 질병으로서 주로 초식동물에서 질병을 일으키며, 사람에게도 전염될 수 있다. 사람에게 전염될 경우 장, 폐, 피부 등의 경로로 감염되며 치사율이 높다. 탄저는 혈액, 사체 등에 대한 직접적인 접촉으로 감염이 가능하기 때문에 의심되는 경우 감염에 매우 주의해야 한다.

② 가금류

생체검사 개요: 모든 가금은 계류장에서 생체검사를 실시하여야 하며, 생체 검사는 군별검사와 개체별검사로 구분한다. 포유류와 마찬가지로, 생축에 한해서만 검사가 이루어진다. 죽은 가금, 죽어가는 가금, 움직이지 못하는 가금 등은 도축을 금지해야 한다.

생체검사 과정: 군별검사는 군별(롯트, Lot) 단위로 실시하며, 가금의 자세, 거동 상태, 쇠약상태, 털의 상태, 눈, 비공 및 항문 등 망진에 의해 농장별 전염병 등의 질병 발생여부를 확인해야 한다. 개체별 검사에서 머리 및 눈의 종창, 벼슬의 부종, 호흡곤란 및 재채기, 비정상 분변색깔, 피부병변, 사경, 뼈 및 관절 종대, 피부염 등을 확인해야 한다.

의심군: 뚜렷한 징후는 없지만 질병 또는 감염 등이 의심되는 경우에는 "의심군"으로 분류하며, 도축을 허용한 경우 다른 가금의 도축이 완료된 후에 개체별 검사를 실시해야 한다.

1.5.3 해체검사

① 해체검사란?

해체검사란 가축이 죽은 단계에서 육안 및 촉진 등을 통해 지육, 머리, 내장 및 그 밖의 부분에 대해 식용여부를 판단 및 가축질병 검색을 위해 실시하는 검사이다.

② 해체검사의 준비

검사관 또는 검사원은 해체검사 전 위생복, 위생화, 안전모, 위생장갑 착용과 검사도구(칼, 칼갈이, 가위, 핀셋 등 축종에 맞는 도구)를 준비하여야 하며, 해체검사 시 병변이 있는 장기나 조직 또는 내장을 절개한 경우에는 반드시 손과 칼 등 사용도구에 대한 세척·소독을 실시하여 식육에 오염되지 않도록 해야 한다.

③ 해체검사의 과정

외관적으로는 영양상태, 외상, 충혈, 부종, 방혈의 정도, 골과 관절의 이상, 이상취 등을 검사하고, 병리해체검사로서 두부, 복강내장, 흉강과 흉강내장, 유방, 지육, 임파선 등을 검사하고 세균 및 기생충 등도 검사한다. 실험실 검사가 수반되며 이를 위해 정밀검사용 시료 채취를 함께 진행한다.

생체검사와 마찬가지로 소, 돼지 등의 포유류와 가금류 간의 해체검사에는 차이가 있다.

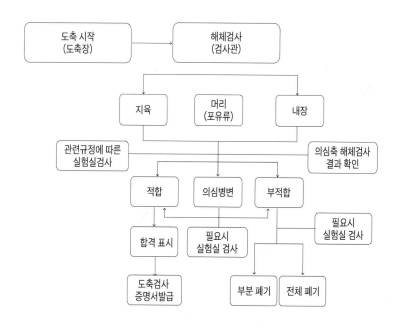

① 소, 돼지 등의 포유류의 해체검사

해체검사 개요: 해체검사 시 장기의 육안병변 확인은 전체 장기 앞·뒤면의 관찰 및 촉진을 통해 크기, 색깔, 모양, 경도 등을 확인하고 필요한 경우 장기 및 관련 림프절을 절개하여 이상 유무를 검사한다. 지육의 경우도 내·외부, 척주 관찰 및 촉진을 통해 병변여부 등 이상 유무를 확인하고 이상이 있는 경우 관련 림프절 및 근육 등을 절개하여 검사한다.

해체검사의 방법: 소와 돼지의 해체검사는 다음의 절차에 따른다. 검사관은 필요하다고 인정될 때에는 두부, 지육 및 내장 등에서 시료를 채취하여 실험실 검사를 실시할 수 있다. 검사관 또는 검사원은 "포유류 해체검사기록부"를 활용하여 해체검사를 실시하고 검사관은 그 결과를 축산물안전관리시스템에 입력해야 한다.

■ 머리: 머리표면과 눈의 이상유무를 관찰하고 교근을 하악골에 평행하게 절개한다. 귀밑림프절, 인두뒤림프절, 아래턱림프절을 촉진, 절개하여 검사한다. 혀를 촉진한다.

■ 폐장: 종격림프절의 촉진, 절개 및 기관지 림프절을 촉진, 절개하여 검사한다. 폐엽을 촉진하고 필요시 폐엽을 절개하여 검사한다.

■ 심장: 종축으로 좌우심실 및 심방을 절개하여 검사한다.

■ 횡격막 및 종격막: 횡격막의 근육부의 장막을 절개하고 종격 림프절을 세절하여 검사한다.

■ 간장: 간의 횡격막면과 내장면을 촉진하고 필요시 절개한다. 간장림프절의 절개 및 담관을 종축을 따라 절개하여 검사한다.

■ 위 및 장: 위 림프절 및 장간막 림프절을 세절하여 검사한다.

■ 비장: 표면을 촉진하며 필요시 절개하여 검사한다.

■ 췌장: 표면을 촉진하며 필요시 절개하여 검사한다.

■ 신장: 피막을 벗기고 신장 표면을 촉진하며 필요시 종축으로 이등분 절개하여 피질, 수질, 신우의 상태를 관찰한다. 신장림프절을 절개하여 검사한다.

■ 유방: 유방을 촉진하며 필요시 절개하며 상유방림프절을 절개하여 검사한다.

■ 자궁: 절개하여 검사한다.

■ 지육: 지육의 외관을 관찰한다. 지육 바깥면의 장골밑 림프절과 얕은목림프절을 절개한다. 지육 안쪽면의 얕은샅림프절, 내측장골림프절, 허리림프절을 절개하여 검사한다. 척추를 관찰한다.

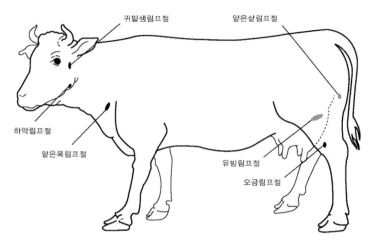

귀밑샘림프절

얕은샅림프절

하악림프절

얕은목림프절

유방림프절

오금림프절

출처: 도축하는 가축 및 그 식육의 세부검사기준 고시

돼지

- 머리: 머리 표면을 관찰하며 아래턱림프절을 절개하여 검사한다. 혀를 관찰한다.
- 폐장: 소에 준하여 검사한다.
- 간장: 소에 준하여 검사한다
- 심장, 위장 등: 소에 준하여 검사를 실시한다.
- 지육: 지육의 외관을 관찰한다. 지육 내면의 얕은샅림프절, 내측장골림프절을 절개한다.

기타사항: 검사에 의해 이상을 발견하고 정밀검사를 실시한 때에는 검사결과가 확정될 때까지 그 조치를 보류해야 한다. 또한 해체검사 결과 다음 질병에 감염되었다고 판단될 경우에는 지육 및 내장 등을 폐기해야 한다. 폐기는 전체폐기가 있고, 부분폐기가 있는데 어떠한 질병이냐에 따라 각각 다르다.

구분	대상질병	폐기범위			가축별
		일부	전체	폐기 세부내용	
위장관	농양	○			포유류
	복막염		○	위장관 전체 폐기	포유류
	장염		○	장관 전체 폐기	소·돼지
	직장협착			살모넬라감염이 의심되는 경우 식육 전체 폐기	돼지
	제2위염	○		제2위-횡경막-심장막 누관형성 시 식육 전체 폐기	반추류
	제1위비장염		○	위장관 전체 폐기	반추류
	비종		○	비장폐기·전신성 병변 여부 확인 시 폐기	포유류
	장간막림프절결핵		○	식육 전체 폐기	포유류
	오염	○		오염부위 폐기, 심한 경우 위장관 전체 폐기	포유류
간	복막염	○			포유류
	농양		○	간 폐기	포유류
	간경화	○			포유류
	간출혈	○			포유류
	지방간		○	간 폐기	포유류
	부맥반	○			포유류
	결핵		○	간을 포함한 모든 장기를 정밀검사 실시	포유류
	간질증		○	간 폐기	소
	밀크반점		○	간 폐기	돼지
	세경낭미충		○	간 폐기	돼지
	파라티프스결절		○	간을 포함한 모든 장기에 대한 정밀검사 실시	소·돼지

심장 · 폐	점상출혈			전신감염이 의심되는 경우 관련 심장 · 폐 폐기	포유류
	심장지방의 아교양 위축		○	심장 전체 폐기	포유류
	심근농양		○	내장, 머리 및 지육 폐기	포유류
	폐수종		○	폐 폐기	포유류
	흡입성출혈		○	폐 폐기	포유류
	간질성폐기종		○	폐 폐기	포유류
	기관지확장증		○	폐 폐기	포유류
	고름형성(화농성) 기관지폐렴		○	폐 폐기	포유류
	심장내막염		○	심장 폐기	포유류
	폐렴 · 가슴막염(흉막염)		○	폐 폐기, 폐와 갈비가슴막(늑골흉막)의 분리가 불가능하면 심장 · 폐 · 전체갈비부위 폐기	포유류
신장	점상출혈		○	신장 폐기, 전신성감염증으로 추정 시 다른 장기와 지육을 정밀검사 실시	포유류
	농양		○	신장 폐기, 신장림프절에 농양시 다른 장기와 지육 정밀검사 실시	포유류
	백반신과신우신염		○	신장 폐기	포유류
	신낭		○	신장 폐기	포유류
	오염		○	신장 폐기	포유류
머리 · 혀	농양		○	관련장기 폐기	포유류
	오염	○		오염부위 폐기	포유류
	결핵			정밀검사 실시	소 · 돼지
	방선균증, 악티노바실러스증		○	관련장기 폐기	소
	눈편평상피암		○	머리 폐기	소
	림프절의 혈액흡수			관련머리 정밀검사 실시	돼지

지육	고름형성(화농성) 기관 지폐렴	○		농양부위 폐기	포유류
	관절염	○		관련 부위 폐기, 전신성 감염이 의심되는 경우 머리·지육 및 내장 폐기	포유류
	복막염	○		관련 부위 폐기	포유류
	가슴막염	○		관련 부위 폐기	포유류
	창상, 타박상	○		악취가 나면 전체지육 폐기	포유류
	오염	○		관련 부위 폐기	포유류
	결핵		○	전체지육 폐기, 정밀검사 실시	소·돼지
	방선균증	○		관련 부위 폐기	소
	피부병변 (농양·구진·농포)	○		관련 부위 폐기, 다이아몬드형 구진 시 정밀검 사 실시, 척추의 농양 시 전체지육 폐기, 피부 청색증 시 정밀검사 실시	포유류

출처: 축산물 위생관리법 시행규칙

② 가금류의 해체검사

해체검사 개요: 개체별로 도체 전체의 크기(여위었는지 여부), 다리 관절의 종대, 체표의 색조, 내장(간장, 비장, 심장 및 장관 등)의 색, 형태, 크기 및 단단함과 체벽 내측면의 상태, 병변 및 이물오염 등을 확인해야 한다.

해체검사 절차: 검사자 반대측의 도체 체표면을 신속하게 거울상에서 확인한다. 도체와 내장은 각각 검사자가 위치하는 측의 손으로 만진다. 도체의 체벽 내측면은 엄지를 도체 개구부에 넣어 개구부를 넓게 벌려 확인한다. 검사자측의 도체의 체표면을 확인한다. 확인 결과 이상도체(분변오염 포함)등은 검사대(hang back rack)로 이동하여 검사한다. 해체검사 결과 아래표에서 나온 것과 같은 문제가 발견되면 전체 혹은 부분폐기 절차를 밟게 된다. 검사관 또는 검사원은 아래 서식인 "가금류 해체검사기록부"를 활용하여 해체검사를 실시하고 검사관은 그 결과를 축산물안전관리시스템에 입력해야 한다.

1.5.4 실험실검사

실험실검사는 식육의 검사결과 정밀검사가 필요하다고 인정되는 경우에 실시한다. 검사관은 생체검사 및 해체검사를 실시한 결과 정밀검사가 필요하다고 인정되는 경우 증상 또는 병변에 따라 병리조직학적 검사, 잔류물질 등 이화학적 검사 또는 미생물학적 검사 등 실험실 검사를 실시할 수 있으며 해당 가축 또는 그 식육은 검사결과 판정 시까지 구획이 분명한 별도의 시설에서 계류 또는 냉장, 냉동시설에서 출하보류 해야 한다. 실험실 검사는 도축장 실험실 또는 관내 시·도 축산물 시험·검사기관에서 실시하여야 하며, 필요한 경우 농림축산검역본부에 의뢰할 수 있다. 검사를 의뢰받은 검사기관은 신속히 검사를 실시하고 그 결과를 검사관에게 통보해야 한다. 또한 검사관은 검사관은 도축검사에서 확인한 병변에 대해 정밀한 판독이 필요한 경우에는 농림축산검역본부 또는 국내외 수의과대학의 자문을 받을 수 있다. 실험실 검사 또는 육안병변 판독을 실시한 경우에는 검사관 및 검사기관은 축산물안전관리시스템의 "도축검사-도축병리관리"란에 입력한다.

가축이 식품(식육)으로 전환된 단계에서는 식육검사용 시료를 채취하여 식육 중 동물약품잔류검사 및 식육 중 미생물검사(오염도 측정) 등을 진행한다. 한편 "식육 중 미생물 검사에 관한 규정" 고시에서는 미생물 모니터링 검사 기준에서 도축장 내 돼지고기의 대장균수를 1g 혹은 $1cm^2$당 10,000개(CFU) 이하, 일반세균수를 동일 면적에서 100,000개(CFU) 이라고 권장하고 있다. 실험실에서 이루어지는 이화학적, 미생물학적 위해요소 검사는 PCR, HPLC 등의 자동화된 기기를 사용하는 경우가 많기 때문에 이전에 비해 검사시간 등이 많이 단축되었다.

1.5.5 도축검사 결과조치

검사관은 도축검사 결과를 축산물안전관리 시스템에 입력해야 한다. 이상이 없는 식육은 품종별로 합격표시(검인 및 날인)가 되고 도축검사증명서가 발급된다. 합격표시의 검인용 색소는 한우는 적색, 젖소·돼지·그 밖의 가축은 청색, 육우는 녹색을 사용한다. 이상이 있는 식육은 관련규정에 의거하여 폐기조치된다. 폐기는 포유류와 가금류로 나누어서 전부 또는 부분폐기된다.

2 | 식육위생

2.1 \ 식육의 정의

2.1.1 식육의 정의

축산물 위생법상의 식육(食肉)이라 함은 식용을 목적으로 하는 가축의 지육(枝肉), 정육(精肉), 내장, 그 밖의 부분을 말한다. 식육가공품은 이러한 식육을 주원료로 하여 가공한 것을 의미한다. 식육 및 그 가공품은 단백질, 지방 등 영양이 풍부하여 인류의 가장 중요한 식량 자원이 되어 왔다.

2.1.2 국내 식육이용현황

전 세계적으로 식용동물의 종류는 매우 다양하다. 국내에서는 소, 돼지, 닭 등이 주로 소비되지만, 세계적으로는 양이나 염소의 소비량이 높으며, 낙타나 타조, 사슴, 알파카, 칠면조와 같이 국내에서는 흔하지 않은 다양한 종류의 동물도 타국에서는 널리 소비되고 있다. 2020년 기준 국내의 1인당 육류 소비량을 보면 소고기 13kg, 돼지고기 26kg, 닭고기 14.7kg로 알려져 있다.

2.1.3 식육의 안전성

동물이 인수공통감염병에 걸렸을 경우 사람이 이를 고기로써 섭취하게 되면 사람도 마찬가지로 질병에 걸릴 수 있으며 경우에 따라 생명이 위험하다. 이러한 질병은 사양과정에서, 또한 도축과정에서 적절히 배제되어야 한다. 그러나 건강한 동물에서 유래된 식육이라고 할지라도 가공과정, 유통과정, 보관과정 등에서 세균 및 곰팡이 등에 오염이 되면 사람에게 심각한 질병을 일으킬 수 있다. 특히 식육은 도축 및 가공 등의 과정에서 내장이나 다른 곳에 존재하던 세균이 근육 등 주요 식용부위를 오염시키는 경우가 많으며, 일단 오염이 되면 수분과 영양이 높은 식육에서 높은 수준으로 증식할 수 있다. 식육의 안전성을 확보하기 위해서는 농장부터 식탁까지 HACCP 등 예방적 위해관리 시스템에 기초한 축산물 관리시스템이 확보되어야 한다. 이와 관련된 HACCP에 관한 내용은 이 책의 다른 장에 세부적으로 기술되어 있다.

2.2 식육의 영양학적 구성과 구분

2.2.1 식육의 영양학적 구성

식육은 소위 고기로서, 근육조직이 중심이 되고 이와 함께 지방조직, 결체조직, 표피, 신경조직 등이 함께 구성된다. 근육은 그 기능과 형태에 따라 골격근, 심장근, 평활근 등으로 구성되는데, 사람이 주로 섭취하는 부분은 골격근 부위이다. 식육구성의 가장 큰 부분은 수분으로서 75% 정도를 차지하고 있다. 뒤를 이어 단백질의 비율이 가장 높은데 근육의 수축 및 이완에 관여하는 근원섬유단백질, 인대와 힘줄을 구성하는 육기질 단백질, 근원섬유 사이에 존재하는 근장 단백질 등으로 구성되어 있다. 지방은 동물에 따라 함량의 차이가 크며, 지방 함량에 따라 정육율 등에서도 차이를 보이게 된다. 식육의 지방에는 포화지방산이 함유되어 있어 많이 섭취할 경우 고지혈증, 고혈압 등의 대사증후군의 요인이 된다. 체내의 탄수화물은 소량으로서 글리코겐 형태로 근육에 존재한다. 기타 칼륨, 나트륨, 철, 인, 황 등의 무기질 성분이 있으며, 다양한 종류의 비타민도 함유하고 있다.

2.2.2 지육 및 정육

축산물은 법에서 정한 도축과정을 거쳐 식용으로 전환된다. 소위 고기라고 이야기하게 되지만 내장 등이 있는지, 뼈 등이 있는지 등에 따라 식육, 지육, 정육 등 다양한 명칭으로 불리게 된다. 이에 대한 "축산물의 가공기준 및 성분규격" 내 정의는 다음과 같다.

- '식육'이라 함은 식용을 목적으로 하는 가축의 지육, 정육, 내장, 그 밖의 부분을 의미
- '지육'은 머리, 꼬리, 발 및 내장 등을 제거한 도체(carcass)를 의미
- '정육'은 지육으로부터 뼈를 분리한 고기를(lean meat) 의미
- '내장'은 식용을 목적으로 처리된 간, 폐, 심장, 위, 췌장, 비장, 신장, 소장 및 대장 등을 의미
- '그 밖의 부분'은 식용을 목적으로 도축된 가축으로부터 채취, 생산된 가축의 머리, 꼬

리, 발, 껍질, 혈액 등 식용이 가능한 부분을 의미

생산량은 도체율(지육율), 정육율 등으로 평가하게 되는데 도체율은 피, 내장, 머리, 다리, 꼬리 등이 제거된 도체의 체중인 도체중량을 생체중량으로 나눈 것에 100을 곱한 것이고, 정육율은 뼈, 지방, 가죽 등이 제거된 각 부위의 정육 생산량의 합(정육중량)을 도체중량으로 나누어 100을 곱한 것이다. 도체율이나 정육율을 계산하는 이유는 판매가능한 정육을 계산하여 손익계산을 하기 위함으로써, 상품으로서의 가치를 판단할 수 있다. 이러한 내용은 등급판정에 있어 고려되는 요소이기도 하다.

도체율이나 정육율 등은 축종에 따라서 상이하며, 또한 동일 축종이라 할지라도 품종, 성별, 박피여부 등 다양한 요소에 영향을 받는다. 가령 소의 경우 한우, 육우가 다르고, 암소와 거세소별로도 다르다. 일반적으로 소의 도체율은 50-60% 정도이고, 돼지는 75%, 닭은 70%가량이다. 정육율은 도체중량을 기준으로 해야하나, 생체중량으로 하는 경우도 있고, 부위에 따라 계산하는 경우 등 다양한 경우가 있다.

2.3 식육의 변화

도축과정은 생체를 식용이 가능한 식육으로 변화시키는 과정이다. 생체는 도축과정에서 사망하게 되면 아래와 같은 변화를 겪게 되며, 이는 식육의 미생물학적, 이화학적, 물리학적 변화로서 및 품질에 큰 영향을 미치게 된다.

2.3.1 사후강직(rigor mortis)

생체가 사망한 후 근육은 시간에 따라 굳어지면서 유연성이 없어지는데 이러한 현상을 일컫는 말이다. 생체가 죽었기 때문에 ATP의 생산이 없고 간이나 근육에 저장된 글리코겐을 분해하게 된다. 혐기적인 해당작용에 의해 글리코겐이 분해되면 젖산(lcactic acid)이 생성되고 이로 인해 근육의 산도가 하강한다. 근육중 ATP가 소실되면 근수축을 시키는 액틴(actin)과 미오신(myosin)이 결합하면서 근육이 강직된 형태로 유지된다. 축종과 크기에 따라 강직에 도달되는 시간이 다른데, 소는 24시간, 돼지는 12시간, 닭은 2시간 정도이다.

2.3.2 자가소화(autodigestion) 및 숙성

최대 강직기를 지난 식육은 시간이 지남에 따라 경직현상이 끝나고 근육이 부드러운 상태로 돌아간다. 근육내 존재하는 단백질 분해효소에 의해 근섬유 단백질과 결합조직의 단백질이 분해되며, 액틴과 미오신의 결합이 약화되고, 단백질 분해효소 작용이 시작되면서 고기가 연화된다. 강직이 해제되는 소요시간은 축종, 온도조건 등에 따라 다르다. 강직이 해제된 식육을 저온으로 보관하면서 품질을 높이는 과정을 숙성이라고 한다. 식육이 숙성되면, 식육이 부드러워지고, 풍미가 증진되며, 보수력이 상승한다.

2.3.3 부패

숙성과정이 지나게 되면 식육이 부패하기 시작한다. 식육은 수분과 단백질, 지방 등의 영양성분이 풍부하여 세균 등 미생물 번식이 용이하다. 외부에서 침입한 미생물과 숙성 시 근육 내의 존재하는 미생물은 부패의 주요 원인이다. 지방이 산패되면서 식육의 품질이 저하되고 아민, 지방산, 암모니아, 케토산, 옥시산, 메탄 등을 생성하게 된다. 유기물질이 세균에 의해 분해되면서 부패취를 생성하여 악취가 나게 된다.

2.4 \ 식육의 부패 및 관련요소

위에서 언급한 것처럼 식육은 사후강직, 자가소화, 숙성 등의 과정을 거치며 부패하게 된다. 부패과정을 거치면서 식육 내에 미생물이 많이 증식하고, 육색, 보수력 등이 나빠지게 된다. 식품의약품안전처의 "식품 및 식품첨가물공전"에는 식육의 부패육 검사(신선도 검사)를 위한 다양한 시험법이 제시되어 있다. [암모니아 시험법, 유화수소 검출법, 휘발성염기질소의 측정법(Conway법), pH 측정법, Walkiewicz 반응, Trimethylamine 시험 등]. 다만 현재는 여러 시험항목 중 pH(6.2~6.3이면 부패초기로 의심)와 휘발성염기질소(시료 100g 중 20㎎ 이하)로만 부패육(신선도)을 판정한다. 아래 나와있는 내용은 식육의 부패와 관련된 요소들이다.

2.4.1 미생물

위에서 언급한 것처럼 식육은 수분과 영양소가 풍부하여 미생물의 증식이 용이하며, 보관 및 저장이 제대로 되지 않았다면 보관, 유통, 판매과정에서 높은 수준으로 증식하게 될 우려가 있다. 도축과정에서는 HACCP 등을 따르며, 미생물을 적절하게 세척·제어하게 되지만, 그럼에도 내장에 있는 장내세균 등에 근육이 오염되는 경우가 있고, 이러한 것들이 도축 이후 과정에서 적절히 제어되지 못하면, 세균이 더욱 증식하게 된다.

① 미생물의 종류

인수공통전염병을 일으키는 세균: 특히 동물의 장내에는 캠필로박터(Campylobacter), 살모넬라(Salmonella), 병원성 대장균(Pathogenic E. coli) 등의 식중독 세균이 동물과 공생하는 경우가 많은데, 이러한 세균은 동물에서는 별다른 영향을 주지 않다가, 사람의 장내에서 식중독을 일으킨다. 일반적으로 냉장유통이 되면 미생물의 증식은 억제되지만, 활성을 억제하는 것일 뿐 완전히 사멸하지는 않는다. 더욱이 냉장온도가 다소 높은 경우(4-10도 정도), 냉장조건에서 증식이 가능한 리스테리아 모노사이토제네스(Listeria monocytogenes), 여시니아 엔테로콜리티카(Yersinia Enterocolitica) 등의 저온세균이 생장하게 되면서 사람에게서 질병을 유발할 수도 있다. 이외에 클로스트리듐 퍼프린젠스(Clostridium perfringens), 황색포도상구균(Staphylococcus aureus) 등도 질병을 일으킨다. 구토, 설사 등의 전형적인 식중독 증상을 보이는 것은 아니지만 브루셀라(Brucella), 결핵(Mycobacterium tuberculosis), 탄저(Bacillus anthracis), 돈단독(Erysipelothrix insidiosa) 등은 매우 잘 알려진 인수공통전염병의 원인체로서, 해당 균을 보균하고 있는 동물의 도축과정에서 감염여부가 제대로 걸러지지 않았을 경우 사람에게 전염된다.

부패를 일으키는 세균: 중온세균인 대장균(E. coli) 및 크렙시엘라(Klebsiella)와 프로테우스(Proteus) 및 저온세균인 슈도모나스(Pseudomonas), 아크로모박터(Achromobacter), 에어로모나스(Aeromonos) 등이 있다.

기타 곰팡이 및 기생충: 일반적으로 가장 문제가 되는 것은 세균이지만 곰팡이나 기생충도 문제가 된다. 곰팡이는 주로 상온에서 발육하지만 저온의 냉장실에서 발육하는 경우도 있다. 기생충의 경우에는 인수공통기생충의 종류도 많아서 도축과정의 해체검사에서 제대로 걸러지지 않거나 가열처리가 되지 않고 섭취하게 되면 사람이 감염될 수도 있다. 몇몇 기생충이 전통적으로 문제가 되어 왔다. 톡소플라즈마(Toxoplasma gondii), 무구조충(Taenia saginata), 유구조충(Taenia solium), 돼지선모충(Trichinella spirallis), 간흡충(Fasciola hepatica), 포충(Echinococcus granulosus) 등이 그 예이다. 다만 근육 내 기생충은 냉동상태에서 소멸되기 때문에 냉동한 후 시장에 출하하면 억제가 가능하다. 다만 식육의 기생충성 위해도는 전에 비해 많이 낮아져 세균에 비해서는 위험성이 덜하다고 볼 수 있다.

② 미생물 증식에 영향을 미치는 요인

식육에서 가장 문제가 되는 미생물은 세균으로서 초기에는 증식이 미약하지만, 일정한 시기가 지나면 대수기(log phase)에 들어서면서 폭발적으로 증식하게 된다. 이후 정체기(plateau)를 거치면서 증식은 안되지만 균수는 높은 수준에서 계속 유지되다가 결국 사멸하게 된다.

초기의 균수: 식육의 미생물 증식에 영향을 미치는 요인은 매우 다양한데, 기본적으로 초기 균수가 높으면 증식이 빠르다.

온도: 온도가 높으면 미생물의 증식이 활발하다. 물론 저온상태에서도 저온세균에 의한 미생물 증식이 가능하지만, 증식 속도는 느리다. 일반적인 세균의 최적 증식온도는 35-37도 정도이나, 상온(25도) 정도만 되어도 미생물은 크게 증식할 수 있다. 따라서 적절한 온도관리가 매우 중요하다.

수분활성도(water activity, Aw): 수분활성도란 어떤 임의의 온도에서 식품이 나타내는 수증기압에 대한 순수한 물의 최대수 증기압의 비율로서, 식육의 수분량을 의미하는 것이 아니라 미생물이 실제 이용할 수 있는 수분량을 말한다. 식품이 가지는 최대 수분활성도를 1이라고 할 때, 대부분의 세균은 0.9 이상의 높은 수분활성도가 있어야지 증식이 가능하다. 곰팡이는 이보다 낮은 0.9 이하의 수분활성도에서도 증식이 가능하다. 수분활성도를 낮추는 방법은 소금이나 설탕과 같은 염을 함유시켜서 낮추는 방법이 있고, 아예 건조시키는 방법이 있다. 이러한 방법은 고기의 저장방법과 큰 관련이 있는데, 수분활성도만 낮춰도 미생물의 증식을 억제할 수 있고 결론적으로 식육의 오랜 보관과 저장이 가능하기 때문이다.

• 기타 pH 조절(피클 등), 영양분 조절, 보존료 및 방부제, 가공법(훈연법 등) 등도 큰 영향을 미친다.

2.4.2 지방

식육의 지방량은 품종, 성별, 영양상태, 비육의 정도 등에 따라 크게 차이를 보인다. 비육시 초기에는 피하지방이 축적되고 이후 결합조직에도 지방이 축적되기 시작한다. 이차근속 사이의 결합조직에 지방에 축척되면 근간지방, 일차근속 사이에 지방이 축척되면 근내지방이라고 부르며, 근내 지방이 흔히 이야기하는 마블링(marbling)의 기준이 된다. 식육 내의 지방은 산소, 효소, 조명 등에 의해 산화되며 변패되게 되는데 이렇게 산패취, 혹은 변취라고 불리우는 불쾌한 냄새를 일으키게 된다. 산패는 온도, 조명, 수분 등에 의해서도 영향을 받기 때문에 가공품에서도 산패가 일어나게 된다. 이렇게 지방이 산화되면 황색현상(yellowing)이라고 하여 지방의 표면이 노란색 혹은 오렌지색으로 바뀌게 된다.

2.4.3 육색

식육은 육색소 단백질인 미오글로빈과 혈액 내의 헤모글로빈에 의해 붉은 육색을 띄게 된다. 식육의 근섬유는 적색근섬유와 백색근섬유인데 구분하는데, 적색근섬유의 미오글로빈 함량이 더 높다. 소고기는 닭고기보다 적색근섬유의 함량이 더 높기 때문에 더 선홍색을 띄게 된다. 식육의 색에 영향을 주게 되는 요인은 식육의 보관(냉장, 냉동, 상온), 온도, 미생물 오염, 보관 시 조명 등이다.

2.4.4 보수력

식육의 함유량중 가장 높은 것은 물로서 75% 정도를 차지하고 있다. 특히 많은 경우에 식육 세포 내에 수분이 존재하게 된다. 보수력이란 식육이 물리적 처리를 받을 때 식육이 수분을 유지하려고 하는 힘이다. 식육을 진공포장 후 오랫동안 보관하게 되면 물이 많이 빠져 나오는 것을 확인하는데 이는 보수력을 잃게 되면 나타나는 현상이다. 수분이 손실되면 중량도 감소되기 때문에 경제적으로 매우 중요하다. 보수력은 물리적인 처리에 따라 바뀌게 되는데, 그 자체가 육질의 결정요인이며 이로 인해 육색, 연도, 다즙성 등에 영향을 미친다.

2.5 식육 및 육가공품의 저장

도축 후 식육을 미생물학적으로 안전하게 유통 및 소비하기 위해서는 적절한 보관 및 저장방법이 있어야 한다. 식육이 부패 혹은 변패되면 세균 등 미생물이 자라게 되고, 이로 인해 육색, 보수력의 변화, 지방산패 등이 발생된다. 이러한 방법은 기본적으로 미생물을 제거하거나 그 활성을 억제시킴은 물론이고, 화학적, 물리학적 성질이 변하지 않도록 하는 방법이어야 한다.

식육의 저장성을 높일 수 있는 방법으로 현재 가장 널리 사용되는 것은 온도를 통한 미생물의 증식 억제이다. 신선육의 경우 도축 후 냉장보관하여 cold chain의 형태로 식육을 유통시키게 된다. 미생물은 낮은 온도에서 성장이 억제되기 때문에 도축 후 과정에서 신선도가 유지될 수 있다. 아래 나와있는 방법은 대표적인 식육의 보존 및 저장법으로, 몇몇 방법은 최근에는 저장의 목적보다 풍미의 목적으로 사용되는 방법도 있다. 아래 나온 방법 외에, 건조법, 방부제 및 보존료 사용법, 가열처리법 등도 있다.

2.5.1 염지법(curing 혹은 salting)

식품에 소금을 첨가하면 수분활성도가 하강하여 미생물의 증식을 억제할 수 있기 때문에 오래전부터 식육 저장수단으로 널리 사용해왔다. 염지방법에는 건염법, 당첨가 건염법, 압염법, 온염법, 당염법 등 다양한 방법이 있다. 다만 최근에는 냉장 및 냉동기술이 발달하여, 식품의 보존을 위한 목적보다는 풍미를 높이기 위해 사용하는 경우가 많다. 보통 가공육(햄, 베이컨, 소세지 등)의 제조과정에서 중요한데 기호성을 높이기 위해 사용되며 소금뿐아니라 다양한 식품첨가제를 함께 넣는 경우가 많다. 염지재료는 기본적으로 소금, 설탕 등도 있고, 아질산염, 질산염, 인산염 등도 사용된다. 특히 식품첨가제로서 발색은 물론 방부효과가 뛰어난 아질산염이 많이 사용된다. 다만 아질산염은 단백질 내의 아민성분과 결합하여 발암물질인 니트로사민을 생산하기 때문에 사용에 논란이 있어 법적인 기준치가 있다.

2.5.2 훈연법(smoking)

훈연은 식육을 훈연처리(smoking)하여 연기의 성분이 식육에 흡수되도록 하는 방법이다. 염지법과 마찬가지로 최근에는 저장목적보다는 풍미와 기호성을 증진시키는 데 사용한다. 훈연을 하게 되면 식육의 표면자체의 미생물 수가 감소되어 품질수명이 연장되며, 연기 내의 살균성 물질이 육질속에 침투된다. 이 과정에서 식육이 연화되며, 표면에 광택이 생긴다. 또한 육제품에 보호피막이 형성되어 산화가 방지될 뿐 아니라 훈연취가 생기며 기호도가 상승한다.

2.5.3 냉장법(cold storage)

온도가 낮으면 미생물의 활성이 떨어지고, 미생물 증식이 억제되어 식육의 저장과 보존에 유리하다. 가축은 도축단계를 거치며 육표면의 온도가 낮아지게 되고 이후, 냉각실 혹은 예냉실(chill room)에 넣어 예냉처리를 하게 된다. 예냉온도 및 시간은 동물마다 조금씩 다르다. 이후 냉도체(cold carcass)를 냉장(단기보관) 혹은 냉동(장기보관)하여 유통하게 된다. 기본적으로 식육의 냉장온도는 0도 이상 4도 이내가 권장된다. 냉장보존기간은 식육의 종류, 초기 세균수, 냉장온도 및 습도, 가공 및 포장여부에 따라 달라진다. 냉장의 방법이 좋지 못하면 고기표면이 혼탁해지거나, 곰팡이 냄새가 나거나, 부패균이 증가하면 슬라임(slime: 고기 표면에 점성이 있는 끈적한 이물질이 생기는 현상)이 생기는 경우도 있다. 또한 도체가 신속하게 냉각되지 못하면 bone taint(혹은 bone souring)이라고 하여 골주위의 관절부위에서 혐기성균이 증식하면서 불쾌한 냄새를 생성하는 경우도 있다. 이는 도축단계에서 요골부 동맥에 세균이 침입하여 분해를 일으키기 때문이다.

2.5.4 냉동법(freezing)

냉도체를 빙결점(-1.7도) 이하의 온도에서 동결시켜 저장하는 방법이다. 미생물의 번식과 효소작용이 극히 억제되기 때문에 냉장법에 비해 훨씬 장기간 저장이 가능하다. 4도 이하의 냉도체는 냉동유통시킬 경우 가정에서는 -20도 정도, 유통 및 판매처에서는 -40~-30도 정도에서 식육을 보관하게 된다. 적절히 냉동보존되면, 육색, 풍미, 다즙성의 변화가 적고 해동할 때에도 drip(육즙) 분리에 의한 약간의 영양손실 외에는 별다른 손실이 없다. 다만 장기간 보존하는 경우, 탈수, 산패, 변색 등의 변화가 서서히 진행된다. 동결속도는 식육의 품질에 영향을 주는데 식육의 온도가 최대빙결정형성대를 통과하는 속도가 빠른 급속동결일수록 생성되는 얼음의 결정이 작고 세포조직에 손상을 덜 준다. 따라서 해동 시에 drip이 적어 품질저하도 적다.

2.5.5 통조림 및 병조림

병조림이나 통조림은 식품을 용기에 넣고 탈기, 밀봉한 후 가열살균하여 식육의 보존기간을 늘리는 방법이다. 외관의 손상만 없다면 상당히 오랜 기간 동안 보존하는 것이 가능하다. 또한 편하게 유통할 수 있고, 가격도 싸며, 위생적으로도 안전하다는 장점이 있다. 탈기, 밀봉, 살균의 과정이 중요한데 이 과정이 제대로 수행되지 않으면 아포를 가지고 있는 혐기성 세균인 클로스트리듐 보툴리눔(Clostridium botulinum)이 문제를 일으켜 식중독을 발생시키는 경우도 있다. 따라서 겉모양이 부풀었거나, 외관이 손상된 통조림 등은 구매하지 않는 것이 좋다.

2.6 식육의 잔류 검사

육안으로 보이지는 않지만 식육에는 동물약품(항생제, 호르몬제 등), 중금속, 환경호르몬, 살충제 등 다양한 종류의 화학적 위해요소가 있을 수 있다. 이러한 화학물질은 도축검사의 생체 및 해체 검사에서 육안적으로 발견하기 어려울뿐더러, 사람이 섭취해도 그 독성이 만성적으로만 확인되는 경우가 있어, 식육 내 잔류검사를 통해 효과적으로 스크리닝해야 한다. 현재 우리나라에는 식품의약품안전처 고시로 "식육 중 잔류물질 검사에 관한 규정"이 존재한다. 검사방법은 모니터링 검사, 규제검사 등이 있고 국내 해당 항목에 포함되지 않은 물질의 경우 탐색조사를 하게 된다.

2.6.1 모니터링 검사

모니터링 검사는 가축의 항생제 오남용을 억제하기 위해 도축장 출하가축을 무작위 선정을 하여 잔류물질 검사하는 예찰적인 성격의 검사를 말한다. 모니터링 검사의 경우 항목은 항균제(항생물질, 합성항균제), 호르몬제, 농약 등을 대상으로 한다. 모니터링 검사는 출하전 검사와 도축 후 식육잔류 검사로 나뉘는데, 출하 전 생체잔류 검사의 경우 양축농가가 의뢰하는 시료에 대해 검사하게 된다. 농가에서는 출하 3-7일 전 출하 예정 가축군의 오줌 또는 혈청시료를 동물위생시험소 등의 검사기관으로 보내게 된다. 검사기관에서는 간이정성검사(TLC법, BmDA법, EEC-4plate법 등)를 통해 검사하게 되고, 음성 판정 시에는 출하예정일에 출하할 수 있도록 하지만, 양성 판정 시에는 생체잔류검사일, 최종 약품투약일 및 약품의 최소 휴약기간을 고려하여 출하가능시점을 권장·통보하게 된다. 도축 후 식육잔류 검사의 경우 도축장 및 도계장에서 축산물검사관이 무작위로 채취한 신장 또는 근육을 시료로 간이정성검사(EEC4-plate법 등)를 실시하고, 간이정성검사가 완료된 후 음성이면 출고하고 양성인 경우에는 정밀정량검사를 실시한다. 이때 허용기준치를 초과하면 해당 농가는 잔류위반 농가로 지정되어 6개월간 규제검사가 실시된다.

2.6.2 규제검사

규제검사는 잔류위반농가에서 6개월 경과하지 않고 출하한 가축과 긴급도축, 화농 부위, 기타 주사자국 등이 있어 축산물검사관이 검사가 필요하다고 판단되는 가축에 대한 잔류물질 검사하는 규제적인 성격의 검사를 말한다. 규제검사는 검사결과 판정 시까지 도축장 출고보류 조치를 전제로 한다. 규제검사 항목은 페니실린계, 테트라싸이클린계 항생물질, 설파제 및 퀴놀론계 합성항균제를 포함하여야 하고, 출하제한농가 및 잔류위반농가에서 출하한 가축에 대하여는 이들 항목 외에 이전 모니터링검사 등에서 위반된 잔류물질을 포함해야 한다.

3 | 계란위생

3.1 계란의 정의

계란은 달걀로도 불리며, 이는 닭이 낳은 알이라는 뜻이다. 영양가가 우수하고, 맛이 좋으며, 조리도 간편해서 한국뿐아니라 전 세계적으로 널리 식용되고 있는 축산물이다. 계란은 닭이 종족번식을 위해 낳은 알이기 때문에 내부를 보호하기 위해 겉은 난각으로 단단하게 쌓여있어 내부로 이물질이 들어가지 않는다. 내부는 흰자(난백)과 노른자(난황)으로 구성되어 있는데 맛과 특성이 달라 식품의 가공 및 제조시 다양한 목적으로 사용된다. 계란은 난각이 그대로 있는 신선란 외에도 가공란이 있는데, 국내에서는 가공란의 수요가 해외에 비해 적은 편이다. 식품의약품안전처의 "식품 및 식품첨가물공전"의 알가공품류에는 다양한 종류의 가공란이 제시되어 있으며, 이에 맞는 제조 및 가공기준도 제시되어 있다. 특히 계란을 깨고 내용물만 모아놓아은 것을 액란이라고 하는데, 전란액, 난황액, 난백액 등으로 분류된다. 주요 가공란의 식품유형은 다음과 같다.

- 전란액: 알의 전 내용물이거나 이에 식염, 당류 등을 가한 것 또는 이를 냉동한 것을 말한다(알 내용물 80% 이상).
- 난황액: 알의 노른자이거나 이에 식염 및 당류 등을 가한 것 또는 이를 냉동한 것을 말한다(알 내용물 80% 이상).
- 난백액: 알의 흰자이거나 이에 식염 및 당류 등을 가한 것 또는 이를 냉동한 것을 말한

다(알 내용물 80% 이상).

- 전란분: 알의 전 내용물을 분말로 한 것을 말한다(알 내용물 90% 이상).
- 난황분: 알의 노른자를 분말로 한 것을 말한다(알 내용물 90% 이상).
- 난백분: 알의 흰자를 분말로 한 것을 말한다(알 내용물 90% 이상).
- 알가열제품: 알을 그대로 또는 이에 식품이나 식품첨가물을 가하여 가열처리공정을 거친 것과 알을 삶은 후 그대로 또는 껍질을 제거하여 식품 또는 식품첨가물을 가하여 조리거나 가공한 것을 말한다(알 내용물 30% 이상).
- 피단: 알껍질 외부로부터 조미·향신료 등을 알 내용물에 침투시켜 특유의 맛과 단단한 조직을 갖도록 숙성한 것을 말한다(알 내용물 90% 이상).

3.2 계란의 영양가

계란은 단백질이 풍부한 영양식품인데, 지용성 비타민과 무기질도 풍부하다. 특히 계란은 에너지가 낮음에도 영양가가 높고 소화 흡수가 잘 되는 편이다. 또한 계란에는 콜레스테롤이 높아 많이 먹으면 해롭다는 인식도 있었으나, 최근에는 노른자에 포함된 레시틴이 콜레스테롤의 흡수를 막고 오히려 분해를 촉진하는 것으로 밝혀졌다.

3.3 계란의 구성

계란은 크게 난각부, 난황, 난백으로 구성되어 있다.

3.3.1 난각부

난각은 10% 정도의 비율을 차지하고 있고, 탄산칼슘으로 되어 있으며, 두께는 0.25-0.35mm 정도이다. 난각은 겉에서 보기에는 한 층이지만 자세히보면 3개의 층으로 분류된다. 안쪽은 석회질의 과립층(혹은 유두층), 중간층은 해면층, 바깥쪽은 큐티클(cuticle)층이다. 난각에는 많은 기공(7,000-17,000개 정도)이 있어 부화 및 대사작용에 필요한 공기가 들어가며, 내부에 존재하는 수분과 탄산가스는 배출된다. 난각표면의 큐티클 층이 소실되면 기공을 통해 세균 등이 침입할 수 있다.

3.3.2 난각막

난각의 안쪽은 난백이며, 난각과 난백 사이에도 2겹의 막이 존재하며 이를 난각막이라고 한다. 콜라겐과 젤라틴 등으로 구성되어 있으며 외부 미생물 침입에 있어 중요한 역할을 한다.

3.3.3 난백

난백은 계란의 구성중 절반이상을 차지하여 가장 양이 많다(60%). 계란을 깨뜨렸을 때(할란) 물과 같이 퍼지는 부분과 농후하게 뭉치는 부분이 있는데, 이를 각각 수양성난백, 농후난백이라고 한다. 농후난백중 일부가 난황막을 둘러싸고 있으며 난황의 양쪽 말단부에서 꼬여 알끈을 형성하게 된다. 알끈부는 농후난백보다 더욱 농축된 형태의 난백이다. 기본적으로 난황을 보호하면서 내부에서 흔들리지 않도록 잡아주는 역할을 한다. 난백은 단백질이 풍부한데 고형물의 90%가량이 단백질로서, 오발부민, 콘알부민, 오보뮤코이드, 라이소자임, 오보뮤신 등의 다양한 단백질로 구성되어 있다.

3.3.4 난황

계란의 구성 중 30% 정도를 차지하는 난황은 계란의 중앙에 위치하며 둥근 원형의 형태이다. 생명체의 핵심이라고 볼 수 있으며 난황막으로 둘러싸여 있고, 바깥부터 배반, 라테브라, 백색난황, 황색난황, 난황막 등으로 구성된다. 난백에 비해 수분함량과 지질이 풍부하다. 단백질은 리포비텔린, 포스비틴 등이 있으며, 지질의 경우 단백질의 복합체로 존재하며 중성지방, 인지질, 콜레스테롤 등으로 구성된다. 기타 당분과 무기질도 존재한다.

3.4 계란의 생산 및 보관

3.4.1 계란의 생산 및 가공

닭은 고기를 생산하기 위한 육계와 계란을 생산하기 위한 산란계 등으로 나뉘어지는데, 계란은 산란계를 통해 대량으로 생산된다. 계란은 난각 등을 통해 내부로 미생물 및 기타 위해요소가 들어가는 것을 억제할 수 있으나, 산란과정 및 사육환경에 의해 분변과 오염물질이 겉에 묻게 된다. 집란 시에 오염물질이 묻은 계란을 미리 선별하여 세척하면 접촉으로 인한 추가오염을 막을 수 있다. 계란은 산란된 이후 점차적으로 품질이 저하되기 시작하기 때문에 이후의 보관과 유통과정에 신경써야 한다. 산란 직후에는 집란, 세정, 건조, 보관 및 저장 등의 과정을 거치게 된다. 계란을 세정하는 방법에는 습식과 건식이 있다. 습식은 물에 소독액을 포함시켜 씻어내게 되며, 이후 건조과정을 거친다. 건식법의 경우 건조의 과정이 없으나 한번에 다량의 양을 소화시키기 어렵다.

3.4.2 계란의 위해요소

계란의 난각은 외부의 위해요소로부터 내부 물질을 효과적으로 보호하지만, 다양한 위해요소에 노출될 수 있다. 화학적인 위해요소의 측면에서, 산란계를 키우는 과정에서 항생제 등의 약물이 계란으로 이행되어, 항생제 잔류 및 항생제 내성 세균 문제를 일으킬 수 있다. 또한 농약, 중금속 등의 다양한 화학적 위해요소도 계란에 포함된 후 사람에게 이행될 수도 있다. 미생물학적 위해요소는 살모넬라와 같은 식중독 세균이 대표적이다. 특히 살모넬라는 전 세계적으로 달걀을 통해 주로 감염되는 질병으로서 닭 등의 가금류 자체가 높은 보균율을 보이고 있다. 살모넬라는 난각을 지나 내부로까지 도달하는 것이 가능하며, 계란을 제대로 익혀서 먹지 않는 경우 사람이 감염되어 식중독을 유발할 수 있다. 살모넬라는 다양한 혈청형이 있는데, 미국 등의 나라에서 특히 문제가 되는 혈청형은 *Salmonella* Enteritidis로 알려져 있다.

3.4.3 계란의 저장 및 보관

가공하지 않은 상태의 신선란을 저장하는 방법은 냉장법, 가스저장법, 도포법, 침지법 등이 있다. 냉장법은 예비냉각후 적절한 냉각온도에서 계란을 곽에 넣어 저장하는 방법이다. 가스저장법은 일정 농도의 이산화탄소가 있는 공기 중에 저장하여 저장기간을 늘리는 방법이다. 계란을 밀폐공간에 넣고 감압한 후 이산화탄소와 질소 등을 넣고 압력을 조절한 후 저장하게 된다. 도포법은 난각 표면에 파라핀, 콜로디온 등의 각종 도포제를 도포하여 기공을 막아 미생물, 수분 등에 대한 손상을 최소화하는 방법이다. 이 방법은 한 번에 많은 양을 처리하기 어려운 단점이 있다. 침지법은 달걀을 규산소다 혹은 생석회 포화용액 등에 침지하여 보관하는 방법이다. 냄새가 올라오고 품질 저하의 단점이 있다.

3.5 계란의 품질 및 신선도

3.5.1 무게에 의한 분류

농림축산식품부의 "축산물 등급판정 세부기준"에 따르면 계란의 등급판정은 품질등급과 중량규격으로 구분한다. 중량기준은 단순히 무게에 의한 분류이며 다음과 같이 분류된다.

■ 표 5-2   계란의 중량규격

규격	왕란	특란	대란	중란	소란
중량	68g 이상	60g 이상 68g 미만	52g 이상 60g 미만	44g 이상 52g 미만	44g 미만

3.5.2 신선도와 품질에 따른 분류

① 신선한 계란의 기준

신선한 계란은 계란의 크기가 균질하고, 길이와 폭은 4:3 정도의 비율인 것이 좋다. 난각의 경우 적당한 두께로 껍질이 까칠한 것이 더 신선하다. 또한 외관적으로 손상이나 균열이 없으며 표면에 분변이나 혈액 등의 오물이 묻어있지 않은 것이 좋다. 내부의 기실은 품질과 신선도를 측정하는 좋은 평가기준으로서 기실측정기를 사용하여 기실의 높이를 측정하게 된다. 난백의 경우 투명하면서도 난백의 점도가 높고 농후하며 넓게 퍼지지 않는 것이 좋다. 이러한 부분은 난백계수를 통해 측정되는데, 농후흰자의 높이를 농후흰자의 지름으로 나눈 값이다. 신선란의 평균 난백계수는 0.06 정도이다. 내부의 난황은 볼록 튀어나와 있고 탄력감이 있는 것이 좋다. 또한 혈반이나 이물이 없어야 한다. 난황계수를 통한 계란의 신선도 평가가 가능한데 이는 난백계수와 비슷하게 난황의 높이를 지름으로 나눈 값으로 이 값이 0.3 이하이면 신선하지 못한 계란이다.

② 계란의 등급판정

"축산물 등급판정 세부기준"에 제시된 품질등급에 따른 계란의 분류는 롯트(lot)의 크기에 따라 무작위로 표본을 추출하는 표본판정방법을 적용한다. 롯트의 크기에 따라 어느 정도의 표본을 추출할지도 정해져 있다. 계란의 품질등급을 판정할 때에는 외관, 투광, 할란판정을 하게 된다. 단, 살균액란 제조용 계란은 외관 및 할란판정만 실시한다. 외관판정은 난각을 통한 계란의 외부상태를 평가하는 방법이고, 투광판정은 계란 내부에 빛을 투과하여 기실의 크기, 난황의 위치와 퍼짐 정도, 이물질 유무 등을 평가한다. 할란판정은 계란을 깨서 내용물을 검사한 후 등급을 평가하는 방법으로서 난백의 높이, 난황색, 난각색, 이물질의 유무 등으로 등급을 판정하게 된다. 외관, 투광, 할란검사 등을 하게되면 이상란이라고 불리우는 정상적인지 못한 계란의 분류가 가능하다. 이상란의 경우 난각(기형, 부각란, 다공성란, 파열 등), 난백(수양난백, 이상취 등), 난황(혈반, 반점 등) 등에 문제를 보인다. 계람 품질 및 신선도에 대한 구체적인 기준은 다음과 같다.

■ 표 5-3 "축산물 등급판정 세부기준"에 제시된 국내 계란의 품질기준

판정항목		품질기준			
		A급	B급	C급	D급
외관 판정	계란껍데기	청결하며 상처가 없고 계란의 모양과 계란껍데기의 조직에 이상이 없는 것	청결하며 상처가 없고 계란의 모양에 이상이 없으며 계란껍데기의 조직에 약간의 이상이 있는 것	약간 오염되거나 상처가 없으며 계란의 모양과 계란껍데기의 조직에 이상이 있는 것	오염되어 있는 것, 상처가 있는 것, 계란의 모양과 계란껍데기의 조직이 현저하게 불량한 것
투광 판정	공기주머니 (기실)	깊이가 4㎜ 이내	깊이가 8㎜ 이내	깊이가 12㎜ 이내	깊이가 12㎜ 이상
	노른자	중심에 위치하며 윤곽이 흐리나 퍼져 보이지 않는 것	거의 중심에 위치하며 윤곽이 뚜렷하고 약간 퍼져 보이는 것	중심에서 상당히 벗어나 있으며 현저하게 퍼져 보이는 것	중심에서 상당히 벗어나 있으며 완전히 퍼져 보이는 것
	흰자	맑고 결착력이 강한 것	맑고 결착력이 약간 떨어진 것	맑고 결착력이 거의 없는 것	맑고 결착력이 전혀 없는 것

	노른자	위로 솟음	약간 평평함	평평함	중심에서 완전히 벗어나 있는 것
할란 판정	진한흰자 (농후난백)	많은 양의 흰자가 노른자를 에워싸고 있음	소량의 흰자가 노른자 주위에 퍼져 있음	거의 보이지 않음	이취가 나거나 변색되어 있는 것
	묽은흰자 (수양난백)	약간 나타남	많이 나타남	아주 많이 나타남	
	이물질	크기가 3㎜ 미만	크기가 5㎜ 미만	크기가 7㎜ 미만	크기가 7㎜ 이상
	호우단위*	72 이상	60 이상~72 미만	40 이상~60 미만	40 미만

*호우단위: 할란판정에 나와있는 "호우단위(Haugh Units)"라 함은 계란의 무게와 진한흰자의 높이를 측정하여 다음 산식에 따라서 산출한 값을 말한다. 다음과 같은 산식으로 산출한다.

호우단위(H.U) = HU = $100*\log(H+7.57-1.7*W^{0.37})$

H: 흰자높이(mm)

W: 난중(g)

4 │ 우유위생

4.1 ╲ 우유의 조성 및 영양

우유는 소의 젖으로서 달걀과 함께 대표적인 완전식품으로 알려져 있으며 건강과 미용, 성장에 효과가 좋아 전 세계적으로 꾸준히 소비되어 왔다. 국내에서는 소의 젖을 주로 섭취해왔지만, 염소, 양, 낙타 등의 젖도 세계적으로 널리 음용되어 왔다. 우유는 유단백, 당질, 유지방 등의 주요 영양소가 풍부하며, 영양소 외에도 칼슘, 인, 철, 비타민 등이 풍부하다. 우유속의 단백질은 함량은 3.5% 정도이며 80% 정도의 카제인과 20% 정도의 유청단백질로 구성되어 있다. 성장 및 신체발달에 필요한 필수아미노산이 풍부하여 우유의 단백질을 완전단백질이라고도 한다. 유지방은 60-70% 정도가 포화지방산으로 소화 및 흡수율이 양호한 편이다. 당성분은 갈락토스와 글루코스가 결합한 이당류인 젖당류로서 소당의 젖당 분해효소를 통해 분해된다. 다만 분해효소가 부족한 경우 소화에 불편을 겪게되는데 동양인이 서

양인에 비해 빈도가 높다고 알려져 있다. 우유는 특히 칼슘의 좋은 급원인데, 우유의 칼슘은 소화가 쉽고 우유속의 유당, 비타민D 등은 칼슘의 흡수를 돕는다. 그래서 성장기 어린이의 골격 형성, 임산부의 칼슘 공급 등에 우수한 장점을 가지고 있다. 또한 칼슘과 인의 함량비율이 1:1로 이상적어서 칼슘과 인의 좋은 공급원이 된다.

4.2 유제품의 종류

우유를 가열 및 살균하여 소비자가 소매점 등에서 구매하여 마시도록 포장된 우유를 일반적으로 시유라고 부른다. 시유 외에도 다양한 종류의 유제품이 존재한다. 탈지분유, 조제분유, 연유, 버터, 치즈, 발효유, 아이스크림 등도 모두 가공된 유제품이다. 유제품은 가공방법에 따라 종류가 워낙 다양한 만큼 각기 다른 공정을 거치면서 제품의 특성을 보이게 된다. 가령 연유는 농축과정, 전지분유는 분무건조 과정, 치즈 및 유청분말은 커드 형성과정 등이 특이적이다. 시유를 비롯하여 이러한 유제품은 세균수, 대장균군, 유지방율, 산도, 제조기준 등 다양한 기준에 대한 조건을 충족해야 한다.

4.3 우유를 통한 전염병

4.3.1 우유의 공중보건학적 중요성

우유는 오래전부터 공중보건학적으로 매우 중요했는데, 이는 우유가 다양한 종류의 전염병을 야기하기 때문이다. 유방염 등으로 인해서 우유 자체가 오염되는 경우가 많았고, 보관 및 저장이 제대로 되지 않을 경우 우유 내에서 세균이 자라게 된다. 영양소가 풍부한 우유 자체가 미생물의 좋은 액체 배지가 되며, 집유 후 공급되기 때문에 내부에서 세균이 자라고 이러한 세균이 균질화되면서 다양한 사람에게 폭발적으로 식중독을 일으키는 경우가 많았다. 특히 지금은 콜드체인을 통해 생산부터 가공까지 냉장유통경로를 통해 우유가 공급되지만, 과거에는 냉장기술이 미비하여 우유를 통해 다양한 질병이 생기는 경우가 많았다.

4.3.2 우유를 통한 미생물 전파

우유를 통해 사람에게 전파되는 미생물은 젖소자체에서 오는 경우도 있으나, 착유하는 사람, 혹은 사육환경에서 오는 경우도 많다. 따라서 목장 및 착유장소의 환경위생과 우유 취급에 주의해야 한다. 특히 위생적인 착유가 되지 못하면, 우유 자체의 오염은 물론 소가 유방염 등의 질병에 감염되어 지속적으로 오염된 우유를 생산하게 된다. 기본적으로 착유기와 파이프라인에 대한 정기적인 소독과 세척이 필요하다. 착유 전후의 유방은 청결하고 건조한 상태를 유지해야 한다. 이렇게 착유된 우유는 수송관이나 저온탱크에 저장되었다가 추후 집유소 등으로 이동된다. 짧은 시간 보관하더라도 냉장상태를 유지해야 한다.

우유로 인한 전염병의 역학적인 패턴은 홀로마이안틱 발생(holomiantic outbreak)인데 이는 우유나 식품과 같은 공통매개체가 폭발적으로 여러사람을 감염시키는 감염의 유형이다. 우유에 감염되는 주요 병원균은 결핵균, 브루셀라균, 탄저균, 살모넬라균, 연쇄상구균, 황색포도상구균, Q열, 리스테리아균, 캠필로박터균, 병원성 대장균 등이 있다. 연쇄상구균, 황색포도상구균 등은 젖소 유방염의 원인 세균으로서, 질병에 걸린 젖소의 세균이 우유를 매개로 사람에게 전파되게 된다. Q열의 경우 리켓치아의 일종인 *Coxiella burnetii*가 원인이 되는 질병으로서 해당 미생물 자체가 내열성을 가지고 있다. 저온살균의 기준은 이 미생물을 완전히 사멸하기 위한 것과 큰 관계가 있다. 리스테리아 모노사이토제네스균은 저온 세균으로서 저온 상태에서도 생존은 물론 증식이 가능하기 때문에 우유의 위생에 있어 특히 중요하다. 특히 유산이나 뇌수막염, 심하면 사망 등의 심각한 경과를 초래하기 때문에 오래전부터 문제가 되어 왔다. 한편 우유에는 세균 등의 미생물학적인 위해요소 외에도 다양한 화학적 위해요소가 존재한다. 젖소의 질병치료를 위한 항생제 등이 잔류하는 경우도 있고, 농약이나 곰팡이 독소 등이 존재하는 경우도 있다. 특히 곰팡이 중 아플라톡신 M1(aflatoxin M1)은 유제품에서 문제가 되는 경우가 많으며 국내 유제품에서는 0.05ppb 이하로 관리되어야 하는 기준이 있다.

4.4 우유의 생산과정

시유의 경우 원료유가 집유된 후 예열, 균질, 살균(혹은 멸균), 냉각, 충진 및 포장되어 유통되게 된다. 목장의 젖소는 하루 2회가량 착유하게 되며 이를 즉시 냉장하여 저유 시설에 보관한다. 착유된 원유는 집유과정을 통해 처리공장으로 수송되게 된다. "축산물 위생관리법 시행규칙" 중 "가축의 도살, 처리 및 집유의 기준(제2조)"에 따르면 농장으로부터의 집유는 보냉탱크집유차량을 이용하여야 한다. 또한 보냉탱크집유차량으로 원유를 옮겨 싣기 전에 법에 따라 검사를 실시하여야 하도록 되어 있다. 만약 현장에서 검사실시가 불가능한 검사항목에 대해서는 검사시료를 채취하여 시험실에서 검사한다. 또한 집유된 원유는 신속하게 집유장 또는 유가공장에 운송하여 여과, 냉각 또는 저장 등 필요한 조치를 하여야 한다. 목장에서 공장으로 운반된 원유는 계량이 끝나고 외관, 온도, 산도, 무지고형분, 풍미, 세균수, 항생물질 등 다양한 검사를 진행하는데 이를 수유검사라고 한다. 이후 불순물을 제거한 후 저유원유 탱크에 보관한다. 보관된 원유는 균질화 과정을 통해 유지방구를 잘게 부수게 된다. 그다음 가열 살균과정을 거치고 다시 냉각하여 낮은 온도로 보관한다. 이후 충진과정을 거쳐 우유팩에 우유를 채우게 된다. 충진된 우유는 시료별로 관능검사, 이화학검사, 세균검사등을 거쳐 출하하게 된다.

4.5 우유의 살균 방법

원유는 세균 등으로 인한 감염의 우려가 있어 우유는 반드시 살균하여 공급하며 이는 법적으로 강제되어 있는 사항이다. 우유를 사용한 유가공품도 살균된 우유를 사용하는 것이 원칙이나, 치즈 등 숙성기간을 거치는 유가공품의 경우 예외를 두기도 한다. 원유를 살균하는 방법에는 다양한 방법이 있지만, 저온장시간살균법(low temperature long time, LTLT), 고온단시간살균법(high temperature short time, HTST), 초고온순간살균법(ultra high temperature, UHT) 등이 대표적으로 사용된다. 저온장시간살균법은 62-63도 정도에서 30분 정도 살균하는 방법으로서 주요 위해미생물을 살균하는 방법이다. 살균의 효과가 다른 방법에 비해 낮기 때문에 유통기한이 길지 않으나, 열로 인한 원유 자체의 변화가 적어 풍미, 색, 영양소의 파괴가 최소화되는 장점이 있다. 고온단시간 살균법은 72-75도 정도의 온도에서 15-30초간 살균하며, 연속적인 살균이 가능한 장점이 있다. 일부 시유와 과즙 등에서 사용된다. 초고온순간살균법은 130-135도 정도의 온도에서 2초간 순간적으로 살균하는 방법으로 대부분의 미생물을 제거하는 데 효과적이다. 이 방법은 가장 널리 사용되는 살균법으로 대부분의 시유에서 이 방법을 사용한다.

4.6 원유 및 유제품 검사의 방법

"축산물 위생관리법 시행규칙"의 "축산물의 검사기준(제12조)"에 따르면 원유의 검사는 원유자체에 대한 위생검사와 시설위생검사로 구분하여 실시하게 된다. 원유 위생검사는 집유전 검사와 실험실 검사로 나뉘게 된다. 시설위생검사는 집유 전후 각 1회 실시하도록 되어 있다. 집유 전 검사의 경우 관능검사, 비중검사, 알콜검사(또는 pH검사), 진애검사는 집유 전에 실시한다. 다만, 진애검사는 필요한 경우에만 실시할 수 있다. 실험실검사의 경우, 적정산도시험, 세균수시험, 체세포수시험, 세균발육억제물질검사, 성분검사 및 그 밖의 검사는 시험항목별로 필요한 기간을 정하여 정기적으로 실시하되, 세균수시험 및 체세포수시험은 각각 농가별로 15일에 1회 이상 실시한다. 다만, 새로 원유를 납유하는 농가, 착유가축검사에서 부적합판정을 받은 가축으로부터 착유한 원유를 납유한 농가, 그 밖의 실험실검사에서 부적합판정을 받은 원유를 납유한 농가의 원유에 대해서는 필요에 따라 수시로 검사를 실시한다.

기본적으로 앞에서 언급한 방법 외에도 우유 및 유제품 검사의 기준 및 시험방법은 다양하게 존재한다. 주요 시험방법은 "축산물의 가공기준 및 성분규격"에 준하여 실시하게 된다. 검사방법을 크게 분류하면 물리적 검사방법(비중검사, 점도검사, 진애검사 등), 화학적 검사방법(수소이온농도, 알콜검사, 산도검사, 지방검사 등), 생화학적 검사(phosphatase 검사, 세균검사), 특수검사(Resazurin 시험, TTC 검사, 곰팡이 독소 검사 등) 등으로 나눌 수 있다. 이러한 검사는 검사 종류에 따라 검사를 하는 중요도 및 검사빈도가 다르다. 몇 가지 주요 검사에 대한 내용은 다음과 같다. 관능검사는 사람의 오감을 이용하여 풍미, 냄새, 색깔 등을 통해 이상유를 판별하는 시험이다. 알콜시험은 우유 가열에 대한 저항성을 보기 위한 검사이다. 진애시험은 생유 중의 이물에 대한 검사이다. Phosphatase 시험은 저온 살균되면 불활성화 되기 때문에 저온살균여부의 중요한 지표시험이다. Resazurin 시험, TTC 시험 등은 세균의 존재 및 세균수를 측정하는 방법이다.

4.7 원유의 등급판정

원유검사기준에 합격하게 되면 합격유가 되는데, 일반적인 기준은 원세균수 및 체세포수는 ml당 50만 이하여야 하며 비중은 15℃에서 1.028~1.034 사이이다. 산도(적정산도)는 홀스타인종우유 0.18%이하이고 기타 품종우유 0.20% 이하이다. 알콜시험는 적합, 진애검사는 2.0㎎ 이하, 관능검사는 적합해야 한다. 합격유가 되면 유가 산정을 위해 유질에 따라 등급을 나누게 된다. 세균수 검사와 체세포수 검사의 경우 우유의 등급을 결정하는 주요 검사로서 유가산정의 중요한 기준이다. 위에서 언급한 것과 같이 정기검사 항목의 일종이기 때문에 15일 간격으로 검사한다. 세균수는 배양배지에 세균수를 직접적으로 측정하는

SPC(Standard palte count)법을 기반으로 하나 자동화된 기계를 사용하기도 한다. 체세포수 검사는 직접현미경법처럼 직접 확인하는 방법도 있으나 마찬가지로 자동화된 기계를 사용하기도 한다. 원유의 등급을 결정짓는 것은 세균수 및 체세포수 등으로서 이 기준은 "축산물 위생관리법"의 축산물 위생등급에 관한 기준에 의하면 아래와 같다.

■ 표 5-4 원유의 위생등급 기준

구 분	위생등급	기 준
세균수	1급 A	3만 미만 개/㎖
	1급 B	3만 ~ 10만 미만
	2급	10만 ~ 25만 미만
	3급	25만 ~ 50만 이하
	4급	50만 초과
체세포수	1급	20만 미만 개/㎖
	2급	20만 ~ 35만 미만
	3급	35만 ~ 50만 미만
	4급	50만 ~ 75만 이하
	5급	75만 초과

제6장

역학 및 감염병 관리

1 역학

역학(Epidemiology)은 질병의 발생 요인과 빈도 및 분포 양상을 연구하는 분야로 집단 (herd)의 건강증진을 위해 정확하고 신뢰성 있는 진단기법으로 치료 및 예후를 평가하게 된다. 좀 더 포괄적으로 보면 역학은 군집 내 발생하는 모든 생리적 상태 및 이상 상태의 빈도와 분포를 기술하고, 그 빈도와 분포를 결정하는 요인들을 원인적 연관성(causal association) 여부에 근거를 두고 그 발생 원인을 규명하여 효율적인 예방법을 개발, 집단에서의 질병 발생의 결정요인을 연구하는 학문으로서 그 핵심은 집단이다. 수의 역학은 동물 집단에 대한 건강과 관련된 사건을 관찰하고 추론하며, 생산성에 대한 평가를 포함하고 있다.

> ① 집단에서 발생하는 질병과 상해의 분포 그리고 그 결정요인을 규명(탐구)하는 학문
> ② 과거에는 유행성 질병에 한정되었으나, 사회 · 문화적 특성과 환경적 등이 모두 포함
> ③ 역학의 역사
> - 2000년 전: 히포크라테스의 환경적 요인이 질병의 발생에 영향을 미친다는 관찰에서 시작
> - 19세기: 특정 인간 집단과 동물 집단의 질병 분포를 어느 정도 측정
> - John Snow 발견: 런던의 콜레라의 위험이 특정 공급하는 물의 음용과 관련 규명
> - 20세기: 전염성 질병의 통제에 초기에 적용과 환경조건 또는 위험 영향 인자들이 특정 질병(심장 질환, 암 등)과 연결성 확인
> - 현대 역학: 새로운 양적 방법을 사용, 집단의 질병 연구와 예방 및 통제를 위한 연구에 융 · 복합적으로 널리 이용

역학 연구는 가설을 수립하고 이를 입증하기 위한 병리기전의 연구결과 간 상관관계를 통계적으로 입증하는 작업을 주로 하게 되며, 그 연구방법으로는 기술역학, 분석역학, 실험역학, 이론(계량)역학, 임상역학, 병인역학, 생태역학 그리고 분자역학 등이 있다. 이 중 가장 중요한 것은 기술역학을 통해 얻은 구체적 가설을 증명하고 특정 요인과 질병과의 인과관계 연구하는 분석역학인데 단면연구, 환축-대조군 연구 그리고 코호트 연구가 있다.

역학 연구는 다음과 같이 네 개로 구분되기도 하며, 질병의 자연사, 지역사회 특성 평가, 예방(방역)사업 수행, 임상적인 특성, 증상과 증후의 평가, 질병 원인과 위험요인의 규명을 위해 이용하고 있다.

【역학 연구의 구분】
① 질병 빈도의 분포(빈도)나 결정 인자(요인)에 관한 연구(탐구)
② 질병 양상(자연사) 연구
③ 집단(herd)의 건강 상태 연구
④ 의학 및 수의학에 통계학적 개념이 도입된 생태학적 연구

역학은 언제, 어디서, 얼마나 많이 발생하였는지에 대한 기술적 특성과 유발 원인 및 그 원인의 기여도를 찾아내는 분석적 특성 그리고 원인을 차단하여 예방효과를 확인하고자 하는 전략적 특성이 있다.

최초의 역학은 생명현상을 계량적으로 정리하면 일정한 규칙성이나 일반성을 파악할 수 있다는 데서 출발하였으며, 이후 많은 건강과 질병 현상에 관여하는 요인을 귀납적 관찰과 비교 실험을 통해 규명해 낼 수 있었다.

【인과적 관련성이 강한 역학 연구의 유형 순서】
① 환자증례보고(Cases series)
② 상관성 연구(Correlation Study) 또는 생태연구(Ecologic Study)
③ 단면조사연구(Cross-Sectional Study)
④ 환자-대조군 연구(Case-control study)
⑤ 코호트 연구(Cohort Study)
⑥ 임상시험(Randomized Clinical Trial)

1.1 역학의 개념

1.1.1 역학의 목적

인간과 동물 집단의 건강 및 질병에 영향을 주는 요인에 관한 연구를 하는 학문으로 특정 집단에 발생한 이상 상태의 빈도와 분포를 지리적, 시간적 및 인적인 특성에 따라 기술하고, 역학적 연구 설계를 이용하여 이상 상태의 발생에 대한 영향요인, 결정요인의 연구 및 효과적인 예방방안을 개발하여 인류의 건강증진 하는 것이 바로 역학의 목적이다. 이를 위해서는 다

양한 접근방법들이 활용되어 집단에서의 질병 분포에 대한 결정요인을 조사 연구하고, 질병 관리에 대한 정책과 전략을 수립하며, 관련된 과학적 증거를 제공하게 되는 것이다. 특히 수의 역학은 동물에서 발생하는 질병에 대한 진단·치료·예방 등을 통하여 인류와 동물 모두의 공중보건 향상에 공헌하는 복합학문으로 기초 및 임상 수의학을 비롯하여 축산학, 생태학, 사회학, 통계학, 경제학 등 관련된 다양한 분야에서 사용되는 개념이 적용될 수 있다.

> 1) 알고 있는 질병의 발생 원인 확인과 알려지지 않은 질병의 조사 관리
> 2) 질병의 자연사에 대한 정보 획득과 질병의 예방프로그램 계획 및 감시
> 3) 질병 관리의 정책적 평가 및 질병 관리 프로그램의 경제적 손익 분석

【역학의 목적】

① 질병 발생의 원인과 위험요인 파악

② 집단과 지역사회의 질병 발생 규모 확인

③ 질병에 대한 자연사와 치료에 따른 예후 확인

④ 질병에 대한 예방관리와 치료 등의 질병 관리 대책의 효과 및 평가

⑤ 질병 관리와 환경문제 등의 대응 정책의 수립에 기초자료 활용

1.1.2 역학의 유용성, 활용 및 역할

역학의 유용성은 목적과 유사하며, 질병 및 관련 요인들의 분포 자료를 이용하고, 발병 요인들 간의 인과관계 내지는 질병 발생의 원인을 찾아 그 결과를 질병 예방 활동에 활용하는 것이다.

역학연구를 위한 접근은 제일 먼저 질병이 무엇인지 확인하고, 어떤 집단에서 일어난 일에 대해 말할 것인지를 정하는 것에서부터 시작된다. 그리고 언제(when), 어디서(where), 누구에게서(who), 어떻게(how) 질병이 발생하는지를 자세히 기술하고, 또 어떤 변화를 거쳐 왔는지에 대해 서술한다. 즉, 역학적 접근법의 가장 첫 단계는 기술역학(descriptive epidemiology)이며, 질병이 나타나는 양상을 그려내기 위해서는 자료가 필요하고, 적절한 역학적 기법을 적용하여 자료를 가공하여 정보를 도출해 내는 단계를 분석역학(analytical epidemiology)이라고 한다.

【집단 대상 역학적 연구의 필요 요소】

1) 지방성 유행(endemic) 인지와 외래성 질병(foreign disease)인지 확인

2) 산발적(sporadic)인지 전국단위 유행병(epidemic)인지 그리고 범발성의 유행병(pandemic)인지 확인

4) 질병의 발생(disease outbreaks)

5) 질병의 비율(rate of disease)

6) 발생률(incidence)

7) 유병률(prevalence)

8) 위험 요인(risk factor)

9) 상대적 위험도(relative risk)

10) 기여 위험도(attributable risk)

오즈비가 환자-대조군 연구와 코호트 연구 둘 다에서 계산해볼 수 있는 값이라면, 위험도는 코호트 연구에서만 계산할 수 있다.

	추후 병 발생	추후 병 발생 없음	총계
위험인자 노출군	a	b	a+b
위험인자 미노출군	c	d	c+d

위험인자 노출군의 발병률 = $\dfrac{a}{(a+b)} \times 100(\%)$	대조군(미노출군)의 발병률 = $\dfrac{c}{(c+d)} \times 100(\%)$
상대위험도(RR) = $\dfrac{노출군의발병률}{(대조군의발병률)} = \dfrac{\frac{a}{(a+b)}}{\frac{c}{(c+d)}} = \dfrac{a}{(a+b)} - \dfrac{c}{(c+d)}$	기여위험도(AR) = 노출군의 발병률 - 대조군의 발병률 $= \dfrac{a}{(a+b)} - \dfrac{c}{(c+d)}$
위험인자에 노출된 경우, 노출되지 않은 경우보다 질병에 걸릴 확률이 몇 배 높다. ※ 코호트 연구에서 계산 가능	해당 위험인자를 제거할 경우 질병에 걸릴 확률이 어느 정도만큼 감소한다. ※ 코호트 연구에서 계산 가능

11) 오즈비/교차비/승산비(odds ratio)

　환자-대조군 연구에서의 오즈란 위험요인을 가지지 않은 사람에 대한 요인을 가진 사람 수의 비율로 환자군의 오즈가 과연 대조군의 오즈의 몇 배인지가 odds ratio이며, 환자-대조군 연구, 코호트 연구 둘 다에서 계산 가능

	환자군	대조군
과거 위험 인자 노출자	a	b
과거 위험 인자 미노출자	c	d

$$\text{오즈비} = \frac{\text{환자군의 오즈}}{\text{대조군의오즈}} = \frac{\dfrac{\text{환자군위험인자노출자}}{\text{환자군위험인자미노출자}}}{\dfrac{\text{대조군위험인자노출자}}{\text{대조군위험인자미노출자}}} = \frac{\dfrac{a}{c}}{\dfrac{b}{d}} = \frac{ad}{bc}$$

※ Odds = P / (1-P), P = 확률: 발생률을 계산할 수 없는 환자-대조군 연구에서 사용된다.

① 질병의 예방을 위한 질병 발생의 병인과 그 발생을 결정하는 요인 규명

　발병을 일으키는 원인체(agent), 질병 발생의 대상이 되는 개체(host), 그리고 원인체와 개체 사이의 관계에 영향을 미치는 환경(environment)이 함께 존재해야 한다. 이를 역학적 결정요인의 삼각관계라고 하며, 역학의 기본 원칙인 동시에 전염성 여부와 상관없이 모든 질병에 적용되고 있다.

② 질병의 측정과 유행병 발생의 감시(surveillance)와 자연사 연구

- 역학연구에서 집단의 건강문제의 크기를 추정하기 위해
- 질병의 자연사를 이해하기 위해
- 발병 또는 전염병을 탐지하기 위해
- 건강상태의 이상 분포를 문서화하기 위해
- 질병의 원인에 대한 가설을 시험 확인하기 위해
- 감염성 유기체의 변화를 모니터링 하기 위해

③ 질병의 예방관리 사업에 대한 기획과 평가자료 제공

　역학 연구를 위해서는 기술적 특성(언제, 어디서, 얼마나 많은 발생이 되었는지), 분석적 특성

(유발 원인과 그 원인의 기여도를 찾아내는 것) 그리고 **전략적 특성**(원인 차단으로 예방효과를 확인하려는 것)을 가지기 때문에 전문성, 융·복합성, 많은 시간과 예산이 필요성 때문에 신중히 기획하고 반드시 사후 평가가 필요하다.

④ 임상적 현장 연구에 활용

임상역학(clinical epidemiology)은 환자로부터 얻어낸 임상자료에 역학적 연구방법을 적용하여 임상문제들을 해결하는 데 필요한 지식을 창출하는 것이며, 최근 근거중심의학(evidence-based medicine, EBM)이 확산되면서 임상역학은 고유한 학문으로 인정받고 발전하고 있다.

① John Snow는 콜레라균이 발견되기 30년 전에 이미 콜레라 환자 또는 환자의 배설물 접촉과 오염된 물을 마심으로 전염되는 것을 확인하고 콜레라의 요인을 규명, 예방을 가능하게 한 역학적 연구 결실로 역학의 아버지로 불림
② 소의 흉막폐렴은 그 원인균이 분리되기 전에 전염성 성질을 이해함으로써 근절
③ Rinderpest는 도살정책으로 원인균이 밝혀지기 전에 근절
④ 천연두의 경우는 virus가 분리되기 전에 예방효과로 박멸이 처럼 역학은 괴질에 대한 적절히 대책을 세우고 관리하게 하는 데 활용

한편, 역학의 주요 영역이 질병의 인과관계와 전염추세, 발병 조사와 질병 감시 그리고 질병 스크리닝, 모니터링 및 임상시험과 같은 치료 효과의 비교 등에 활용되고 있다. 역학의 역할 및 활용의 경우는 어떤 집단에 괴질이 유행하고 있을 경우, 질병 유행이 최고조에 이른 상황이라도 이 집단에 속한 구성원 모두에게서 임상 증상이 나타나고, 또한 정밀검사에서 양성 판정을 받는 사례는 드물다. 어떤 개체는 질병에 이환되지만, 다른 개체는 질병과 무관한 것처럼 보이는 이유는 질병 발생을 조장하는 위험 요인(risk factor)과 질병 발생을 방지하는 보호 요인(protective factor)이 존재하기 때문이다. 이처럼 질병에 이환되고/이환되지 않은 개체들을 대상으로 수집한 자료를 집단으로 묶고 또 세분화하는 작업을 반복하면서, 역학적 접근법을 적용하여 질병의 전개를 부추기거나/방해하는 역할을 하는 요인을 찾아내어 요인의 작용을 얼마나 신뢰할 수 있는지 반드시 분석하고 평가해야 한다. 결론적으로 질병을 예방하고 관리할 수 있는 효율적인 전략을 제시하는 역할을 하는 것이다. 집단 대상의 질병 빈도측정 및 질병 분포 파악을 통해 질병 결정요인 탐구, 자연사 연구, 지역사회 평가, 보건사업 수행, 임상 특성 파악, 증상과 징후 평가, 원인과 위험요인 규명 등에 이용되고 있다.

【역학의 분류】

① 병인역학: 질병 발생의 원인 규명 역할(질병은 절대 우연히 발생하지 않음)

② 계량역학: 질병 발생과 유행의 감시 역할

③ 생태역학: 질병의 자연사에 대한 연구 역할(자연사는 질병 발생에서 소멸까지)

④ 임상역학: 임상 분야에서 활용하는 역할

⑤ 예방역학: 보건관리 사업의 기획과 평가에 필요한 자료 제공 역할(지자체, 국가 단위)

1.2 역학에서 질병의 발생모형

질병 발생은 병인, 숙주, 환경 등의 다양한 인자들이 복합적으로 작용으로 발생되며, 질병 발생의 모형으로는 역학적 삼각형 모형, 거미줄 망 모형 그리고 수레바퀴 모형 등이 가장 잘 알려져 있다. 또한, 생태학적 모형에서는 질병을 생태계 각 구성요소의 상호작용 결과로 나타나는 현상으로 평형이 깨졌을 때 나타난다고 보며, 질병 발생의 다 요인설에 입각한 생태학적 모형은 질병의 예방과 관리 원칙을 수립에 있어 중요한 역할을 하게 된다.

1.2.1 역학적 삼각형 모형(epidemiologic triangle model)

질병 발생이 숙주, 환경, 병인의 3대 요인의 상호작용으로 발생한다는 이론으로 건강한 상태에서는 상호균형을 이루다가 평형상태가 깨지게 되면 질병 발생이 많아지거나 감소하게 된다는 것으로 병인을 특정하지 못할 경우나 비감염성 질환의 발생 설명에는 부적합하다.

■ 그림 6-1 질병 발생의 삼각형 모형의 지렛대 이론

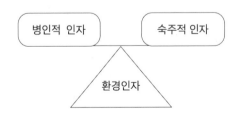

① 병인 인자(agent factors)

질병 발생의 병인 인자로서 ① 생물학적 인자인 세균, 바이러스, 기생충과 ② 물리·화학적 인자인 계절, 기상, 대기, 수질 및 각종 유독성 물질 등이 중요한 병인으로서 작용하지만, ③ 미지의 어떤 요인이 될 수도 있다. 이들 병인적 인자는 질과 양 그리고 상태에 따라서 그 작용이 다르기때문에 이것은 질병 발생에 있어서 무한한 변수로서 작용한다.

② 숙주 인자(host factors)

숙주로서의 주체적 특성은 병인에 대한 감수성이나 저항력이 다양한 변수로 작용한다. 인간 숙주의 역학적 특성은 ① 숙주의 생물학적 인자로서 성별, 연령별 특성과 ② 인구집단의 사회적 요인 및 형태적 요인으로 종족, 직업, 사회경제적 계급, 결혼 및 가족 상태 등의 특성과 ③ 숙주의 체질적 요인으로 선천적 인자, 면역성 및 영양 상태 등 다양한 특성에 따라 질병 발생에도 다양한 변수로 작용하게 된다.

③ 환경적 인자(environmental factors)

질병 발생을 좌우할 수 있는 환경적 인자로서는 ① 생물 환경(병원소, 활성 전파체인 매개 곤충, 기생충의 중간숙주 존재), ② 물리적 환경(계절의 변화, 기후, 실내외의 환경), ③ 사회적 환경(인구밀도, 직업, 사회풍습, 경제생활의 형태 등)이 있으며, 이들은 질병 발생과 유행에 있어서 큰 변수로서 작용하게 된다.

1.2.2 거미줄 모형(web of causation)

원인망 모형이라고도 하며, 질병 발생의 요인이 어느 특정한 요인에 의해서 이루어지는 것이 아니라 다원적 요인이 선행되는 여러 가지 요인들과 연결되어서 발생되어 마치 거미줄 모형과 같은 복잡한 상호관계로 얽혀져서 발생된다는 설이다. 질병 발생의 원인을 찾아보면 그 발생의 선행요인이 있고, 또 그 선행요인은 다른 선행요인과 연결되어 있으며, 횡적으로도 다른 요인과 상호관계가 있어서 다양한 상호관계 속에서 질병이 발생된다는 것으로 해석하는 모형이다.

특징은 비감염성 질환 발생의 역학연구에 적합하고, 원인 망에 얽혀 있는 요소 중에 몇 가지를 제거하면 질병 예방도 가능하다.

■ 그림 6-2 심근경색 원인의 거미줄(원인망)모형

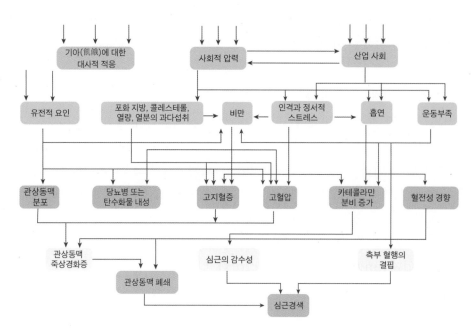

출처: 이경무 등. 환경보건역학, KNOU PRESS, 2017

1.2.3 수레바퀴 모형(wheel model)

질병 발생 요인이 인간 숙주를 둘러싸고 있는 ① 생물학적 환경, ② 물리화학적 환경 및 ③ 사회적 환경과 ④ 인간 숙주의 내적 요인인 유전적 요인의 상호 작용으로 발생된다고 보는 질병 발생설이다. 유전성 질병은 유전적 요인이 크게 작용할 것이고, 생물학적 요인에 의한 전염병은 물리적 요인이나 사회적 요인보다 생물 환경이 더 크게 작용하게 될 것이며, 유전적 소인의 작용은 적을 것이다. 특징은 원인망 모형과 근본적 개념은 같으나 숙주와 환경을 명백하게 분리하고 있다는 점과 원인 요소들의 기여 정도에 중점을 두기 때문에 역학적 분석에 도움이 된다.

- 숙주, 병인, 환경의 상호 작용, 감염병 발생에 적합: 역학적 삼각형 모형의 특징
- 질병 발생의 경로: 거미줄 모형의 특징
- 유전적 인자: 수레바퀴 모형의 특징
- 질병 발생의 다양한 요인: 거미줄 모형과 수레바퀴 모형의 공통 특징

(사례 1) 가을철 수확기에 논에서 벼를 세우다 베인 상처를 통해 침입한 세균에 의해 leptospirosis에 걸렸다. 이 설명에 적합한 질병 발생 모형은? 역학적 삼각형 모형

(사례 2) 뇌졸중은 고혈압, 당뇨병, 동맥경화가 있는 사람에게 많이 발생하는데 이외에 개인의 가족력(유전적 요인) 및 흡연 등의 생활 습관, 성격, 스트레스, 사회적 여건 등의 복합적 작용 경로가 관여한다. 이 설명은 어떤 질병 발생 모형에 해당하는가? 수레바퀴 모형으로 볼 수 있지만, 서로 얽혀 복잡한 작용 경로라는 측면에서 거미줄 모형에 해당한다.

1.3 감염병의 발생 과정 전주기 이해

1.3.1 감염병 발생 6단계

감염병은 일반적으로 6단계를 거쳐 이루어지며, 이 중 한 단계라도 거치지 않으면 감염은 이루어지지 않지만, 병원체를 완벽하게 제거하거나, 전파를 막거나, 숙주의 방어력을 완벽히 갖출 수는 없으므로 감염병의 관리에 여러 가지 접근방법을 동시에 이용하게 되어 있다.

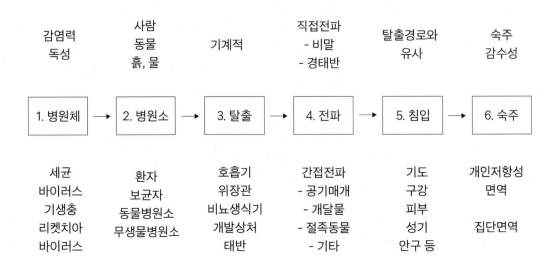

■ 그림 6-4 감염병 발생 6단계

감염력 독성	사람 동물 흙, 물	기계적	직접전파 - 비말 - 경태반	탈출경로와 유사	숙주 감수성
1. 병원체 →	2. 병원소 →	3. 탈출 →	4. 전파 →	5. 침입 →	6. 숙주
세균 바이러스 기생충 리켓치아 바이러스	환자 보균자 동물병원소 무생물병원소	호흡기 위장관 비뇨생식기 개발상처 태반	간접전파 - 공기매개 - 개달물 - 절족동물 - 기타	기도 구강 피부 성기 안구 등	개인저항성 면역 집단면역

1.3.2 감염병의 발생 전주기 과정

병원체가 숙주에 침입하여 감염이 일어난 뒤 표적 장기로 이동하여 증식하기까지 시간이 필요하며, 이 기간은 분비물에서 병원체가 발견되지 않는데 이 기간을 잠재기간(latent period)이라고 한다. 잠재기간이 경과된 뒤 숙주 내에서 병원체가 충분히 증식하게 되면 조직, 혈액, 분비물 등에서 균이 발견되기 시작하는데 이 기간을 균발현 기간(patent period)이라고 한다. 숙주에서 병원체가 외부로 배출된다는 의미이므로 이 기간을 전염 기간(period of communicability)이라 하며, 병원체를 중심으로 하여 보았을 때는 세대기(generation time)이라 하여 감염 시작 시점으로부터 균 배출이 가장 많아 감염력이 가장 높은 시점까지의 기간으로 감염병 관리 측면에서 매우 중요하다.

병원체가 숙주에 침입하여 증상이 나타날 때까지의 기간을 잠복기(incubation period)라고 하며, 병원체의 특성이나 감염된 병원체의 수, 숙주의 침입 경로, 감염 형태(국소 혹은 전신 감염), 병리 반응을 일으키는 기전, 숙주의 면역 상태 등에 의하여 그 기간과 질병의 강도가 결정된다. 일반적으로 호흡기 감염병은 세대기가 잠복기보다 짧으며, 위장관 감염병은 잠복기가 세대기보다 짧아 증상이 가장 심한 시기가 지난 후부터 병원체가 외부로 배출되는 것이 보통이며, 대체로 호흡기 감염병보다 전염 기간이 길다.

1.3.3 감염병의 지표

감염병을 임상 증상의 강도에 따라 분류해 보면, 감염되었으나 증상이 전혀 나타나지 않는 불현성 감염(inapparent infection)과 증상이 나타나는 현성 감염(apparent infection)으로 구분할 수 있다.

■ 그림 6-5   감염병의 발생 전주기 과정

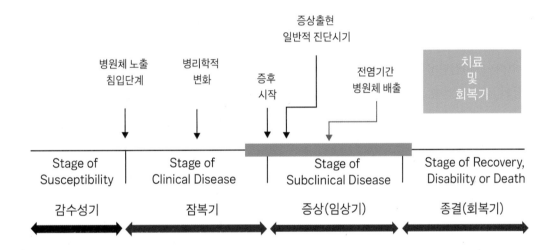

① 감염성(infectivity)

숙주의 표적 장기에 침입하고 증식하게 하는 병원체의 능력으로 ID_{50}(infection dose 50%)이 지표로 사용된다. ID_{50}이란 병원체를 숙주(주로 실험동물)에 투여하는 실험에서 실험동물의 50%에서 감염을 일으키는 최소한의 병원체 수를 말한다. 그러나 감염성 지표는 사람을 대상으로 하여 직접 산출할 수 없다는 제한점이 있어서 실제로는 산출이 어렵다. 한편 지역사회 전체 대상자를 대상으로 조사하여 밝힐 수 있는데, 감염성은 아래 식으로 산출할 수 있으며, 이차발병률(secondary attack rate)도 측정은 가능하다.

$$감염성 = \frac{A+B+C+D+E}{N} \quad (N= \text{지역사회 총 대상자 수})$$

$$이차발병률 = \frac{발단자와 \ 접촉한 \ 가족 \ 중 \ 감염자수}{발단자를 \ 제외한 \ 가족내의 \ 감수성자수} \times 100(\%)$$

② 병원력(pathogenicity)

감염자 중에서 현성 증상을 나타내는 사람들이 차지하는 비율로 산출한다.

③ 독력(virulence) 및 치명률(case-fatality rate)

독력은 특정 병원체에 감염된 환자 중 사망을 포함한 위중한 임상 결과를 나타내는 비율을 말하고, 사망자만을 포함하는 경우 치명률이라 한다.

1.4 건강 및 질병 빈도의 측정

역학에서 집단을 대상으로 하여 질병 발생이나 관련 요인의 빈도와 분포를 파악하거나 질병의 결정요인을 탐구할 때 이용되는 측정은 빈도 측정(Frequency Measures), 관련성 측정(Measures of Association) 그리고 영향력 측정(Measures of Impact)을 하게 된다. 또한, 주요 질병이환 지표에는 발생률(누적 발생률, 발생 밀도)과 유병률(시점유병률, 기간유병률) 그리고 발병률이 있다. 집단내의 질병 발생을 조사하기 위해서는 기본적으로 정량화, 즉 질병 빈도의 측정이 이루어져야 한다. 질병 빈도를 측정하는 각종 지표는 유병(prevalence)과 발생(incidence)의 개념에 근거를 두고 있다. 질병의 빈도를 측정하기 위해서는 연구대상이 되는 집단의 수를 정확하게 측정하는 것이 중요하다. 연구하고자 하는 질병에 걸릴 가능성이 있는 집단만을 그 연구대상으로 삼아야 한다는 것이다. 예를 들어 전립선암의 빈도를 측정하는 경우 전립선암이 발생하지 않는 여자는 측정에서 제외되어야 한다. 특정 질병에 걸릴 위험성이 있는 인구집단을 위험인구(population at risk)라고 한다. 위험인구는 대상 인구의 인구학적 특성이나 환경적 요인에 의해 구분된다. 예를 들어 브루셀라증의 경우 감염된 동물에 접촉한 경우에서만 질병이 발생하므로 동물과 접촉이 있는 사람만이 위험인구 연구대상이 된다고 볼 수 있다.

1.4.1 건강 및 질병 현상의 통계 지표산출

비(ratio)와 비율(proportion) 그리고 율(rate)은 보통 구별하지 않으나 개념적으로 구별되므로 이에 관한 정확한 의미를 알아볼 필요가 있다. 특히 인구와 관련된 통계에서 이 세 개념이 사용될 때는 주의가 필요하다.

① 비(ratio)

상대적 크기를 비교한 것으로 분자와 분모가 서로 독립적인 관계로 서로 다른 범주일 때 사용된다.

$$\frac{\text{그 기간 동안의 새로 발생된 환축 수}}{\text{일정기간 동안 질병이 확인된 환축이 포함되는 동물 집단}}$$

어떤 사건을 측정할 대 비율로 표시하는 것보다는 대비로 표시하는 것(가장 흔히 사용되는 경우가 性比이다)

(예) 사산율 = 사산수/총 출산수(산 것 + 죽은 것)

　　　 사산비 = 사산수/총 출생수(산 것과 죽은 것의 비)

　　　 위험비 = 비폭로군/폭로군

만약, 위험비가 1이라면 폭로군과 비폭로군의 특정 질병 발생률이 동일함을 뜻하며, odds(가능성)는 모집단이 없는 경우로 환축과 대조군에 발생확률과 비발생확률의 비를 뜻한다. odds의 비는 대상 질병의 발생확률이 매우 낮을 때에만 위험비에 근사값이 된다.

② 비율(proportion)

비의 특수한 형태로 분모에 분자가 포함되어 %로 표현되며, 전체 중에서 어떤 특성을 가진 소집단의 상대적 비중을 나타낸다.

$$\frac{A}{A+B}$$
A: 특정 사건의 구성동물
B: 비특정 사건의 구성동물

즉, 0과 1 사이의 값(예: 사망 총수 중에서 결핵에 의한 사망자 수)이다. 변수별 총계백분율 (percent total)과 비율을 혼동해서는 안 된다. 이는 모집단 없이 특정 사건을 가진 동물만으로 구성된 비율을 뜻한다.

① 분모의 단위: 사건의 집단 내 발생이 집단 크기에 비해서 수가 작은 경우 계산된 비율은

소수점 이하가 된다. 동물이므로 소수점 이하 단위는 의미가 없으므로 일정 단위의 10^x을 곱하여 사건의 비율을 나타낸다(예: 인구 200만 명의 도시에서의 15명의 맹인의 비율 = $15/200 \times 10^5$으로 표시할 수 있다). 즉, 첫째, 비교하고자 하는 자료에 표시된 단위를 선택한다. 둘째, 정해진 기준 없이 임의로 정할 때는 가장 작은 빈도를 분모로 나누어 소수집단이 되지 않도록 조정한다.

② 시간 개념: 산출된 비율이 어느 기간에 발생한 사건 인자 또는 어느 시점의 것인지를 명시하지 않으면 의미가 없다.

③ 지역 개념: 동물 집단의 특성과 속성을 표시하는 것이다.

③ 율(rate)

비율과 혼돈 사용하지만 시간 차원이 포함된다. 특정 기간에 발생된 사건을 그 사건의 위험에 노출된 총 횟수(건수)로 나눈 것으로 보통 천분율로 표현한다. 즉, 전체 양을 1,000으로 치고, 그 1/1000을 단위로 나타내는 비율로 퍼밀이라는 단위를 사용하며 기호는 ‰로 표시한다. 천 분비라고도 한다. 예를 들어 단위 체중당 하루 섭취열량, 순간 발생률 그리고 2022년도 여아 평균 출생률 등이 있다.

④ 퍼센트(%)와 퍼센트포인트(%p)

퍼센트는 백분비로 전체의 수량을 100으로 하여, 해당 수량이 그중에 얼마나 되는가를 가리키는 수로 나타낸다. 퍼센트포인트는 이러한 퍼센트 간의 차이를 표현한 것으로 취업률이나 실업률, 이자율 등의 변화가 여기에 해당한다.

⑤ 총계백분율(Percent total)

상대빈도(relative frequency) 측정시 특정 집단을 100으로 보았을 때 어떤 변수를 가진 소집단의 상대적 비중이 얼마나 되느냐로 표현하는 것이다.

1.4.2 역학에서의 빈도 측정

특정 집단에서의 질병이나 불구 또는 사망 등의 규모를 측정하는 것이 빈도 측정이며, 심혈관 질환 발생률이나 사망률 등이 이용되고 있다.

구분	내용	지표
빈도 측정 (Frequency Measures)	집단에서 질병, 불구, 사망 등의 규모 측정	유병률, 발생률, 사망률 등
관련성 측정 (Measures of Association)	위험요인과 질병과의 통계학적 관련성 측정	비교위험도
영향력 측정 (Measures of Impact)	위험요인이 집단의 질병 빈도에 기여하는 정도 측정	기여위험도

① 발생률

발생률(incidence rate or incidence)은 일정 기간 한 집단에서 어떤 질병이 새로 발생한 환자의 수이며, 분자는 일정 기간 발생한 신규 환자 수이고, 분모는 그 기간 동안 발생될 위험에 노출된 사람 수이다. 일반적으로 인구 10만 명에 대한 1년간의 신규 환자를 중심으로 한다.

① 누적 발생률

$$누적발생률 = \frac{특정\ 기간\ 내\ 새롭게\ 질병이\ 발생된\ 환축\ 수}{동일\ 기간\ 동안\ 질병이\ 발생할\ 가능성이\ 있는\ 동물\ 집단} \times 시간$$

② 발생밀도(평균 발생률)

연구대상의 관찰 기간이 다른 것을 감안, 어떤 일정한 집단에서 질병의 순간 발생률을 측정하는 것

② 유병률

일정기간 동안 한 집단 내에서 어떤 질병에 걸려(이환) 있는 환자의 수를 유병률(prevalence rate or prevalence)이라 한다. 즉 발병률이 새로 생긴 환자의 수 라면 유병률은 전부터이던 새로 생겼던 현재 그 질병을 앓고 있는 모든 환자를 가르킨다. 어느 한 시점(point prevalence)에서나 일정 기간(period prevalence)에서 질병 상태에 있는 환자의 모집단에 대한 비율이지만 이환된 환자를 나타낸다 하여 유병률 대신 이환율이라고 했으나 지금은 유병률로 표준화되어 있다. 한편, 유병률과 거의 같은 의미로 morbidity(morbidity rate)는 유병

률 대신 이환율이라 한다. 이환율은 유병률에 비하여 좀 더 일반적이고 넓은 의미로 쓰고 있다. 즉, 특정 지역의 총인구에 대한 사망자 총수의 비를 사망률(morbidity)이라 하는데, 일반적으로 인구 1천 명, 1만 명 또는 10만 명에 대한 사망수로 표시한다. 그리고 어떤 병에 걸려 있는 전체 환자 중에서 그 병으로 사망한 환자의 수를 백분율로 나타낸 것을 치명률(fatality rate)이라고 한다.

① 시점 유병률(point prevalence)
주어진 시점에서 집단 중의 환축 비율이다.

Pt = Ct / Nt	• Pt: t 시점 유병률 • Ct: t 시점에서의 유병자 수 • Nt: t 시점에서의 전체 대상자 수

② 기간 유병률(period prevalence)
항생물질의 치료는 치명률을 낮추지만, 환축의 생명 연장으로 인한 회복기의 환축이 많아서 유병률이 높아지게 된다. 반대로 치료 기술의 발전은 질병의 회복 속도를 촉진시켜, 이환 기간을 단축시키고 유병률을 감소시킨다는 분석도 있다.

PP = C(T0 → T) / N **= (C0 + I) / N**	• PP: (T0 → T)동안의 기간 유병률 • C(T0 → T): 기간동안의 유병자 수 • C0: 관찰 시작시점에서의 유병자 수 • I: 기간에 발견된 유병자 수 • N: 전체 대상자 수(기간 동안의 평균 인구 수)

③ 발생률과 유병률의 관계
이환 기간이 긴 질병은 이환 기간이 짧은 질병보다 단면조사에서 검출될 확률이 더 높으며, 이환 기간이 긴 질병은 이환 기간이 짧은 질병보다 단면조사에서 검출될 확률이 더 높다. 유병률과 항생제의 관계에 영향을 미치는 것은 항생물질의 치료는 치명률을 낮추지만, 환축의 생명 연장으로 인한 회복기의 환축이 많아져 유병률이 높아지는 결과를 가져온다. 반대로 치료 기술의 발전은 질병의 회복 속도를 촉진시켜, 이환 기간을 단축시키고 유병률을 감소시키게 된다.

$$P(유병률) = I(발생률) \times D(이환 기간)$$

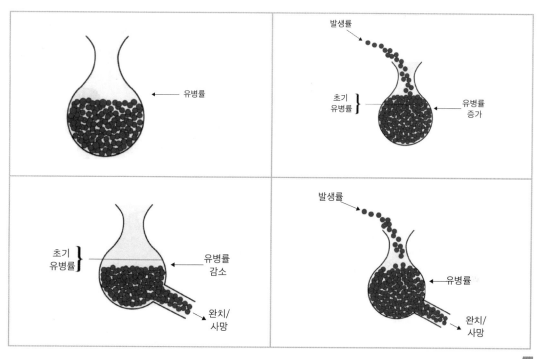

■ 표 6-2 발생률과 시점 유병률 비교

구분	발생률	시점 유병률
관찰종류	동적(dynamic)	정적(static)
시간개념	일정 기간이라 시간 개념 있음(+)	일정 시점이라 시간 개념 없음(-)
분자	일정 기간 동안 인구집단 내에서 새롭게 발생한 사람 수	한 시점에서 어떤 상태에 있거나 어떤 질병을 가지고 있는 사람 수
분모	일정 기간 동안 그 사건이 일어날 위험에 있는 인구 집단의 평균인구 수	한 시점에서 어떤 상태 또는 질병의 유무를 조사받고 있는 사람 수
용도	질병의 원인을 판단하고자 할 때 유용함	현재의 질병을 관리하고자 할 때 유용함

④ 유병률에 영향을 주는 요인

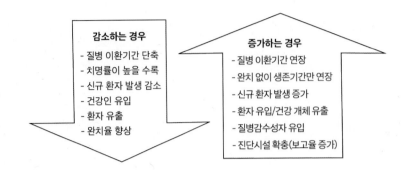

③ 발병률(attack rate)

어떤 집단이 일정기간 내에 어떤 질병에 걸릴 위험에 놓여 있을 때 전체 인구 중 주어진 집단 내 새로 발병한 총 환자 수 비율이며, 발병률은 폭발기간 중 이환되는 특정한 동물의 비율에 사용, 발생률과 유사하나 유행병이나 식품매개질병 폭발에 각종 위험요인 공헌도를 개산하는 데 유용하다.

$$발병률 = \frac{질병\ 발생자\ 수(이환자수)}{유행기간\ 중\ 위험\ 요인에\ 폭로된\ 개체\ 수} \times 10^x$$

2차 발병률은 병원체의 감염력 및 전염력의 간접적 지표가 된다.

$$2차\ 발병률 = \frac{질병\ 발생자\ 수(이환자수)}{환자와\ 접촉한\ 감수성\ 있는\ 개체\ 수} \times 10^x$$

- 사망률: 일정기간 내 발생한 사망 건수를 측정하는 것이므로 개념상 사망 발생률과 같음
- 치사율: 집단 내 그 질병으로 인한 동물의 사망 규모 표시에 사용
- 사망: 자연사망인 경우는 사망으로 표시
- 폐사: 인위적으로 도태시킬 경우는 폐사로 구분 사용

1.5 진단의 정확성과 신뢰성(Accuracy and Reliability)

생물의 현상을 간접적인 방법으로 측정하여 결론을 유도하는 역학연구에서 측정의 정확성은 매우 중요하다. 임상적 진단과 질병 검사의 측정에 대한 질을 표현을 위해 사용되는 용어들로는 '정확하고 신뢰할 수 있는, 정확은 하지만 신뢰할 수 없는, 부정확하지만 신뢰할 수 있는 그리고 부정확하고 신뢰할 수 없는' 등으로 표현된다. 한편, 체계적인 오류(system error)는 정확성(accuracy)과 유효성에 영향을 미치는 반면, 무작위 오류(random error)는 실험 결과의 신뢰성(reliability)과 정밀도에 영향을 미치게 된다. 체계적인 오류는 장비에서 발생하므로 이를 제거하는 가장 직접적인 방법은 교정된 장비의 사용과 시차 오류를 제거하는 것이다. 무작위 오류는 무작위로 값을 더 높게 또는 낮게 이동할 수 있으므로 반복과 평균화를 통해 제거할 수 있다. 정확도는 측정된 값이 실제의 상태를 반영하는 정도이며, 신뢰도는 반복성 또는 측정의 재현성을 말하기 때문에 정밀도라 한다. 이들 정확성과 신뢰성은 진단 검사기기를 이용할 경우 가능하며, 감각을 이용하거나 표준이 없는 상태에서의 임상 측정의 경우는 입증 어렵다. 즉, 심장사상충증이 개에서 방사선 소견 및 청진소견과 부검에 기초한 폐의 심도 평가의 정확성 또는 다른 임상가들의 폐음에 관한 기술의 재현성 등이 좋은 예가 될 수 있다.

1.5.1 정확도(validity)

측정의 정확도는 다음 세 가지로 평가될 수 있다
- 민감도(Sensitivity)
알고자 하는 참값을 이 측정이 얼마나 반영해 주는가의 정도로서 종합검진으로 확진된 질병을 어떤 측정 도구가 그 질병이라고 판단해주는 능력을 의미한다.
- 특이도(Specificity)
측정 도구가 그 질병이 아닐 것을 아니라고 판단해주는 능력을 의미한다.
- 예측도(Predictability)
측정 도구가 그 질병이라고 판단해 낸 환축 중에서 실제로 그 질병을 가진 환축들의 비율이다. 측정 도구 자체의 예측력을 의미한다.

> 새로 개발된 모든 진단검사 방법은 정확도가 확인되어야 그 가치를 인정받을 수 있으며, 따라서 민감도와 특이도를 표기하여야 한다.

측정 도구에 의한 결과 평가 방법				
종합검진에 의해 확인된 질병				
측정결과	(질병 유)		(질병 무)	
	(양성)	(a) 진양성	(b) 가양성	a + b
	(음성)	(c) 가음성	(d) 진음성	c + d

$$1) \ 민감도 = \frac{a}{a+c} \times 100 \qquad\qquad 2) \ 특이도 = \frac{d}{b+d} \times 100$$

$$3) \ 예측도(검사양성) = \frac{a}{a+c} \times 100 \qquad 4) \ 예측도(검사음성) = \frac{d}{c+d} \times 100$$

1.5.2 신뢰도(reliability, repeatability, reproducibility)

측정도의 정밀성을 의미한다(Precision). 동일한 대상을 동일방법으로 측정했을 때 그 측정값이 얼마나 일정성을 보이느냐의 정도이므로, 기술적인 숙련도와 관련이 있다. Zetterberg에 의하면 신뢰성을 다음과 같은 유형으로 설명하고 있다.

⑴ 동일 대상을 여러 번 여러 가지 다른 방법으로 측정했을 때 그 결과의 일치 여부를 확인하는 것이다.
　- 빈혈 정도: 헤모글로빈값, 적혈구 수, 혈구용적 등의 일치 여부
⑵ 동일인이 동일대상을 여러 번 측정했을 때 동일한 측정값을 얻는가 여부. 이때 생기는 오차는 관측자 내 오차이며, 측정 도구의 잘못과 관측자의 기술적 오차가 작용한다.
⑶ 여러 사람의 관측자로부터 동일한 결과를 얻을 수 있는 측정의 객관성 여부를 확인하는 것이다.

정확도와 신뢰도
모두 우수

정확도는 있으나
신뢰도 부족

신뢰도는 있으나
정확도 부족

정확도와 신뢰도
모두 부족

진단을 위한 검사의 가장 중요한 것은 측정의 타당도, 신뢰도의 개념과 차이를 이해하는 것이며, 진단검사법의 타당도를 나타내는 기준으로 사용되는 5가지 지표는 민감도(sensitivity), 특이도(specificity), 예측도(predictability) 그리고 위양성(false positive)과 위음성(false negative) 등이 있으며, 신뢰도의 평가는 kappa 통계량을 의미한다.

1.6 진단검사의 특성 평가

역학연구는 물론 질병의 진단, 치료 및 추적에서 진단검사는 매우 중요한 역할을 하며, 의학적 의사결정의 약 70%에 영향을 주는 것으로 알려져 있다. 최근 들어 진단검사는 점점 다양화, 정밀화, 첨단화되고 있으며, 병원에서의 검사 건수도 지속적인 증가추세이다. 의료분야는 진단과 치료의 두 축을 기반으로 나누어지고 있으며, 최근에는 질병의 치료보다는 예방에 더욱 관심을 갖게 되었고, 단순 수명연장보다 더욱 건강하게 연장된 삶을 추구하게 되었다.

또한, 임상에서도 치료의 과정을 결정하고 예후를 판단하는 데 더욱 정확하고 정밀한 진단검사의 결과가 필요로 하게 되었다.

1.6.1 검사의 유형

일반적인 검사 유형은 진단검사, 선별검사, 분류검사, 모니터링 검사 등으로 구분 된다.

(1) 진단검사

증상의 원인을 찾기 위해 질병에 이환 된 동물을 대상으로 하는 검사이다.

(2) 선별검사

증상이 없이 건강하다고 인정되는 대상에서 질병을 발견하는 데 사용한다.

(3) 분류검사

이미 진단된 질병의 중증도 분류 및 측정하기 위해 이용된다.

(4) 모니터링 검사

시간에 따른 질병 경과 모니터링과 치료에 대한 반응 측정에 이용된다.

■ 표 6-3　진단검사의 중요성

질병의 스크리닝	치료 판단에 적용		질병의 진행과
예방관리에 이용		진단: 정밀진단, 분자진단, 빅데이터	사후관리에 이용

1.6.2 검사의 정확도

진단검사는 특정 질병의 진단, 위험인자, 예후, 치료의 반응 등을 확인하기 위한 목적으로 주로 사용되며, 현재 시점에 존재하는 상태에 대한 진단과 미래시점에 추정되는 결과에 대한 예후 측면으로 분류할 수 있다. 알고자 하는 질환이나 상태를 정확하게 발견할 수 있는 정확성과 그 검사 결과로 건강상의 이득을 얻게 되는 임상적 효과성을 모두 갖추고 있을 때 좋은 진단검사라 할 수 있다. 따라서 임상현장에서는 진단검사법에 대한 평가는 정확도(accuracy)와 임상적 효과성(clinical effectiveness)의 두 가지 측면에 대한 검증이 포함된다. 질환 혹은 상태의 유무를 판단해내는 검사의 능력은 참고 표준(reference standard)검사의 결과에 따라 질환(상태) 양성과 음성으로 나누고 평가대상의 검사 결과를 양성과 음성으로 이분하여 2×2 분할표를 작성한다. 흔히 사용되는 진단정확도 지표로는 앞서 설명한 민감도(sensitivity)와 특이도(specificity), 예측도(predictive value)을 포함하여 우도비(likelihood ratio), 교차비(odds ratio), 곡선아래면적(AUC) 등이 있다.

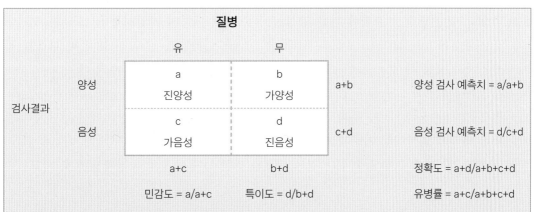

민감도(sensitivity): 진짜 양성을 양성으로 판정하는 율

특이도(specificity): 진짜 음성을 음성으로 판정하는 율

예측도(predictability)

- 검사양성을 양성으로 판정된 것 중 진짜 양성율

- 검사음성 음성으로 판정된 것 중 진짜 음성율

우도비(likelihood rate): 어떤 현상이 관찰된 확률과 이론적으로 발생할 확률 사이의 비율

- 양성검사우도비: 민감도/(1-특이도) = 진양성률/위양성률

- 음성검사우도비: (1-민감도)/특이도 = 위음성률/진음성률

신뢰도(reliability, repeatability)

- 반복측정 하였을 때 측정값이 얼마나 일정성 보이는가의 정도

- 기술적 숙련도와 측정도구의 정밀성 의미

- 신뢰도의 유형(Zetterberg)에 의함(동일 대상을 여러 측정법으로 측정하였을 때 결과의 일치도 등)

- 측정오차와 생물학적 변동요인을 구분해야 함(환경에 따른 혈압의 변화 등)

진단정확도 평가를 위한 연구방법은 환자-대조군 비교평가(comparison study) 형식이 일반적이지만 연구에 포함되는 환자나 대조군의 특성이나 참고표준을 이용한 검증방법과 범위, 판정기준치(cutoff), 평가 대상검사와 참고표준 검사 시행의 독립성과 눈가림(blinding) 등 많은 요인들이 진단정확도 결과의 변화를 유발하기 때문에 정확한 방법으로 연구를 디자인하는 것이 중요하다.

1.6.3 Receiver Operating Characteristic(ROC) 곡선

질병을 진단하고 예측하거나 실험실 검사(면역혈청 검사, ELISA 등) 및 역학 등에 널리 활용되고 있으며, 진단검사 결과에 따른 양성 판정 기준에 대하여 가양성률(false positive rate, FPR)과 진양성률(true positive rate, TPR, sensitivity)을 나타내게 된다. 이를 통해 다음과 같이 진단검사의 활동 특성(operating characteristic)을 정량적으로 평가할 수 있다.

- 진단검사의 정확도는 질병 감염 집단(환자군)과 정상 집단(대조군)을 올바르게 분류 능력
- 민감도(sensitivity, Se)와 특이도(specificity, Sp)를 동시에 고려한 상태에서 집단 분류를 위한 최적의 의사결정 기준점 확인
- 타 진단검사와의 판별 능력이나 집단 분류를 위한 통계적 모형의 정확도 상호 비교

■ 그림 6-9   ROC curve

출처: 출처: https://nittaku.tistory.com/297

진양성률(True Positive Rate)은 Y축, 가양성률(False Positive Rate)은 X축으로 하여 양성으로 예측했을 때 얼마나 잘 맞추고 있는지를 설명하는 것이다. 즉, ROC 곡선을 통해 검사법의 성능을 평가하거나 최적의 분류기준(threshold)을 찾을 수 있다. 그래프에서 좌측 하단(0,0)은 모두 0(음성)이라고 예측한 경우, 우측 상단(1,1)은 모두 1(양성)이라고 예측한 경우로 왼쪽 상단(0,1)은 잘못 예측한 것(FPR) 없이 모두 맞춘 경우로 완벽한 진단의 경우를 해당한다. 또한, 중앙을 가로지르는 쭉 뻗은 직선 위쪽으로 곡선 2개는 중앙의 검정색 직선이 랜덤

하게 추정한 선을 의미하고, 파란선, 빨간 선이 각 진단에 대한 예측 결과를 표시한 선으로 서로 휘어짐 정도가 다른데, 왼쪽 상단에 더 가까이 가 있는 파란색 선이 더 잘 예측하는 진단이라고 볼 수 있다.

1.6.4 AUC 지표

예측 성능을 알아보기 위한 또 다른 방법으로 AUC(Area under the Curve)라는 지표가 있다. 즉, ROC curve 아래쪽의 면적을 말하는데, 판정선이 얼마나 민감한지(신뢰할 만한지/안정적인지)를 나타낸다, ROC curve가 왼쪽 상단(0,1) 방향으로 더 휘어질수록 예측 성능이 뛰어난 것이 판정하는 것처럼 AUC가 클수록 예측을 잘하는 진단으로 볼 수 있다. 즉, AUC는 검사의 정확도를 종합, 평가하는 지표이다.

■ 그림 6-10   ROC curve와 AUC 관계

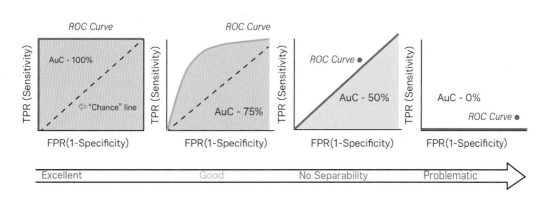

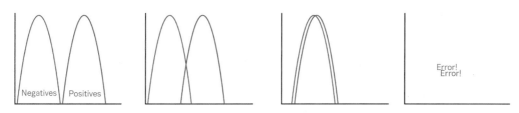

출처: https://medium.com/greyatom/lets-learn-about-auc-roc-curve-4a94b4d88152

1.6.5 기준점(cutoff) 이용한 환자 분류

진단검사 결과가 연속형일 경우 환자 분류를 위해 기준점(cutoff)를 사용하는 경우 그림의 기준점(c) 이하를 비질병군(non-diseased), c 이상을 질병군(diseased)으로 분류하고, 진단검사의 정확도는 질병군에 대하여 검사 결과 양성으로 올바르게 분류할 확률인 민감도와 비질병군에 대하여 검사 결과 음성으로 올바르게 분류할 확률인 특이도로 요약된다. 진단검사법의 정확도(accuracy)를 반영하는 속성으로 민감도(sensitivity)와 특이도(specificity)를 검증하기 위한 표본 크기를 결정할 때 추정치의 정밀도(precision)뿐만 아니라 진단검사의 특성에 영향을 미치는 요인으로 표본 집단의 유병률이 반드시 고려해야 한다. 적정수준보다 적은 수의 표본을 대상으로 하는 경우 민감도나 특이도가 정확하게 추정되지 못하여 임상적으로 중요한 정보 제공에 실패할 수 있다. 이상적인 진단검사법은 가장 중요한 것이 신속하고 정확해야 되며, 실용성과 간편성 그리고 비용이 저렴한 경제성 측면도 함께 고려되어야 한다.

■ 그림 6-11　진단검사 결과가 연속형일 경우 기준점(cutoff) 이용한 환자 분류

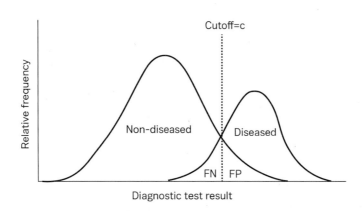

출처: 박선일·오태호. J Vet Clin 33(2): 97-101 (2016)

1.7 역학조사 방법

역학적 연구를 위한 조사의 실제적 접근방법은 ① 관찰적 연구와 ② 실험적 연구로 나누어 생각할 수 있다. 관찰적 연구란 어떤 조사대상에 대해서 실험적 처리나 자극을 가하지 않고, 자연상태 그대로 비교하고 평가하며, 분석해 보는 간단한 관찰과 통계적 처리에 이르기까지의 관찰연구를 말한다. 실험적 연구는 실험실 내의 화학적 또는 기계적 처리에 의한 조사가 아니고, 인간집단을 대상으로 하는 실험이기 때문에, 화학요법에 의한 투약 효과판정이나 예방접종 결과가 비처리군에 비해 어떤 효과가 있는지 등을 조사하는 아주 제한된 방법만이 이용될 뿐, 인간집단을 직접 실험대상으로 할 수는 없다. 역학조사는 조사내용과 성격에 따라서 ① 기술역학(記述疫學)적인 조사, ② 분석역학(分析疫學) 또는 실험역학(實驗疫學)적인 조사 및 ③ 이론역학(理論疫學)적 조사 등으로 구분하기도 하지만, 이는 하나의 역학조사 환으로 이해될 수 있다. 역학조사 환(epidemiologic study cycle)이란 기술역학적 조사를 통해 획득한 자료를 수집 분석하여 질병 발생에 대한 가설을 설정하고, 이 가설이 옳은지 틀린지를 확인하기 위해 분석역학적 조사로 더욱 상세히 분석하여 가설을 입증한 결과를 근거로 수식화하는 이론역학으로 이어지는 일련의 연구를 역학조사 환이라 한다.

■ 그림 6-12   역학조사 환(epidemiologic study cycle)

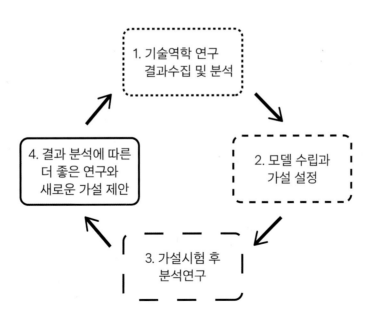

분석역학적 조사방법으로서는 ① 단면조사 연구, ② 환자와 대조군의 비교 연구, ③ 코호트 연구, ④ 전향성 및 후향성 연구 등이 있다.

■ 그림 6-13   역학적 연구방법의 분류

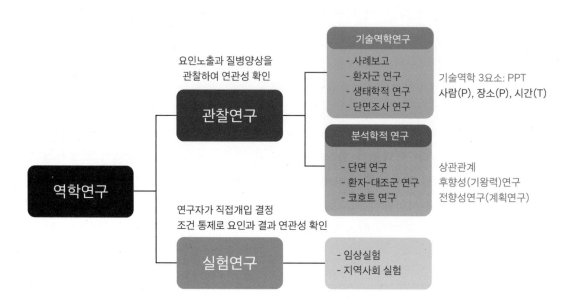

역학연구의 신뢰도 근거 수준은 역학적 연구뿐만 아니라 임상의학에서 근거 수준에 대한 등급체계를 매우 중요시하며, 총 4가지 유형(연구설계 방법, 연구의 질, 일관성, 한계점 및 연구설계 방법의 강도)이 주요 분류 기준으로 고려되고 있다. 근거 수준이 가장 낮은 단계이면서 제일 흔한 연구가 질병의 원인을 규명이나 과학적 근거 실험 등에 관한 것으로 증례보고(case reports)도 포함된다. 그리고 최고 상위는 체계적인 문헌 고찰 및 메타분석(systemic review & meta-analysis)이다. 즉, 여러 무작위 대조시험(randomized controlled test, RCT)을 모아 분석하는 메타분석과 체계적인 문헌 고찰이 가장 근거 수준이 높다.

인과적 관련성이 강한 순서로 역학연구의 유형을 정리 하면 다음과 같다.

- 환자 증례 보고(Cases series)
- 상관성 연구(Correlation Study, Ecologic Study)
- 단면조사연구(Cross-Sectional Study)
- 환자-대조군 연구(Case-control study)
- 코호트 연구 (Cohort Study)
- 임상시험 (Randomized Clinical Trial)

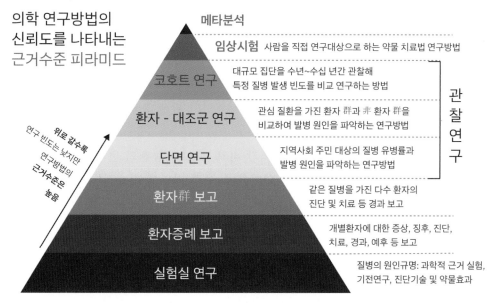

1.7.1 기술역학(Descriptive epidemiology)

질병의 발생부터 종결까지 질병 자연사를 기술하고, 질병의 발생 경향과 문제점을 파악한 뒤 차이점과 일치점 그리고 동시 변화 등의 질병 원인에 대한 구체적 가설을 수립하여 접근하는 것이다. 질병 원인의 가설을 수립하기 위해서는 언제, 어디서, 어떻게, 누구에게서 발생하였는지를 파악하고 질병의 원인에 대한 가설을 얻기 위해 수행되는 것이 기술역학이며, 그 방법으로는 상황간의 차이를 알아보는 차이법과 질병 간의 동일요소를 찾는 일치법 그리고 요인의 보유율과 발생율의 변화 비교법 등이 있다.

기술역학(Descriptive epidemiology): 가설 수립에 용이

1. 생태학적 연구(ecological study)

2. 사례보고(case report)

3. 단면연구(cross-sectional study)

· 자료 수집: 직접 측정 또는 확인, 기존 자료나 기록의 활용

- 유병율 또는 발생율의 산출

- 동일 지역의 질병 발생 특성이나 다른 지역과 비교분석으로 문제점 확인(질병 빈도의 측정)

· 조사 시 요인별 특성

- 동물군집의 특성: 연령, 성, 종, 품종

- 시간적 특성: 단기변화, 장기변화, 추세변화, 주기(계절)변화, 불규칙변화 장기변화는 디프테리아(20년)와 장티프스(30~40년) 수년 주기는 일본뇌염(3~4년), 계절변화는 여름철 소화기질환과 겨울철 호흡기 질환, 단기변화는 급성전염병의 발생 그리고 불규칙적 발생은 외래전염병 발생 등의 각각의 특성이 있다.

- 지역적 특성: 범발적 국가간 변화, 지역간 비교, 도시와 농촌의 편재적 지방적(endemic) 유행은 국한된 지역에 다발/빈발된 것을 의미하며, 특정 지역에 편재적(epidemic) 유행은 전국적 및 편재적 유행(기대치보다 높은 발생)을 의미하고 범발적(pandemic) 유행은 세계적인 광범위 유행을 의미한다.

① 상관연구(correlation study)

생태학적(ecologic study) 연구로서 집단(herd)을 분석단위로 하여 집단 간의 질병 빈도나 같은 집단의 시간 경과에 따른 질병 빈도의 변화를 비교하는 연구이다.

② 사례보고(case reports)와 사례군 보고

사례보고는 한 환자의 드문 의학적 질병 현상을 기술하는 연구이며, 사례군 보고는 특정 질병을 가진 환자들의 특성을 기술하는 연구호 비교 집단이 없고 새로운 질병이나 그 원인을 발견하는 첫 단서가 되는 경우가 많다.

③ 단면연구(cross-sectional study)

개인의 위험요인 누출 여부와 질병 유무를 동시에 조사하는 연구로서 질병의 유병률을 조사하기 때문에 유병 연구(prevalence study)라 한다. 수행하기 쉽고 경제적이기 때문에 집단으로 질병이 발생 시의 역학조사는 대부분 단면연구로부터 시작된다. 단면연구에서는 위험노출 여부와 질병 유무를 동시에 조사하기 때문에 위험요인의 질병에 대한 시간적 선행성 여부를 구별하기는 어렵다.

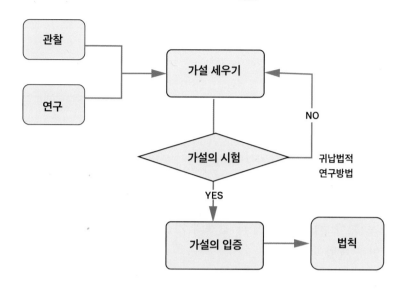

단면연구(cross-sectional study) 방법

대상 모집단을 대표할 수 있는 표본추출, 정확한 방법으로 조사한 후 속성에 따라 4개의 집단으로 분류, A중 A1의 비율 (A1/A1+A2)과 B중 B1의 비율(B1/B1+B2)을 비교하고, 두 비율 간의 차이의 통계적 유의성 검정

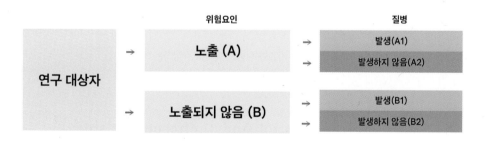

원인적 연관성과 가능성이 높고, 유병률이 높은 질병 대상으로 코호트 연구의 바로 전 단계에 수행되는 경우가 많음

장점	• 환자대조군 연구나 코호트 연구에 비하여 시행하기 쉬움 • 단시간 내에 할 수 있어 경제적 • 어떤 사실을 찾거나 가설검증에 도움
단점	• 일정한 시점에서 조사로 빈도가 낮은 질병이나 이환 기간이 짧은 질병에 부적절 • 상관관계만을 알 수 있을 뿐이며, 인과관계를 규명하지는 못함 • 현재와 과거 사항만을 주 대상으로 하므로 예측력이 낮음

1.7.2 분석역학(Analytical epidemiology)

기술역학 통해서 얻은 결과를 구체적 가설로 설정하여 증명하고자 특정요인과 특정 질병의 인과관계 탐구를 목표로 한다. 즉 사전에 인과 관계의 가설을 수립하고, 이를 관찰과 실험을 통해 검증하는 역학연구 방법이다.

비교효과 연구에서 사용 가능한 관찰연구의 유형에는 코호트 연구와 환자-대조군 연구가 있으며, 코호트 연구와 환자-대조군 연구의 가장 큰 차이점은 연구 대상자를 선별하는 방법에 있다. 코호트 연구는 질병이 없는 사람들 안에서 질환의 원인이 될 수 있는 요인의 노출 유무로 집단을 구성하고 질병 발생까지 추적하는 반면, 환자-대조군 연구는 현재 질병의 유무로 집단을 구분한 뒤 과거 노출 여부를 조사한다.

분석역학(Analytical epidemiology)

1. 환자-대조군 연구(case-control study): 후향성(기왕력)연구

2. 코호트 연구(cohort study): 전향성연구(계획연구)

3. 실험연구: 임상 실험연구(clinical trial), 지역사회 실험연구(field trial)

1과 2는 가설을 검증하는데 유용하며, 3은 새로운 치료와 예방의 효과를 측정하는 데 유용

---

① 환축-대조군연구(case-control study; retrospective study)

질병에 이환된 환자(case)와 이환되지 않은 대조군(control)을 대상으로 해당 질병의 원인으로 생각되는 어떤 요인의 노출률을 비교 분석하는 방법이다. 즉, 연구대상의 선정기준에 따라 코호트 연구와 구별되는데, 환축-대조군 연구는 어떤 질병의 현재 이환 여부에 따른 구분이고, 코호트 연구는 질병 걸리기 전에 원인 요인에 폭로되었는지 여부에 따라 구분된다.

환축-대조군 연구 방법

1. 이미 특정 질병에 걸린 환축군(A1+A2=A)

2. 병에 이환 되지 않은 대조군(B1+B2=B)

   (A1: 노출, A2: 비노출. B1: 노출, B2: 비노출)

3. 2개의 소집단이 과거에 risk에 폭로되었던 비율 비교

   ※relative risk= [A1/A]/[B1/B]

4. 환자-대조군 연구의 장점은 질병 위험군 전체를 연구하는 것이 아닌 위험 집단을 대표하는 샘플만 연구하기 때문에 효율적이고 결과를 빠르게 도출해 낼 수 있으며, 질병과 관련된 한 개 이상의 요인들을 조사할 수 있다. 그러나 환자군과 대조군 각각의 전체 모집단을 알 수 없으므로 위험도나 위험차를 측정할 수 없고, 결과 해석이 상대적으로 어렵다. 또한, 위험요인에 대한 과거 노출 여부를 조사할 때 환자의 기억력에 의존하는 경우가 많은데, 대게 질병을 가진 사람이 그렇지 않은 사람에 비해 질병 발생 관련 요인의 노출에 대해 더 잘 기억하기 때문에 생기는 회상 바이어스(recall bias)로 인해 질병과 요인의 연관성이 실제보다 과장될 수 있다.

출처: https://hineca.kr/1846

- 후향적 연구(retrospective study) 또는 기왕력 연구로 알려져 있으며, 현재 질병이 있는 집단이 과거에 어떤 속성이 있었는지를 알아보는 것이다.

- 환자- 대조군 연구에서 고려해야 할 사항은 첫째, 연구 대상 질병을 구체적으로 정의하고, 환자의 선택은 새롭게 발생한 환자를 선정해야 하며, 둘째 대조군은 환자군과 비교 가능한 대상으로 선정, 셋째 환자와 동일 생물학적 특성을 가진 대조군을 찾기 어려우므로 생물학적 특성의 차이 때문에 생기는 bias를 최대한 감소시키기 위해 일반적으로 유사한 특성을 가진 비교 가능한 대조군을 선정하게 된다.

장점	• 연구가 비교적 용이, 저비용 • 연구 대상자가 적어도 연구 가능 • 발생이 적은 질환도 연구 가능 • 연구결과를 비교적 빠른 시일 안에 알 수 있음
단점	• 비교 요소 이외의 모든 조건이 비슷한 대조군 선정이 어려움 • 연구에 필요한 정보가 과거 행위에 관한 것이므로 각종 편견이 발생할 수 있음 • 코호트 연구의 비교위험도 등을 구할 수 없고 교차비(Odds Ratio)에 의한 간접비교만을 할 수 있음

② 코호트 연구(cohort study)

코호트란 같은 속성을 가진 특정 집단을 의미하며, 특정 인자에 노출되는 것이 질병 발생에 영향을 미치는지 알아보고자 할 때와 질병이 없는 연구대상자들을 모아서 특정 인자에 노출 여부를 확인하고 시간이 흐름에 따라 질병이 발생하는지 조사하여 인자와 질병 발생 간의 연관성 확인하기 위한 역학 연구방법으로 현재 위험요인에 노출 집단과 비노출 집단을 추적하여 일정 기간 관찰 후 특정 이상 상태의 발생 정도를 비교하기 때문에 원인을 가장 확실히 밝힐 수 있으나, 시간과 경비가 많이 드는 단점이 있다.

- 후향적 코호트 연구(respective cohort study): 연구 시작 시점에서 과거의 관찰 시점으로 거슬러 가서 관찰 시점으로부터 연구 시점까지의 기간 동안(예: 30년간)에 질병의 발생원인과 관련이 있으리라고 의심되는 요소를 갖고 있는 사람들과 갖고 있지 않은 사람들을 구분한 후 기록을 통하여 질병 발생을 찾아내는 방법으로 전향성 코호트 연구보다 연구시간이 적게 들고 비용도 적게 들기 때문에 많이 이용되며, 후향성 코호트 연구는 과거의 기록이 잘되어 있어야 하므로 병원의 기록 등에 한정되어 실시하는 것이다.

- 전향적 코호트 연구(prospective cohort study): 연구 시작 시점에서 질병 발생의 원인이 되리라고 생각되는 요인에 노출된 집단과 노출되지 않은 집단을 구분하고 그때부터 일정 기간을 추적 관찰하는 방법으로 현재 시점에서 미래의 어떤 시점까지 계속 관찰하여 원인과 결과의 관계를 밝히는 것으로 질병의 원인과 관련되어 있다고 생각되는 어떤 특성을 가진 집단과 가지고 있지 않은 집단을 계속 관찰하여 서로 간의 질병의 발생률에 차이가 있는가를 비교하는 방법으로 전향성 연구(prospective study) 또는 계획연구에 이용된다. 즉, 건강집단에서 속성의 차이가 있는 집단을 대상으로 질병 발생을 향후(미래)에 판단하는 것으로 비흡연자집단과 흡연자집단을 각각 20년간 추적하여 그들의 폐암 발생 여부를 조사함으로써 흡연이 폐암에 미치는지 알아보려는 연구가 대표적이다.

과거	현재		미래
단면연구	질병 (+) 노출 (+)	질병 (-) 노출 (+)	
	질병 (+) 노출 (-)	질병 (-) 노출 (-)	

환자-대조군 연구			
노출군	➡ 환자군		
비노출군			
노출군	➡ 대조군		
비노출군			
코호트 연구	모집단 ➡ 코호트 연구	➡ 노출군 ➡ 비노출군	➡ 질병군 / 비질병균 ➡ 질병군 / 비질병균

코호트 연구(cohort study) 방법

1. 이미 대상 질병에 이환된 환축 제외한 모집단으로부터 표본집단 추출

2. 표본집단을 다시 의심되는 요인에 폭로된 소집단과 폭로되지 않은 소집단으로 분류

3. 일정기간 관찰하여 대상질병의 두 소집단간의 발생률 비교

 ※ 기왕(retrospecitive) 코호트 연구

   질병 발생 이후 연구한다는 점에서 환축-대조군 연구와 같음

 ※ 계획(prospective) 코호트 연구

   코호트 연구는 일반적으로 계획 코호트 연구를 일컬음

4. 비교 효과 연구에서 코호트 연구가 갖는 장점은 요인 노출과 질병 발생의 시간적 선후관계가 명확하고, 실제 질병 발생률(actual incidence)을 예측할 수 있으며, 연구 가설에 제시된 질병뿐만 아니라 여러 다양한 질병들과 주어진 치료의 상관관계를 연구할 수 있고, 임상 시험과의 비교는 쉬우나, 단점은 질병 발생률이 낮은 경우 대규모 코호트가 필요하거나 관찰 기간이 길어야 하므로 비효율적일 수 있고, 관찰 기간 중 선택적으로 특정 집단에서 중도 탈락이 발생한 경우 연구결과가 왜곡될 우려가 있다.

출처: https://hineca.kr/1846

장점	• 질병 발생의 위험률을 직접 구할 수 있음 • 비교적 신뢰성이 높은 자료를 얻을 수 있음 • 한 번에 여러 가지 가설을 검증할 수 있음
단점	• 시간, 노력 및 비용이 많이 듦 • 많은 대상자가 필요하므로 발생률이 낮은 질병에는 부적절 • 연구대상자가 그 사실을 알게 되어 조사에 영향을 줄 수 있음 • 연구대상자가 사망하거나 이동하는 등 탈락될 수 있음

	장점	단점
단면연구	▶ 시점조사로 끝나므로, 시간과 경비 절약 ▶ 연구결과의 모집단 적용 가능 ▶ 생존 동물선택의 한계점 있으나 어느 속성인지 결정 될 경우 상대위험도 추정 가능, 코호트 연구의 장점 있음 ▶ 대상 질병의 유병률을 얻을 수 있고 차후 코호트 연구 대조군으로 활용하면 유용	▶ 경우에 따라 선행속성의 구분 어려움 ▶ 변동사항(사망, 유입 등)에 의해 코호트 연구 시 확정된 분모의 개념 적용하는 데 무리 ▶ 유병률 낮은 질병에서는 수행 어려움
환축-대조군 연구	▶ 다른 연구에 비해 짧은 시간내 수행 가능, 표본수 가적어도 되므로 시간, 경비, 노력 절약 ▶ 희귀성 질병이나 잠복기간이 긴 질병에 적용 ▶ 기존 자료의 활용 가능 ▶ 의심되는 다수의 원인을 동시에 검증 가능	▶ 과거 의심되는 요인에 폭로되었는지에 대한 정확도와 신뢰도에 문제가 있음 ▶ 모집단 없는 경우가 대부분으로 응용 시 문제 ▶ 정확한 위험도의 측정 불가능 ▶ 적합한 대조군 선정 어려움 ▶ 원인적 연관성 확정 짓기 어려움
코호트 연구	▶ 결과를 모집단에 적용 가능 ▶ 의심요인 폭로 후 발생 대상 질병의 자연사 파악 가능 ▶ 원인적 연관성 확정에 도움이 되는 시간적 속발성, 상대 위험비, 양반응(dose-response) 관계를 비교적 정확 ▶ 대상 질병이 발생 이전의 폭로에 관한 정보는 발생 후 얻은 것보다 편견이 적어 측정의 정밀도 관리가 가능 ▶ 요인의 복합적 영향을 연구할 수 있으므로 요인과 질병 간의 인과관계를 구체적으로 알 수 있음	▶ 표본 규모가 크므로 장기간 추적 동안 누락동물이 많이 생기는 경우 정확도에 문제 생김 ▶ 경비, 노력, 시간이 많이 소요 ▶ 연구대상 요인이 시간 경과에 따라 변화될 경우 연구 결과는 쓸모가 없어짐 ▶ 연구 기간이 길어지면 연구자들 바뀔 수 있어 추적조사에 차질 발생

2 | 질병 관리

질병(疾病)은 사람과 동물이 그들을 둘러싸고 있는 내적·외적 환경의 영향에 대응해서 평형을 유지할 수 없는 상태로 질병 발생의 원인은 독립된 단일개념보다 복합개념(연관성)으로 인식되고 있다. 질병 관리는 질병의 원인을 규명과 예방적인 수단을 확립하기 위한 분야로 공중보건학 영역에서 매우 중요하다. 특히 감염병은 법정 지정 감염병과 세계보건기구의 감시대상 감염병, 생물테러 감염병, 성매개 감염병, 인수공통감염병 및 의료 관련 감염병 등을 포함하고 있으며, 인수공통감염병의 경우는 다음 장에서 자세히 소개된다.

2.1 \ 질병 발생

질병 발생의 요인은 여러 가지 환경에 둘러싸여 복잡하게 얽힌 숙주와 병원체 간의 상호작용에 의한 질병 발생 기전에 대해 역삼각형 모형 이론으로 표현되고 있다.

■ 그림 6-16 질병 발생의 역학적 삼각형 모형

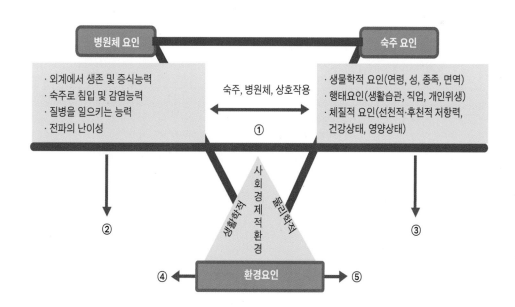

①: 병원체, 숙주, 환경요인들이 평행을 이루고 있는 경우

②: 병원체 요인에 변화가 있을 때로 인플루엔자 virus가 항원성에 변이를 일으켜 감염력과 병원성의 증가로 유행이 발생하는 경우

③: 면역 수준이 떨어져 숙주의 감수성이 증가하는 경우

④, ⑤: 환경이 이동하였을 때 초래되는 불균형 상태로 평상시 일정 장소에 갇혀 있던 병원체가 환경 변화로 여기저기 유포되어 전파가 쉽게 될 경우

■ 그림 6-17 동물의 질병 발생과 관련된 요인

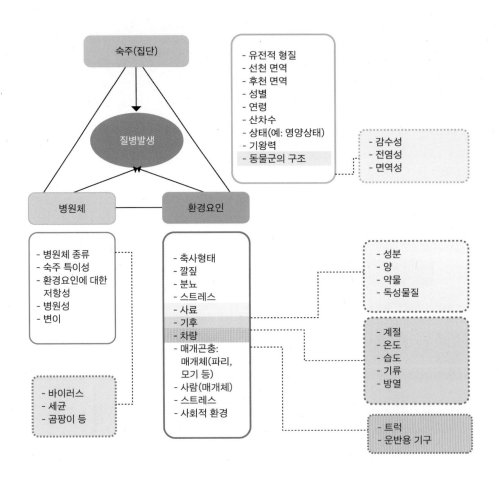

출처: 가축위생방역지원본부, 가축전염병이해. 2021

2.1.1 감염병 유행의 생태학적 개념

생태학은 자연계 중에서 특히 동물과의 유기적 환경 변화로 생기는 상호의존적 과학이며, 최근에 큰 문제로 대두되고 있는 신종 및 재출현 감염병의 경우는 병원체 자체가 쉽게 변화되는 바이러스가 대부분이고, 인구집단의 변화와 함께 동물 숙주의 집단 변화도 크게 영향을 미치고 있다. 세계적으로 새롭게 출현된 신종감염병은 조류인플루엔자(AI virus), 니파 바이러스, SARS, MERS, 에볼라 바이러스, 지카 바이러스, COVID-19 및 원숭이 두창 등이 있다.

2.1.2 신종 및 재출현 감염병의 다요인수렴모형(convergence model)

■ 그림 6-18   감염병의 다요인수렴모형(convergence model)

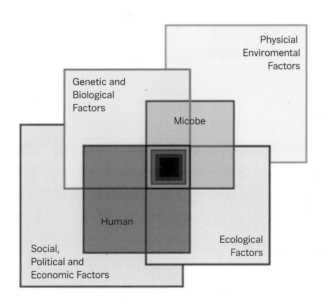

출처: https://mj-lahong.tistory.com/49

2.1.3 감염 사슬(감염 고리) 6단계

■ 그림 6-19   질병 발생의 성립 6단계

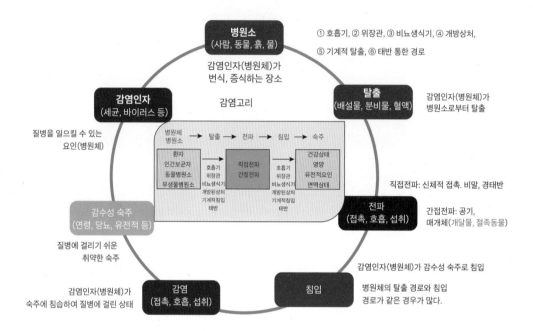

감염질환이 생성되고 전파되기 위해서는 감염 고리(사슬) 6단계 중에 하나라도 차단되면 감염의 성립이 불가하게 된다. 이들 중 첫 번째가 감염인자 또는 병원체(세균, 바이러스, 기생충 등)이며 예방 차원에서 가장 중요한 병원소(reservoir)이다. 병원체가 생존하고 증식하면서 감수성 있는 숙주에게 전파할 수 있는 생태적 지위(ecological niche)가 바로 병원소이다. 대표적인 병원소는 사람(환자와 보균자), 동물, 곤충, 흙, 물 등이다. 한편, 감염원(source of infection)은 숙주에게 감염성 병원체를 전달하는 생물과 무생물을 통칭하며, 생존은 하지만 증식할 수 없는 경우도 포함하지만 병원소가 항상 감염원이 되는 것은 아니다. 특히 인간 병원소의 경우는 B형 간염처럼 시종일관 무증상인 건강보균자가 가장 관리가 어렵다. 동물 병원소의 경우는 SARS나 AI 등처럼 신종감염병 발생에 매우 중요한 역할을 하고 있다. 흙이나 물처럼 환경 병원소의 경우 레지오넬라균은 물(특히, 대형 냉난방기 수 등)에 생존 및 증식하여 도시에서의 집단 발생의 원인이 되고, 히스토플라즈마 등의 진균은 흙이 대표적인 병원소가 되고 있다.

병원소
무생물
(토양)
파상풍, 탄저

환자
(사람/동물)

현성감염자
임상증상 O

불현성감염자
무증상, 약한 감염

보균자

회복기보균자 : 증상 x, 전파 o, ↑
잠복기보균자 : 병원체 o, 증상/전파 x
만성보균자 : 3개월 이상 보균 지속
건강보균자 : 가장 관리가 어려움

출처: https://mj-lahong.tistory.com/47

2.2　질병 발생 3대 요인

2.2.1 병인체

질병 발생에 직접 관여하는 생물 병원체의 특성에 따라 숙주와의 접촉양식과 접촉 후의 감염에 따른 질병 발생 여부가 결정되며, 병원체의 분류는 구조, 증식장소, 감염성의 강도 및 생활사, 감염방법 등에 의해 다양하게 분류될 수 있다.

① 병원체의 특성

① 감염력: 병원체가 숙주에 침입하여 알맞은 기관에 자리 잡고 증식하는 능력으로 감염을 일으키는 데 필요한 최소의 값으로 평가되며, 숙주 특이성을 가진다. 즉, 구제역은 우제류 동물에 감염되지만 말이나 사람에는 감염되지 않는다.

② 병원력: 감염된 숙주 내에 현성 질병을 일으키는 능력이며, 병원체의 양도 중요하다.

③ 독력(Virulence): 병원성은 감염력, 발병력, 독력 등에 따라 차이가 있으며, 병원체의 병원성은 병원체를 접종한 동물에서 치사 또는 병변이나 증상을 일으키는 병원체의 양을 말하며, 최소치사량(minimal lethal dose, MLD), 반수치사량(50% lethal dose, LD50), 반수감염량(50% infective dose, ID50) 등으로 나타낸다. 독력은 질병의 위중도와 관련된 개념으로 숙주의 영구적인 후유증이나 치명률이 결정된다.

② 병원체의 분류

① 구조에 의한 분류: Virus, Rickettsia, Chlamydia, Mycoplasma, Bacteria, Fungi, Algae, Protozoa, Metazoa, Prion 등으로 분류된다.

■ 그림 6-21 　세균, 곰팡이, 원충의 구조별 특징

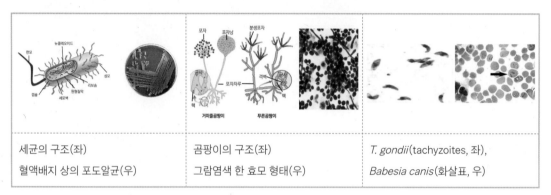

세균의 구조(좌)	곰팡이의 구조(좌)	*T. gondii*(tachyzoites, 좌),
혈액배지 상의 포도알균(우)	그람염색 한 효모 형태(우)	*Babesia canis*(화살표, 우)

■ 그림 6-22 　바이러스의 증식과정

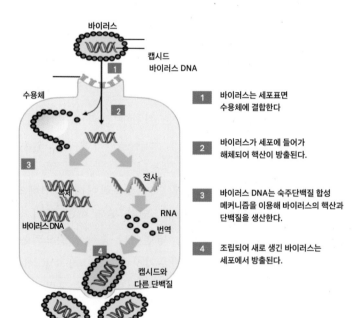

1　바이러스는 세포표면 수용체에 결합한다

2　바이러스가 세포에 들어가 해체되어 핵산이 방출된다.

3　바이러스 DNA는 숙주단백질 합성 메커니즘을 이용해 바이러스의 핵산과 단백질을 생산한다.

4　조립되어 새로 생긴 바이러스는 세포에서 방출된다.

출처: http://press.uos.ac.kr/news/articleView.html?idxno=9269

② 증식장소에 따른 분류: 편성 세포내 미생물(Obligate intracellular organism)은 반드시 살아있는 세포에서만 증식이 가능한 미생물들로 Virus, rickettisia, chlamydia 등이 있다. 통성 세포내 미생물(Facaltative intracellular organism)은 세포외와 세포내(macrophage)에서 증식할 수 있는 미생물, 면역이 약한 숙주 내에서는 통성 세포내 미생물인 경우 대식구, 또는 조직내에서 미생물이 증식하며, mycobacteria(결핵, 나병), actinomycetes(방선균), 일부 곰팡이(fungi)가 있다. 한편 세포외 미생물(Extracellular organism)은 세포외에서 증식할 수 있는 미생물로 대부분의 bacteria와 일부 곰팡이가 속한다.

③ 감염성과 병원성 강도 및 위험 수준에 의한 분류: 국가나 국제보건기구(WHO, OIE) 에서는 감염병 위험도 수준에 따라 급(級), 군(群) 및 List로 구분한다. 병원성 강도의 경우에 사람과 동물 쌍방에 모두 매우 심각한 공수병(Rabies)과 탄저병(Anthrax), 동물에는 위독하나 사람에는 가벼운 질병(좁은 의미에서 인수공통전염병 아님)인 구제역, 뉴캐슬병(Newcastle disease) 등 그리고 동물에게는 가벼우나 사람에게 심한 질병인 큐열(Q fever) 등이 있다.

④ 병원체의 유지환(maintenance cycle)에 의한 분류

■ 그림 6-23　병원체의 유지환(maintenance cycle)에 따른 감염병 분류

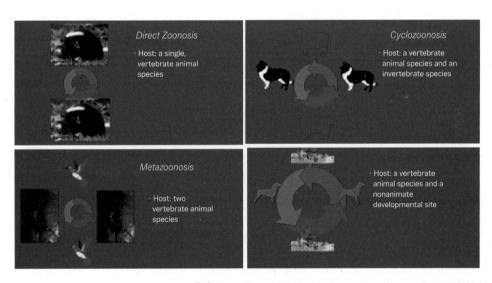

출처: https://www.bibalex.org/supercourse/lecture/lec0302/013.htm

첫째, 직접 인수공통전염병(Direct Zoonoses)은 병원체의 생존 및 유지가 한 종의 척추동물 종에서 일어나는 경우로서 대부분의 전파는 감염된 동물에서 직접 사람으로 전파되거나 매개체의 접촉, 기계적 전파로 이루어지는 전염병으로 광견병(rabies), 렙토스피라증

(leptospirosis), 탄저병(anthrax), 브루셀라증(brucellosis) 등이 여기에 속한다.

둘째, 순환 인수공통전염병(Cyclozoonoses)은 병원체 유지에 2종 이상의 척추동물 숙주를 필요로 하는 전염병으로 포낭충증(echinococcosis) 등이 여기에 속한다.

셋째, 메타 인수공통전염병(Metazoonoses)은 병원체의 생활사(life cycle) 완성에 척추동물과 무척추동물이 함께 필요한 전염병으로 대부분 절족동물의 매개에 의해서 일어나는데 황열(yellow fever), 페스트(plagues) 등이 여기에 속한다.

넷째, 복합 인수공통전염병(Saprozoonoses)은 병원체의 생활사(life cycle) 완성에 척추동물과 비동물성 병원소(유기분, 토양, 식물 등)가 필요한 전염병으로 히스토플라즈모시스(histoplasmosis), 내장유충이행증(visceral larva migrans) 등이 여기에 속한다.

■ 표 6-5 법정가축전염병과 인수공통감염병

| 대상 축종 | 법정 가축전염병(65종) | | | 인수공통전염병 (19종) |
	1종 (15종)	2종 (31종)	3종 (19종)	
소	우역, 우폐역, 구제역, 가성우역, 블루텅병 리프트계곡열, 럼프스킨병, 수포성구내염(8)	탄저, 큐열, 기종저, 결핵병, 요네병, 브루셀라병, 타이레리아, 바베시아병, 아나플라즈마, 소해면상뇌증(10)	소유행열, 소류코시스,소아까바네병, 소랩토스피라병, 전염성비기관염(5)	리프트계곡열, 수포성구내염 탄저, 브루셀라, 결핵, Q열, 렙토스피라병, 소해면상뇌증(8)
돼지	아프리카돼지열병, 돼지열병, 돼지수포병(3)	돼지텐센병, 돼지일본뇌염, 돼지오제스키병, 돼지인플루엔자(4)	돼지단독, 돼지위축성비염, 돼지유행성설사, 돼지전염성위장염, 돼지생식기호흡기증후군(5)	돼지일본뇌염, 돼지단독, 돼지일본뇌염(3)
양, 산양	양두(1)	스크래피(1)	-	-
사슴	-	사슴만성소모성질병(1)		
말	아프리카마역(1)	비저,구역,동부말뇌염, 서부말뇌염, 말전염성빈혈, 말전염성동맥염, 말전염성자궁염, 베네쥬엘라말뇌염, (8)	마웨스트나일열(1)	비저, 동부말뇌염, 서부말뇌염, 베네쥬엘라말뇌염, 마웨스트나일병(5)

닭	뉴캣슬병, 고병원성조류인플루엔자(2)	추백리, 가금티푸스, 가금콜레라(3)	마렉병, 닭뇌척수염, 닭전염성기관지염, 닭전염성후두기관염, 닭마이코플라즈마병, 닭전염성에프(F)낭병, 저병원성조류인플루엔자(7)	고병원성조류인플루엔자, 뉴캣슬병(2)
오리	-	오리바이러스성감염, 오리바이러스성장염(2)	-	-
개	-	광견병(1)	-	광견병(1)
꿀벌	-	낭충봉아부패병(1)	부저병(1)	-

② 병원체의 감염과정

감염은 병원체가 숙주 내로 침입하여 정상적인 방어 체계를 무너뜨리고 친화성 장기조직으로 침입 후 발육 증식하여 발병하게 되는 것 이다.

① 감염기간: 잠재감염(潛在感染, latent infection)은 병원체가 숙주 내에 존재하면서도 숨어 있어 발견할 수 없는 상태를 말한다. 개방감염(開放感染, patent infection)에서는 병원체가 숙주체 내의 기도 분비물, 분변 등지에서 발견할 수 있다. 전염기는 병원체가 숙주 체외로 배출해 보내는 시기로 다른 개체에 감염을 일으킬 수도 있는 상태이며, 불현성 감염은 임상 증상이 없이 감수성 있는 동물이 감염 상태로 병원체를 밖으로 배출하는 것으로 공중보건학에서 관리적 측면으로 매우 중요하다고 할 수 있다.

② 병원체 발현에 따른 변화과정: 감염 시작에서 균 배출이 가장 많아 감염력이 제일 높은 시점까지의 기간인 세대기(generation time)이다.

③ 임상 증상 발현에 따른 변화과정: 병원체가 숙주에 침입하여 증상이 발현되기까지 표적장기까지 이동, 증식 및 병리적 변화를 일으키는데 필요한 시간인 잠복기(latent period)이다.

④ 잠복기를 알면 감염된 시점을 추정할 수 있고, 이 시점을 중심으로 어떤 감염원(병원체)인지를 파악할 수가 있다.

그림 6-24 병원체의 감염에 따른 경시적 변화 과정

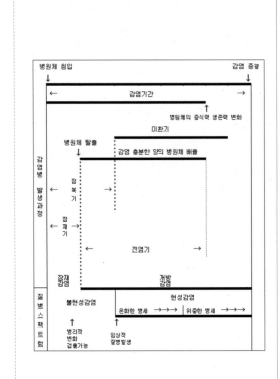

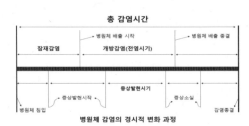

병원체 감염의 경시적 변화 과정

- 잠재기: 병원체가 숙주에 침입한 시점에서 탈출을 시작하는 시점까지의 시간. 은익기
- 전염기: 병원체가 숙주로부터 탈출하는 시점에서 더 탈출하지 않는 시점까지의 기간. 전염병 관리상 아주 중요한 기간
- 잠복기: 병원체가 숙주에 침입한 시점에서 그 병원체가 유발한 질병의 임상증상이 나타날 때까지의 기간
- 이환기: 병원체가 유발한 질병의 임상증상이 발현되는 기간
- 세대기: 병원체가 숙주에 침입하여 가장 많이 탈출할 때까지의 기간. 전염병 관리상 매우 중요한 시기나 파악하기가 어려움

그림 6-25 호흡기계와 소화기계의 감염기간 변화 차이

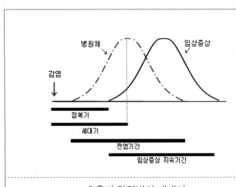

호흡기 감염병의 세대기

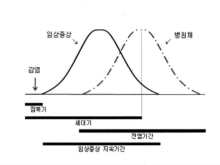

소화기 감염병의 세대기

2.2.2 숙주(Host) 요인

동물의 사육방식과 환경의 영향으로 질병에 대한 감수성 차이를 보이게 되며, 이에 관여하는 숙주와 관련된 역학적 요인은 다음과 같다.

■ 그림 6-26 질병 발생에 영향을 미치는 요인

선천적 요인

품종, 계통

생리적 요인

암수, 연령

후천적 요인

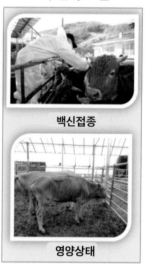

백신접종

영양상태

출처: 가축위생방역지원본부, 가축전염병이해. 2021

① 선천적 요인(genetic factors)

특정 종이나 품종에 따른 유전적 소인의 차이는 질병 감수성에 영향을 미친다. 즉, 피모, 피부, 점막 등에서 물리적 장벽(barrier)으로 병원체의 침입을 저지하고, 눈물, 콧물, 점액 등에 있는 lysozyme이나 위산, 담즙 등 생체분비물도 살균작용을 한다. 또한 체액이나 조직액 중의 대식세포, 가수분해효소 등이 작용하여 병원체를 방호한다.

② 생리적 요인(physiological factors)

숙주의 연령, 성별 그리고 호르몬 등에 따라 감수성의 차이를 보인다. 대부분의 전염병 발생은 연령과 연관성을 나타내며, 연령별 분포에 따른 특징적인 이환율과 사망률을 보인다.

세균 및 바이러스성 질병은 숙주의 면역성이 낮은 어린 동물에서 발생하기 쉽고, 기생충 및 리케차 질병은 나이가 많은 동물에서 발병률이 높다. 동물에서 성에 따른 질병 발생의 차이는 호르몬, 사회적, 동물 행동적, 유전적인 요소에도 영향을 받는다. 암캐의 발정기 동안 인슐린 요구량 증가 영향은 당뇨병과의 상관관계가 있다.

③ 후천적 요인

과거에 어떤 환경 조건에서 병원체에 노출되었는지에 따라 숙주의 감수성에 영향을 미친다. 백신의 접종이나 자연적으로 병원체에 감염되면 특이적인 면역을 획득하여 그 병원체에 저항성을 나타낸다. 또한, 개체별로 비타민 등 숙주의 영양 상태 등도 감수성에 영향을 미친다.

2.2.3 환경(Environmental)요인

① 지역

지형, 식물군, 기후는 동물과 질병의 공간적 분포에 영향을 준다. 도시 거주는 대기오염으로 비특이적 만성 폐 질환이 많이 발생한다. 소음·진동 발생 지역은 부신피질호르몬의 분비 증가되고, 고사리 분포가 많은 지역은 소외 고사리중독이 많다.

② 기후

① 기온: 저 체온으로 항상성 상실
② 바람: 병원체의 매개
③ 습도: 습도가 높으면 호흡기 질환 위험이 증대(환기 필요성)

③ 스트레스

스트레스는 체내의 내분비기계나 면역체계의 항상성(恒常性)을 무너뜨리는 역할을 한다. 스트레스는 육체적, 정신적인 모든 자극을 의미하며 경고 반응, 저항기, 반응기의 세 가지 증후군을 나타낸다.

④ 사육시설

특히 양계와 양돈 분야의 경우는 사육밀도가 가장 중요하며, 적정 환기와 온습도 관리, 조명, 소음 그리고 암모니아 가스등 악취와 적정한 시설 규격과 청결 상태는 매우 중요하다.

특정 병원체는 토양, 물 등 환경 조건에서 오랫동안 생존하면서 전염원 역할을 하기 때문에 정기적 소독과 방역 차단은 필수적이다. 탄저균과 기종저균은 아포를 형성하는 세균으로 발육조건이 나쁠 경우에 아포를 형성하여 토양에서 약 40년 이상 생존하면서 전염원이 된다.

⑤ 생물학적 환경 요인

병원체의 전파 매개체(파리, 모기, 진드기, 설치류 등)와 서식지를 포함한 병원소(동물과 인간을 포함) 관리 부분은 특히 중요하다.

2.3 병원체의 전파방법

병원체가 전염원으로부터 새로운 숙주까지 운반되는 것을 전파라고 하며, 그 방법은 모체에서 태아로 바로 전염되는 수직전파와 전염원으로부터 직접접촉이나, 매개체 등을 통해 새로운 숙주에 전파되는 수평전파로 분류할 수 있다.

2.3.1 수직전파

병원체가 어미에 감염되어 태반이나 알을 통해 다음 세대의 자손에 바로 전파되는 것으로 태반감염, 난계대감염 등이 있다.

■ 그림 6-27 병원체의 전파방법(수직전파)

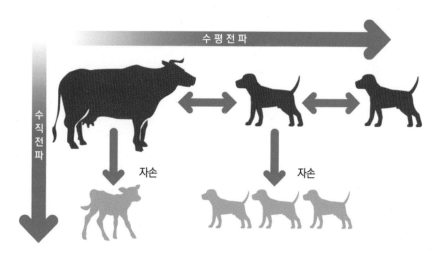

【양계에서 중요한 난계대 전염병】

■ 살모넬라균감염증: ① *sal. pullorum*(추백리), ② *sal gallinarum*(가금티푸스)

③ 파라티푸스 (SE 및 ST 등 일반 살모넬라균 감염증)

■ 마이코푸라즈마균 감염증

■ 닭 뇌척수염

■ EDS 76' (산란저하증 76)

■ 망상내피세포증 (Reticuloendotheliosis)

■ 백혈병(Lymphoid Leukosis): 바이러스의 직접적인 전파에 의한 난계대전염

【수직감염(vertical transmission) 감염병】

■ 바이러스성 간염: 'B형 간염'은 만성 감염으로 이행 가능성이 높아 특히 주의가 필요

■ B군 연쇄상구균: *S. agalactiae*는 질내 정상세균 총이나, 신생아가 감염 시 수막염이나 패혈증 유발

■ 리스테리아: *Listeria monocytogenes*는 신생아 감염으로 유산, 사산 유발

■ 톡소포자충: *Toxoplasma gondii* 원충은 태반을 통해(transplacental) 감염

■ 대다수의 성병 원인 세균과 바이러스: 임질균(*Neisseria gonorrhoeae*)은 산도 감염시 신생아 안염, 성병의 가장 흔한 원인 병원균인 *Chlamydia trachomatis* 역시 산도감염시 결막염의 원인, 자궁경부암의 최대 원인인 인유두종 바이러스(papilloma virus)도 수직감염으로 인해 아기에게 감염

■ 칸디다증을 일으키는 진균인 *Candida albicans*에 의한 질 감염

■ Cytomegalovirus: 폐렴 바이러스로 다수 성인에게서 무증상 감염되어 있으나 신생아에게 감염될 시 질병 야기

2.3.2 수평전파

① 직접전파

병원체가 매개체에 의한 중간 역할 없이 전염원에서 새로운 숙주에 바로 전파되는 경우로 직접 접촉에 의한 전염이나, 기침, 재채기 등을 통해 배출되는 미세한 비말(droplet)에 의해 가까운 거리에 있는 새로운 숙주에 전염되는 비말전염이 대표적인 예이다. 또한 자연 종부를 통한 정액에 의한 전염이 있다.

② 간접전파

병원체가 어떤 매개체를 거쳐 기존 숙주로부터 새로운 숙주에 전파되는 것이다.

① 기계적 매개(inanimate vehicle): 병원체에 오염될 수 있는 무생물체인 물, 축산물(식육,

우유), 차량, 의복, 신발, 흙 등을 통해 전파되는 경우이다.

② 생물학적 매개(vector): 모기, 파리, 진드기, 벼룩, 이 등의 매개체(vector)가 감염동물의 혈액을 흡혈한 후 새로운 숙주에게 직접 전파하거나 매개체 자체에서 병원체를 증식시킨 다음 전파하는 것이며, 다만, 매개 곤충의 다리 또는 다른 신체 부위를 이용하여 병원체를 수동적으로 전파하는 것은 기계적인 전파(mechanical transmission)이다.

③ 공기 전염(airborne spread): 병원체가 부착한 비말에서 수분이 증발하여 미세한 비말핵(droplet nuclei)이 되어 공기를 통해 먼 거리까지 전파하는 경우를 말한다. 구제역의 경우 공기 전파가 가능하다.

■ 그림 6-28 병원체의 전파방법(수평전파)

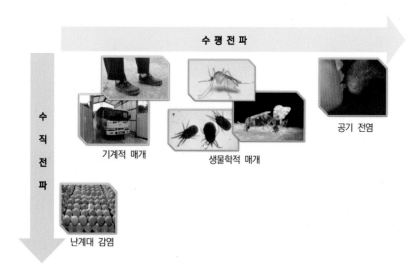

2.4 \ 질병의 전염 및 유행 양식

2.4.1 접촉 감염(Contact infection)

1 직접접촉 감염(Direct contact infection)

전염원이 감수성자와 직접적으로 접촉하여 감염되는 것을 말하며, 일반적으로 병원체는 외계에 대한 저항성이 극히 약한 것이 대부분이다(예: 성병). 신생아의 안질염, 광견병, 서교증, 도살업자의 탄저, 비저 등이 이에 속한다. 이외에도 저항성이 강하면서 이 양식을 취하는 것은 파상풍, 가스괴저 등이 있다.

② 간접접촉 전염

물건이나 손에 의하여 감염되는 것을 의미한다. 성홍열, 유행성 이하선염, 디프테리아 등이 이러한 전파양식을 취한다. 두창(痘瘡)의 경우 시간적, 거리적으로 상당히 떨어져서 있음에도 불구하고 두창 환자의 편지를 받고 감염이 된 경우도 있는데 이러한 감염을 개달(介達, Fomites infection)감염이라고 한다. 이외에도 피혁이나 동물의 털에 의한 탄저 감염 등이 있다.

③ 비말전염(Droplet infection)

환자의 기침, 재채기, 말할 때에 미세한 비말에 의하여 감염을 일으키는 경우를 말하며 부로 호흡기증상이 이러한 전파방식을 취한다. 주로 디프테리아, 성홍열, 백일해, 결핵, 폐 페스트, 두창, 폐렴, 비저 등이 있다.

2.4.2 공통 전파체에 의한 전염(Common vehicle infection)

오염된 전파체가 동시에 많은 감수성자에게 전염할 기회를 주어 거의 동시에 폭발적으로 환자가 많이 발생하는 예가 많으나(holomiantic epidemic) 유행의 정점에 도달한 후에는 2차 환자의 속발이 있으며 유행 곡선은 점차 감소하는 경향을 나타낸다.

① 물에 의한 유행(Water-borne epidemic)
① 경구 감염: 오염된 음료수에 의한 소화기 전염병으로 세균성 이질, 장티푸스, 파라티 푸스, 콜레라, 유행성 간염, Weil's Disease, 야토병 브루셀라병 등이 있다.
② 경피감염: 오염된 물에 접촉하여 작업할 때 감염되는 경우 이다.
③ 기타: 임균성 질병, 유행성 안염 등이 있다.

② 수계유행의 역학적 현상
환자의 지리적 분포, 오염된 장소로부터 수계하류에 환자가 발생, 급수지역과 관계가 있다. 환자 발생의 일시적 분포, 오염기회가 있은 후 폭발적으로 환자의 발생하며, 2차 감염자가 적다. 잠복기가 길며 사망률이 낮다. 병원체의 침입량이 적으므로 사망률이 낮고 잠복기는 길다. 유행 초기에는 환자의 성별, 연령에 차이가 없다(유아는 제외). 오염 사실이 증명 및 추리할 수 있게 된다.

③ 우유에 의한 유행(Milk borne epidemic)

오염된 우유에 의한 유행은 중증 예가 많다. 환자의 발생이 우유의 배달지역과 일치하고, 잠복기가 짧고, 발병률과 치명률이 높은 것이 수인성전염병과 다른 점이다. 성홍열, 이질, 장티푸스, 결핵, 유행성 간염, 브루셀라병, 구제역 등이 있다.

④ 식품에 의한 유행(Food-borne epidemic)

소화기 전염병의 집단적 발생한다. 세균성 이질, 콜레라, 살모넬라, 식중독, 장티푸스, 탄저 등이 있다. 식중독 편을 참고하면 된다.

⑤ 수혈 또는 주사기에 의한 전염

특히 매독, 말라리아, 혈청간염, 유행성 간염의 경우는 인체에서 수혈과 주사기를 통한 대표적인 감염병이다.

2.4.3 공기 전염(Air-borne infection)

① 비말핵 감염(Infection by droplet nuclei)

환자에게서 배출된 병원체가 부착된 비말에서 수분이 증발하여 미세한 비말핵이 되어 공중에 날아다닐 때 감수성자가 흡입하여 전염하는 형식이다. 홍역 병독성 신생아의 폐렴, 인플루엔자, Q 열, 앵무병 등이 이에 속한다.

2.4.4 절족동물의 매개에 의한 감염(Anthropod-borne infection)

절족동물에 의한 전염병의 전파는 기계적 전파와 생물학적 전파로 구분된다. 기계적 전파란 매개 곤충의 다리나 몸통에 병원체를 부착하여 아무런 변화 없이 다른 동물에게 병원체를 전파하는 방식이며, 생물학적 전파는 병원체가 매개 곤충의 몸속으로 들어가 생물학적으로 변화를 거쳐 감염을 일으키는 경우를 말한다.

① 파리: 장티푸스, 파라티푸스, 이질, 콜레라, 살모넬라

② 바퀴: 장티푸스, 파라티푸스, 이질, 콜레라, 살모넬라

③ 등에류: 야토병

④ 쇠파리: 아프리카 트리파노소마병, 발도네라증, 피부라이슈매니아, 내장라이슈매니아

⑤ 각다귀: 웅코셀카증

⑥ 모기: 말라리아(Anopheles), 필라리아(Culex fatigans, C. pipiens), 댕구열(Aedes aegypi), 황열(Aedes aegypi), 일본뇌염(Culex pipiens, Aedes togi), 독성뇌염 및 기타(Culex tarsalis, C. tritaeniorhynchus), 야토병(Aedes cinereus)

⑦ 벼룩: 페스트, 발진열

⑧ 이: 발진티푸스, 이 매개성 회귀열

⑨ 침노린재: 아메리카 트리파노소마증(Tratoma, Rhodnius, Panstrongylus)

⑩ 진드기: 쓰쓰가무시병, 출혈열, 야토병, 홍반열, 중증열성혈소판감소증후군(SFTS)

▓ 표 6-6 질병의 감염과 전파 방법에 따른 특징

전파 방법	특 징	
직접전파	• 전파 체의 중간 역할 없이 감수성 보유자에게 직접 전파	
간접전파	• 환자로부터 탈출한 병원체가 각종 전파 체에 의하여 전파 • 성립조건: ① 병원체를 옮기는 전파체 ② 병원체가 병원 소 밖으로 탈출하여 일정 기간 생존 능력	
	활성 전파체	비활성 전파체
	살아 있는 동물(파리, 모기, 벼룩 등)	물, 식품, 개달 물(생활용구, 완구, 수술기구) 등
공기전파	• 비말 전파: 재채기, 기침, 대화 때 비말 핵이 감수성 보유자의 흡기로 폐 등에 들어가 감염 • 포말 전파: 대화 중에 배출되는 포말에 의한 전파	

	기계적 전파	생물학적 전파	
생물학적 전파 (절지동물 전파)	• 매개곤충 다리나 체표에 부착된 병원체를 아무런 변화 없이 전파 - 파리, 바퀴 등	증식형	곤충체 내에서 세균, 바이러스 등이 수적 증식 - 페스트(벼룩), 뎅구열과 황열(모기), 재귀열(이)
		발육형	수적 증식 없지만 생활 환이 일부 경과 발육 - 사상충증(모기), 로아 사상충증(흡혈성 파리)
		발육 증식형	생활 환의 일부를 거치면서 수적 증식을 하여 전파 - 말라리아(모기), 수면병(Tse-tse 파리)
		배설형	증식 후 장관 거쳐 배설물 - 발진티푸스(이), 발진열, 페스트(벼룩)
		경란형	곤충의 난자를 통해 다음 세대까지 전달 - 로키산홍반열, 재귀열(진드기)

2.4.5 질병의 유행양식

Pandemic(Pan: all, 감염병의 세계적 대유행)은 범(전 세계적)유행의 의미로 여러 나라에 걸쳐 확산되는 전염병으로 페스트, 천연두, 스페인독감(1918), 신종플루(2009), Covid-19 등을 예로 들 수 있다. Endemic(En: in, 감염병의 주기적 유행)은 특정한 지역 안에서의 유행하는 풍토병을 의미하며, 인플루엔자와 말라리아, 수두(Chicken pox) 등과 같이 예전부터 계속 주기적으로 발생하기에 어느 정도 예측 가능한 질병들로 역학(疫學)적으로 엔데믹은 감염병의 전반적 비율이 늘거나 줄지 않고 일정한 상태로 바이러스에 감염된 개체가 감염될 개체의 수와 균형을 이루는 것을 의미한다. Epidemic(Epi: on, 감염병 유행)은 엔데믹과 비슷하게 특정 지역에서만 나타나는 걸 의미하지만, 엔데믹과 다른 점은 이전부터 있었던 것이 아니라 새롭게 나타난 유행병으로 지역에서 급속히 증가추세인 질병들로 황열, 콜레라, 에볼라 등이 대표적 사례이다.

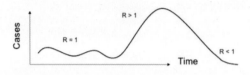

1 Endemic

특정 지역에서 특정 질병이 항상 존재하고 비교적 오랜 기간 그 발생수준이 일정한 경우로 고수준과 저수준으로 구분하거나 holoendemic, hyperendemic, mesoendemic, hypoendemic으로 구분하기도 한다.

① 고수준(high grade)의 endemic: 사람의 HBV(B형 간염 바이러스), 개의 파보 장염, 디스템퍼 감염처럼 발생수준이 높은 경우이다.

② 저수준(low grade)의 endemic: 발생수준이 낮은 경우, 개 렙토스피라증, 개 심장사상충, 사람의 결핵, 장티푸스 등이 대표적이다.

2 Epidemic

어떠한 지역사회에서 비슷한 성격을 가진 발병 군이 통상적으로 기대했던 이상의 빈도로 발생하는 상태를 말하며, 통상적으로 기대했던 빈도는 수년 동안 평균 발생지수(endemic index)를 의미한다.

① endemic epidemic: 평상시에는 잠잠했다가 어떤 계기에서 폭발적으로 발생(예: 잔칫집에 갔다 온 사람에게 장티푸스 발병)하는 경우이다.

② exotic epidemic: 외부로부터 들어온 것을 말한다.

③ point epidemic: 한 시점에서 폭발적으로 많은 환자가 발생 대개 단일 감염원 (common vehicle)에 의해 집단에 퍼진 것이다.

③ Pandemic

한 국가 이상 또는 대륙에서 동시에 환자가 많이 발생하는 경우로 팬데믹은 세계보건기구에서 선포하는 감염병 최고 등급으로서 홍콩 독감(1968년)과 신종인플루엔자(신종플루, 2009년), 그리고 코로나19 총 3개가 있으며, 선포된 감염병은 전 세계적으로 병원체가 얼마나 빨리 전파되고 치명적인 결과를 초래하는지 세계적인 관점에서 모니터링을 한다.

세계보건기구(WHO)의 감염병 위험등급 발령 6 단계

■ 1 단계: 동물에 한정된 감염
■ 2 단계: 동물 간 감염을 넘어 소수의 사람에게 감염
■ 3 단계: 사람들 사이에서 감염이 증가하고 있는 상태
■ 4 단계: 사람 간의 삼염이 급속히 확산하고, 유행이 시작되는 초기 단계
■ 5 단계: 감염이 널리 확산하여 최소 2개국 이상에서 유행하는 단계
■ 6 단계: 대륙간의 추가 감염이 발생된 상태

---

④ Sporadic

질병 발생 가능성이 불규칙하고 드물며, 우연히 발생하여 시간적으로나 공간적으로 제한되지 않는다. 그들은 명확하고 식별 가능한 유형을 가지는 감염병이나 풍토병과는 달리 언제 어디서나 발생할 수 있다. 대표적으로 광범성도 아니고 유행성도 아니며 때때로 발생되는 질병으로 출혈성 장염이나 O157:H7성 대장균 감염 그리고 파상풍 등이 있다.

■ 그림 6-30   최근 발생한 고위험의 인수공통감염병 출현연대

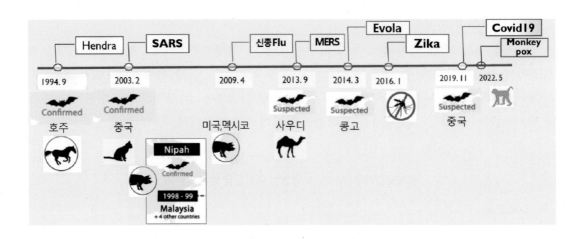

2.5 질병 예방관리

질병 발생을 궁극적으로 억제하는 것은 좁은 의미의 질병 예방이며, 넓은 의미의 예방은 다음 3단계로 구분된다. 즉, 일차적 예방은 건강증진, 환경위생, 영양 등을 통에 사전에 질병 발생을 차단하고자 하는 소극적 예방으로 구분된다. 다음 이차적 예방이란 질병 초기 또는 임상 질환기에 적용되는 것으로 결핵이나 기생충 검진 등과 같이 건강을 해쳐서 질병 상태에 있는 사람은 물론 어떤 질병에 걸릴 가능성이 있는 집단에 대하여 개별적으로 질병을 조기에 발견하여 치료, 중증예방 및 재감염을 방지하는 것이다. 최종적인 삼차 예방은 재활을 위해 의학적 및 직업적인 활동이 가능하도록 최대한 기능을 회복시키는 것이다.

2.5.1 감수성과 면역

숙주 체내에 어떠한 병원체가 침입했을 경우 감염의 성립 여부는 숙주가 가지고 있는 그 병원체에 대한 감수성(susceptibility)과 면역(immunity)의 상관관계에 달려있다고 볼 수 있다. 즉 숙주가 병원체에 대하여 감수성을 가지고 있으면 감염이 이루어지고 감수성이 없다

면 감염은 이루어지지 않는다. 숙주가 감수성이 있는 경우라도 병원체에 대한 면역이 되어 있다면 감염은 이루어지지 않지만, 면역이 되어 있지 않다면 감염은 이루어지게 된다. 숙주의 저항력(면역력)은 여러 병원체에 대하여 공통적으로 작용하는 비특이적 면역 반응과 특정 병원체에만 작용하는 특이적 면역 반응으로 각각 구분된다. 비특이적 면역은 숙주의 피부와 점막, 위산, 대식세포, 염증반응, 보체 등에 의해 여러 병원체에 공통적으로 작동하는 비특이적인 저항력을 말하고, 특이적 면역은 숙주가 특정 전염병에 대해서만 저항력이 나타내는 것으로 그 질병에 대해 면역이 되어 있음을 의미한다.

① 감수성지수(Contagious index)

감수성 보유자가 어떠한 병원체에 감염되어 발병하는 비율이 대체로 일정하게 나타나는데 이를 감수성지수라고 하며, 두창 95%, 홍역 95%, 백일해 60~80%, 성홍열 40%, 디프테리아 10%, 폴리오 0.1%이다.

2.5.2 면역(Immunity)

① 선천면역(innate immunity) 또는 자연면역(natural immunity)

선천적으로 지닌 저항력으로 인종별, 종속별, 개인별 특이성이 있다. 즉, 사람이나 동물의 종에 따라 선천적으로 특정 전염병에 저항력을 보이는 것으로 돼지열병의 경우 사람에는 감염되지 않고 돼지과(Suidae) 동물에만 감염된다. 또한 숙주의 개체에 따라서도 이환율이 달라지는 것은 선천면역의 영향이라고 할 수 있다.

② 후천면역(acquired immunity)

전염병에 걸리거나 백신접종으로 획득하는 면역이 후천적 면역으로 질병에 걸린 후 회복하거나 불현성 감염 후, 또는 백신 접종을 통해 면역을 얻는 것을 능동면역(active immunity)이라 하고, 모체에서 태반이나 초유를 통해서 면역을 얻는 것을 수동면역(passive immunity)이라 하는데, 면역을 획득한 동물의 항혈청을 이용한 면역혈청 주사도 수동면역의 일종이다.

■ 그림 6-31   선천(innate)과 후천(acquired) 면역(immunity)

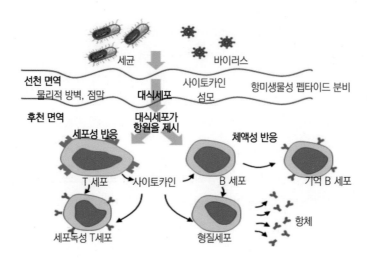

【자연획득면역】

① 자연능동(활동)면역

a. 이환 면역

각종 전염병에 감염된 후 형성되는 면역으로 그 면역의 효력 기간은 질병에 따라 다르다. 즉, 영구면역이 되는 것과 면역 지속기간이 짧은 것으로 구분된다.

　　이환 후 면역(+ + +): 두창, 장티푸스, 파라티푸스, 성홍열, 홍역

　　　　　　　(+ +): 유행성뇌척수막염, 디프테리아, 발진열, 결핵

　　　　　　　　(+): 세균성 이질, 인플루엔자, 콜레라, 페스트

　　　　　　　　(-): 임질, 매독, 서계임파육아종, 트라코마, 단독

b. 불현성 감염에 의한 면역

병원체가 숙주의 체내에 감염되었으나 임상 증상이 없이 면역만을 형성하는 경우이다.

② 자연수동(피동)면역

유아는 생후 수개월 동안 면역성을 갖는다(디프테리아, 홍역), 모체의 태반면역과 동물의 초유를 통한 모체이행항체 등이 이에 속한다.

【인공획득면역 】

① 인공능동면역

a. 감독한 생독균(주)에 의한 면역: 종두, BCG, 탄저, 광견병, DHPPL 예방접종

b. 사병독에 의한 활동면역: 가열, formalin 처리 사균

c. 독소에 의한 활동 면역: 균체외독소, 디프테리아, 파상풍

② 인공수동(피동)면역

　활동 면역이 있는 사람들의 항혈청을 인공적으로 다른 개체에 면역시킬 경우이다. 이러한 면역은 면역성립까지의 시간은 짧으나 지속기간이 짧으며, 이종 단백으로 인한 혈청병 발생의 위험이 있다.

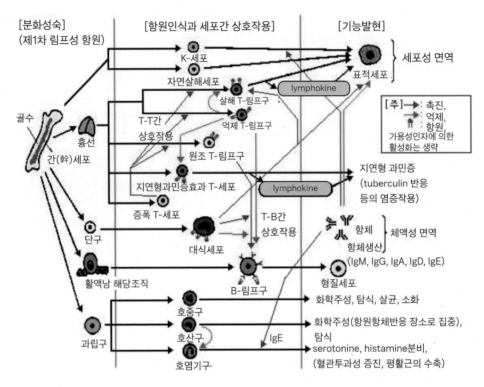

출처: https://blog.naver.com/PostView.naver?isHttpsRedirect=true&blogId=msnayana&logNo=80101975060

■ 표 6-7 능동면역과 수동면역

능동면역	수동면역
자기 자신의 면역체계에 의해서 만들어지며, 대개 수년간 지속 또는 평생 지속 예: 병을 앓고 난 후, 예방접종 후	동물 또는 사람에 의해서 만들어진 면역물질 투여로 획득되는 면역력으로 대개 수주에서 수개월이 지나면 소실 예: 태반경유, 면역글로불린 제제 - B형 간염, 공수병, 파상풍, 수두

2.5.3 백신(Vaccine)

백신은 특정 질병의 병원체(항원)에 대하여 생체 내에서의 능동면역 반응을 유발하는 생물학적 제제이다. 일반적으로 병원체의 항원성을 유지하면서 병원성을 약화하거나 완전히 불활화(사멸)한 것이나 병원체의 변성독소, 표면 단백질 등이 이용된다. 백신 접종으로 유도된 면역체계는 병원체가 표적 장기로 침투하는 것을 차단하거나, 감염된 부위에 직접 작용하여 질병을 예방하거나 증상을 완화한다. 아울러, 한 집단에서 백신 접종한 개체의 수가 늘어나면 백신 접종을 받지 않은 개체가 있더라도 그 질병에 걸릴 위험은 낮아진다. 이를 집단면역(herd immunity)이라 한다. 그러나 경제적, 기술적인 문제 등으로 모든 질병에 대한 백신 접종의 완벽한 실행은 불가능하여 질병 발생으로 인한 피해를 최소화하는 것이 주된 목적이다.

① 백신의 종류

전통적 백신은 병원체의 병원성을 약화한 생백신(live attenuated vaccine)과 병원체를 불활화한 사멸 백신(killed, inactivated vaccine)이 대표적이나 그 외에도 톡소이드(toxoid, 변성독소) 백신, 아단위(subunit) 백신 등이 있으며, 이러한 백신도 감염성이 없으므로 크게는 사멸 백신으로 볼 수 있다. 최근에는 분자생물학적 기술을 이용한 재조합 단백질(recombinant protein) 백신, 합성 펩타이드 백신, 벡터 백신(vector vaccine)과 핵산(nucleic acid)을 기반으로 하는 DNA 백신, mRNA 백신 등 새로운 유형의 백신들이 개발되고 있다

▐ 표 6-8   백신의 종류별 장단점 비교

	약독화 백신(생백신)	불활화 백신(사멸 백신)
장점	면역반응이 강하고 지속적	안전성이 높음
	접종 횟수가 적고 투여경로가 다양함	보관 등 백신 관리가 용이
	세포성 및 체액성 면역 모두 유도함	개발비용이 저렴함
단점	독성이 남아 있거나 병원성을 회복할 위험	면역 반응이 비교적 약하고 단기적으로만 유지
	감염성 유지를 위해 냉장 보관 등 취급 및 관리 어려움	접종 횟수가 많음
	생산 과정 중 다른 미생물의 오염 가능성이 있음	항원보강제 필요

종류	형태	질병 및 개발 시점
생백신	약독화	1798년, smallpox
사멸백신	불활화	1896년, typhoid
톡소이드 백신	변성독소	1923년, Diphtheria
subunit 백신	서브 유니트 펩타이드	1970년, Anthrax
합성백신	인공합성	1986년, Hepatitis B
결합백신	carrier protein에 polysaccharide 결합	1987년, H, influenza B
벡터백신	viral vector에 병원성유전자 삽입	2019년, Evola
핵산백신	DNA, RNA, lipid coat	2020년, SARS-CoV-2

① 생 백신(live or attenuated vaccine, 약독화 백신)

생 백신은 병원성이 있는 야외주(wild type strain of pathogens)를 실험동물이나 배지에서 연속적으로 계대 배양(passaged culture)하여 병원성을 약화시킨 약독화 백신(attenuated vaccine)으로서, 체내에서 증식하여 면역을 형성하지만 질병은 일으키지 않도록 고안된 백신이다. 생 백신은 병원성이 약화되었지만 살아있기 때문에 체내의 감수성 세포에 증식하면서 자연 감염되었을 때와 유사한 방어면역을 유도하므로 항원보강제(adjuvant)가 필요 없으며, 음수나 비강 또는 안점막(눈)으로 접종할 수 있다는 장점이 있다. 단점으로는 살아있는 병원체를 사용하기 때문에 면역기능이 약한 상태거나 스트레스를 받은 동물에서는 자연 감염된 경우에 비해 가볍기는 하나 어느 정도의 임상증상이 나타날 수 있다는 점이다. 특히 임신한 동물에는 안전하다고 표시되어 있지 않은 한 접종해서는 안 된다. 또한, 드문 일이긴 하지만 병원성을 회복하여 야외주로 복귀할 위험성도 있다. 현재 사용되고 있는 바이러스 생백신은 돼지열병 백신(LOM), 뉴캣슬병 백신(Lasota, B1 등) 등이 있고, 세균 생 백신은 탄저(Sterne), 브루셀라병(RB51) 등이 있다. 한편, 백신의 표적이 되는 병원체와 유사하나 병원성은 더 낮은 다른 병원체를 이용하는 이종 백신(heterologous vaccine)으로서, 우두바이러스를 이용한 천연두 백신과 소 결핵균(M. bovis)을 이용한 사람의 결핵(BCG) 백신 등이 있다.

② 사멸 백신(killed or inactivated vaccine, 불활화 백신)

사멸 백신은 병원체는 죽이고 항원의 특성은 그대로 유지하도록 만든 백신으로 불활화 백신(inactivated vaccine)이라고도 한다. 넓은 의미로는 톡소이드 백신, 아단위 백신, 재조합 단백질 백신 등도 감염성이 없기 때문에 사멸 백신에 포함된다. 사멸 백신은 병원체의 병원성을 성공적으로 약화할 수 없는 경우에 포르말린, 티메로살, 석탄산 등을 이용한 화학 처리나 가열, 자외선 조사 등의 물리적 방법으로 병원체를 사멸시켜 제조하기 때문에 병원성이 복귀되거나 감염을 일으킬 위험성은 없다. 그러나 면역 지속기간이 짧고, 세포매개 면역반응이 약하며, 국소 부위에서 IgA 반응을 유도하지 못하는 단점이 있다. 따라서 불활화 백신이나 고도로 정제된 단백질 백신은 면역반응을 증강하기 위해 항원보강제를 첨가하는 것이 일반적이다. 또한, 충분한 면역반응을 유도하기 위해 반복 접종해야 한다.

③ 톡소이드 백신(toxoid vaccine, 변성독소 백신)

톡소이드는 병원체의 독성 물질인 독소(toxin)를 포르말린(formaldehyde)으로 처리하여 만들어진 변성독소이다. 톡소이드 백신은 불활화 백신으로서 독소에 대한 면역반응을 유도하여 독소로 인한 증상은 일으키지 않으나 병원체의 침입을 방어하지는 못한다. 보툴리즘, 파상풍 등의 백신이 이에 속한다.

④ 아단위 백신(subunit vaccine)

병원체의 외피나 세포막을 구성하는 성분 중 생체의 면역체계를 활성화할 수 있는 특정 단백질을 추출하여 제조한 백신으로 서브유니트 백신이라고도 한다. 최근에는 유전자 재조합기술을 이용하여 병원체의 항원결정기(epitope 또는 antigenic determinant) 부위인 특정 단백질을 생산하여 백신으로 사용한다. 면역반응에 필요한 특정 항원만 사용하기 때문에 순도가 높고 안정적이다. 또한, 감염성이 없기 때문에 안전성은 높지만, 면역반응을 유도하는 데 시간이 걸리고 면역반응이 낮으므로 항원보강제를 함께 투여해야 한다.

⑤ 결합 백신(conjugate vaccine)

일반적으로 면역세포는 병원체가 가진 단백질을 인식하기 때문에 단백질이 아닌 다당류(polysaccharides)에 대해서는 면역반응이 잘 활성화되지 않는다. 병원체의 표면에 있는 다당류를 단백질과 결합시키면 효과적인 면역반응을 유도할 수 있다. 다당류를 독소 등의 단백질과 결합시켜 제조한 것을 결합백신이라 한다.

⑥ 혼합 백신(combined vaccine)

혼합 백신은 접종의 편리함을 위해 여러 병원체의 항원을 혼합하여 하나의 백신으로 만든 백신이다. 이러한 혼합 백신은 복합적인 질병이거나 호흡기, 소화기 질병과 같이 원인이 되는 병원체가 여러 가지일 때 주로 사용된다. 혼합 백신은 백신접종에 드는 시간과 노력을 크게 줄여주는 장점도 있으나 문제를 일으키지 않을 수도 있는 병원체에 대한 백신이 접종되는 낭비가 있을 수 있다.

⑦ 유전자 조작 기술을 이용한 백신

최근에는 새로운 백신 개발을 위해 분자생물학적 기술을 이용하고 있다. 유전자 조작을 통한 백신은 크게 3종류로 분류할 수 있다. 첫째는 재조합 미생물로부터 얻어진 항원을 정제하여 만든 재조합 단백질 백신, 둘째는 병원체의 유전자를 결손시키거나 마커(marker)를 표지한 마커 백신, 셋째는 면역과 관련되는 단백질을 코딩(coding)하는 유전자를 virus 등 벡터(vector)에 삽입하여 사용하는 벡터 백신이다.

가) 재조합 단백질 백신(recombinant protein vaccine)

유전자 재조합 기술을 이용하여 병원체의 표적 단백질을 코딩하는 유전자를 다른 세균이나 효모, 또는 세포에 삽입시켜 배양하면 재조합된 단백질을 대량 생산할 수 있다. 이러한 재조합 단백질을 이용한 백신으로 고양이 백혈병 바이러스의 주요 당단백질(gp70), 라임병의 지질단백질(OspA) 등이 있다. 한편, 필요로 하는 유전자를 감자, 옥수수, 담배 등 식물에 삽입하여 단백질을 생산하고 이러한 식물을 동물에게 먹여서 면역을 획득하도록 할 수 있다.

나) 유전자 결손 또는 마커 백신(gene deleted or marker vaccine)

약독화 생 백신은 병원성이 회복될 가능성이 있다는 단점이 있었으나, 최근에는 질병 유발에 관여하는 유전자를 결손 시키거나 마커 유전자를 삽입하는 등 분자유전학적 기술을 이용하여 불가역적으로 병원성을 약화할 수 있다. 유전자가 결손되거나 마커를 삽입한 부분에 대한 항체는 야외주 감염과 다르기 때문에, 이러한 부분에 대한 항체를 검사함으로써 백신접종 동물과 야외감염 동물을 감별할 수 있다. 이렇게 고안된 백신을 감별백신(Differentiating Infected from Vaccinated Animals, DIVA)이라고 한다.

다) 벡터 백신(vector vaccine)

벡터 백신 또는 바이오 백신(biovaccine)은 병원체의 표적 단백질 항원을 코딩하는 유전자를 다른 미생물 운반체인 벡터에 클로닝(cloning)하여 재조합된 벡터 자체를 백신으로 사용하는 것이다. 벡터로는 아데노바이러스, 레트로바이러스, vaccinia바이러스, fowl pox바이러스 등이 많이 이용되고 있다. 벡터 백신으로는 광견병바이러스의 피막 당단백질(G단백) 유전자를 vaccinia바이러스와 재조합한 백신, 뉴캣슬병바이러스의 HA와 F 유전자를 fowl pox바이러스에 재조합한 백신 등이 있다.

⑧ 핵산 백신(nucleic acid vaccine)

핵산 백신에는 DNA 백신과 mRNA 백신이 있다. 이 백신은 병원체를 구성하는 단백질 중 면역반응에 좋은 항원이 될 수 있는 부분을 선택하고, 그 부분의 유전정보를 담은 DNA 나 mRNA를 이용하여 전달하는 방식으로 작용한다. 유전물질 정보가 체내로 주입되면 세포 안에서 단백질을 합성한다.

가) mRNA 백신(messenger RNA vaccine)

mRNA는 핵 내의 유전정보를 세포질 내 리보솜에 전달하는 RNA로서, DNA에 저장된 유전정보가 단백질 형태로 발현되는 데 필수적인 역할을 한다. mRNA 백신은 단백질을 체 내에 직접 주입하는 기존의 백신과 달리 면역반응을 유도하는 단백질 또는 단백질 생성 방법을 세포에 인지시킴으로써, 특정 병원체에 노출되었을 때 이에 대한 면역반응을 유도하도록 한다. 기존의 단백질 백신과 비교해 RNA 백신이 갖는 장점은 생산 속도가 빠르고 장기간 세포면역과 체액면역 모두에서 면역반응을 유도할 수 있다는 점이다. 반면에 RNA 백신은 안정성이 부족하여 쉽게 파괴되기 때문에 효능을 유지하기 위해서는 저온 보관으로 유통되어야 하며, 부작용으로 알러지(allergy) 반응이 보고되고 있다. mRNA 백신으로는 코로나 바이러스감염증-19 백신이 있다.

■ 그림 6-34 mRNA 백신의 작용 원리

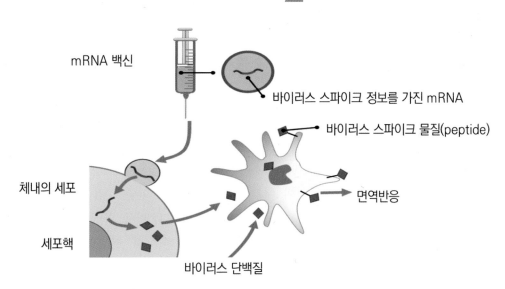

출처: https://www.bbc.com/korean/international-54883322

나) DNA 백신(DNA vaccine)

DNA 백신은 병원체의 특정 단백질을 코딩하는 DNA가 체내의 세포에서 단백질을 발현하도록 고안된 백신으로서, 주로 플라스미드 벡터에 클로닝하여 제조한다. DNA 백신을 체내에 주입하면 세포의 유전체(genome)에 들어가 mRNA로 전사(transcription)되어 단백질을 생성하여 T림프구 면역반응을 유도한다. DNA 백신에는 말 웨스트나일 바이러스(West Nile virus)의 피막단백질(E)과 점막단백질(prM) 유전자와 조작된 플라스미드 벡터로 구성된 백신이 있다. DNA 백신은 독성이 없고 매우 안정되기 때문에 보관이 용이하고 생산비용도 저렴하다는 장점이 있으나 투여된 개체에서 항원이 적게 생산되어 면역반응과 예방효과가 낮다는 단점이 있다.

■ 그림 6-35　DNA 백신의 작용 원리

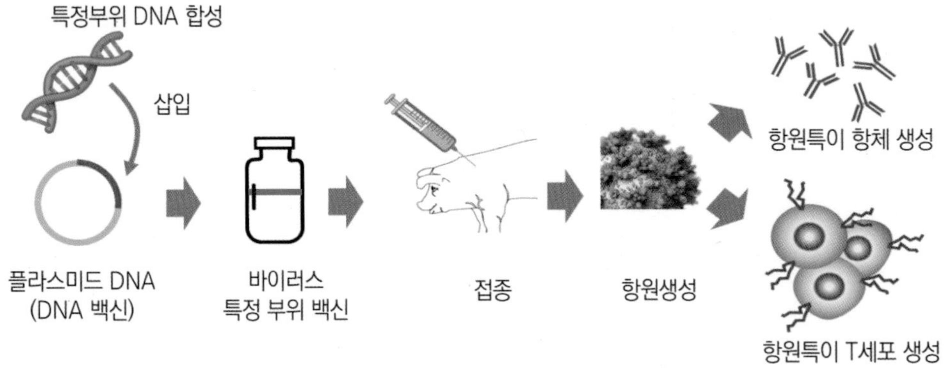

특정부위 DNA 합성

삽입

플라스미드 DNA
(DNA 백신)

바이러스
특정 부위 백신

접종

항원생성

항원특이 항체 생성

항원특이 T세포 생성

출처: https://www.gentlehan.com/141

⑨ 합성 펩타이드(synthetic peptide) 백신

최근에는 병원체의 유전자 염기서열이 대부분 밝혀져 있다. 이들을 컴퓨터로 분석하여 백신으로 사용 가능한 항원 부분을 신속하게 확인할 수 있으며, 이를 역-백신 기술(reverse vaccine engineering)이라 부른다. 이러한 기술을 통해 질병을 예방할 수 있는 중요한 항원결정기 부위를 식별하여 합성 펩타이드 백신으로 제조할 수 있다.

② 항원보강제(adjuvant)

백신의 효율을 최대화하기 위하여 항원성이 떨어지는 사멸 백신이나 톡소이드 백신, 순수정제된 아단위 백신 등에 대해 일반적으로 항원보강제를 첨가한다. 보강제를 사용하면 백신에 대한 생체면역반응을 현저하게 증강할 수 있어서 주입해야 할 항원의 양이나 주사 횟수를 줄일 수 있다. 특히 가용성 항원에 대해 오랫동안 기억면역반응을 유도할 수 있어 필수적으로 사용해야 한다. 항원보강제는 첫째, 항원이 생체 내에서 빠르게 분해되지 않도록 보호하여 지속적인 면역반응을 유지시키는 것으로서, 알루미늄염(aluminum hydroxide), 오일(light mineral oil) 등이 사용된다. 둘째, 항원을 면역계 세포에 효과적으로 전달할 수 있게 하여 항원제시 능력을 증강시키는 것으로서, 리포솜(liposomes), 면역촉진복합제(ISCOM) 등이 있다. 셋째, 면역 자극제로서, 사이토카인의 생성을 증강시켜 적절한 자극을 병행함으로써 도움 T세포 면역반응을 선택적으로 자극하는 사포닌(saponin), 글루칸(glucans) 등이 있다.

■ 그림 6-36   백신 항원보강제의 조건

③ 보존제 및 안정제

① 보존제는 백신에 세균이나 진균 등의 오염을 방지하기 위해 첨가하는 화학물질이다. 흔히 치메로살을 사용했으나 안전성을 이유로 사용을 줄이고 있다.

② 안정제(stabilizer)는 백신의 항원과 여러 성분을 안정적으로 보관하기 위하여 첨가되는 것으로서, 젖당, 글라이신, 폴리솔베이트 80, 젤라틴 등이 사용된다.

③ 생 백신이나 사멸 백신, 톡소이드 백신, 아단위 백신 등을 만들기 위해 배양 또는 제조하는 과정에서 첨가되는 각종 배지 성분, 이종 단백질(알부민 등), 혈청, 항생제, 포름알데하

이드 등 다양한 성분이 백신에 포함될 수 있다. 이러한 물질들은 정제과정에서 대부분 제거되지만, 최종 제품에 미량 잔류할 수도 있어 백신접종 개체에 따라 알러지 반응을 유발할 수 있다.

④ 백신 투여경로(Vaccine Delivery)

백신을 투여하는 방법은 다양하다. 백신은 제조사의 상표(label)에 표시된 용량 및 용법에 따라 접종하여야 한다. 가장 일반적인 접종 방법은 피하 또는 근육 주사이다. 이 접종 방법은 비교적 소수의 동물에 대해 전신 면역이 중요한 질병에 매우 적절하다. 전신면역보다 국소면역이 중요한 경우에는 병원체가 침입하는 부위에 접종하는 것이 더 적절하다. 즉, 소전염성비기관염(infectious bovine rhinotracheitis), 닭전염성기관지염(infectious bronchitis), 뉴캣슬병(Newcastle disease) 등은 비강 투여가 적절하다. 그러나 이러한 방법은 개체별로 접종을 해야 하는 단점이 있다. 동물의 개체 수가 많을 때는 백신을 분무(spraying)하여 흡입할 수 있도록 하는 방법이 있으며, 또한 사료나 음수(drinking water)에 백신을 섞어 투여하는 방법도 있다.

① 주사 투여(Parenteral Injection)

■ 그림 6-37 백신 주사접종 방법

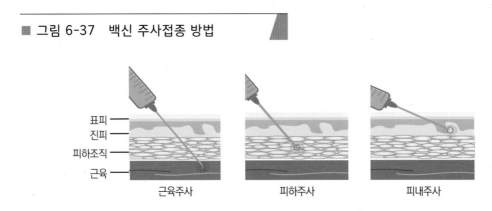

표피 / 진피 / 피하조직 / 근육

근육주사   피하주사   피내주사

출처: https://sesang-story.tistory.com/246

② 경피 투여(Needle-Free, Transdermal Injection)

경피 투여는 주사바늘 없이 압축공기나 가스 파열로 피내에 백신이 스며들도록 특별하게 고안된 장비를 이용한다. 경피 투여는 투여 장비로 인한 오염을 최소화할 수 있는 장점이 있다.

③ 비강(Intranasal) 투여

비강 접종은 병원체가 비강을 통해 감염되어 국소면역이 필요할 때 투여하는 방법이다. 백신은 접종기구에 부착된 압착 진공관(squeeze bulb) 또는 비강 내 도포구(applicator)에 부착된 주입기로 투여된다.

④ 안 점막(Ocular) 투여

안 점막에 투여하는 방법은 주로 닭, 오리 등 조류에서 사용된다. 백신을 색깔 있는 희석제로 희석해서 눈 점막에 발라준다. 비강 투여처럼 눈 점막을 통해 전염되는 질병에 대해 더 적절한 국소면역 반응을 일으킬 수 있다.

⑤ 경구(Oral) 투여

경구 투여는 개체 수가 많은 동물 집단에서 백신을 음수나 사료에 첨가하여 투여하는 방법이다. 경구 투여할 때는 빠른 시간 내에 백신이 섭취되도록 하고, 소독제 또는 부적절한 물 온도 등으로 인해 백신이 변질되지 않도록 주의해야 한다. 이 방법은 집단 내의 모든 동물에게 충분한 용량의 백신이 고르게 투여되지 않을 수도 있다는 단점이 있으나 집단면역에는 편리하게 사용할 수 있다.

⑥ 분무(Spray) 투여

분무 접종은 백신을 음수나 희석액에 희석하여 동물 집단에 분무하는 방법으로, 경구 접종처럼 대규모 백신접종에 편리하다. 경구 접종과 마찬가지로 분무 접종된 그룹 내의 모든 동물에게 충분한 양의 백신이 고르게 투여되지 못할 수는 있으나 집단면역을 형성하는 데 용이하다.

■ 그림 6-38   주사 방법외 백신 투여경로

| 산란계의 분무백신 | 경구투여(미끼백신) | 비강접종 |

⑤ 백신접종 일정(Vaccine schedule)

각종 동물에 대한 각기 다른 백신에 대해 접종 일정을 정확하게 수립하기는 쉽지 않다. 그러나 대부분의 백신은 방어면역을 유도하기 위한 1차 접종에 이어 면역력을 적절한 수준으로 유지하기 위한 추가 접종이 필요하다.

① 초유를 통한 모체이행항체

어린 동물의 경우는 항체가 형성되는 기간을 고려하여 임신한 어미에게 백신을 접종하여 모체이행항체를 통해 면역을 획득한다. 이러한 모체이행항체에 의해 수동면역을 획득한 신생동물은 면역글로불린 합성을 억제하기 때문에 어린 일령의 동물에 백신을 접종하면 효과적인 면역반응을 일으키지 못한다. 따라서, 어린 동물에서의 백신접종은 모체이행항체가 소실된 후 실시해야 한다. 모체의 항체가 태아에게 전달되는 경로는 태반의 구조에 의해 결정된다. 사람과 영장류의 경우, 모체의 혈액이 태반과 직접적으로 접촉하므로 모체의 항체가 태아의 혈류 내로 들어가게 되어, 신생아의 항체 수준은 모체와 거의 동등한 수준이 된다. 그러나 반추류, 돼지, 말의 태반은 영장류와 달리 태아의 융모막 상피가 자궁조직과 접촉하므로 태반을 통한 모체항체의 전달이 완전히 차단된다. 따라서, 이러한 동물에서의 모체항체 전달은 새끼가 태어난 후 초유 섭취를 통해 이루어지도록 해야 한다.

② 1차 접종

1차 백신접종 시기는 질병의 종류, 백신의 종류, 모체이행항체 수준 등을 고려하여 결정해야 한다. 예를 들어, 특정 계절에만 발생하는 질병의 경우에는 발생하는 계절이 오기 전에 미리 접종되어야 할 것이다. 즉, 탄저 백신은 봄에, 소 아카바네병, 유행열, 이바라끼병, 돼지 일본뇌염과 같은 모기매개질병은 모기가 발생하기 전에 백신을 접종해야 한다.

③ 추가 접종

백신의 추가접종은 면역 효과가 지속되는 기간에 따라 결정된다. 보통은 1차 접종한 지 2~4주 후 2차 접종을 하지만 백신의 종류, 항원보강제 종류, 접종 경로 등 여러 가지 요인에 따라 추가접종 시기가 달라진다. 어떤 백신은 6개월 또는 해마다 재접종하며 어떤 백신은 일생 동안 면역을 유도할 수 있다.

⑥ 백신 접종에 따른 질병방어 실패 요인

동물에 효과적인 백신을 정상적으로 접종했다 하더라도 질병방어에 실패할 수 있다. 백신을 접종하기 전에 이미 동물이 그 질병에 걸려 있었다면 백신접종이 질병의 경과에 영향을 미치기엔 너무 늦었을 수 있다. 또는 백신이 표적으로 하는 병원체와는 항원성에 차이가 있는 야외주에 감염된 경우에도 방어에 실패할 수 있다.

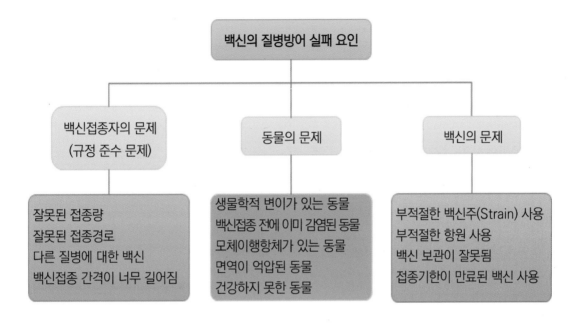

2.6 소독 및 방역

소독(disinfection)은 감염성질병의 병원체를 사멸시키기 위하여 약물·훈증·증기·물 끓임·발효·자외선 등의 방법을 적용하는 행위를 말한다. 특히 축사 소독의 경우는 동물, 분뇨 또는 동물 유래의 생산물 등에 의해 직접 혹은 간접적으로 병원체가 오염될 수 있는 사람, 동물, 시설, 차량 및 기타 대상물에 대해 실시한다. 소독은 동물을 전염병에 감염시킬 위험성이 있는 병원체와 그 병원체를 전파하는 해충 등 매개체를 박멸하여 전염병으로부터 동물을 보호하는 수단으로서, 가축전염병의 발생이나 확산을 방지하는 차단방역(biosecurity)에 매우 중요한 역할을 한다. 질병을 예방하기 위해 사용되는 가장 비용이 저렴하고 효과적인 방법이다. 최근의 소독개념은 축사 및 가축 소독과 해충방제뿐만 아니라 가축이 마시는 물의 소독, 사료의 방부처리 및 악취 방지를 목적으로 하는 약제의 투여도 포함하고 있다. 한편, 차단방역은 전염성 질병, 해충(pest), 외래종(alien species), 변형생물체(modified organism)의 전파 위험을 줄이기 위한 일련의 예방조치이다. 가축에서의 차단방역은 농장으로 질병의 유입과 확산을 방지하여, 한 지역에서 다른 지역으로의 질병 전파를 막는 것을 말한다. 차단방역은 미생물뿐만 아니라 생물체까지 경계선을 넘어 농장으로 전파 또는 이동하는 것을 차단하여 가축을 보호하는 것으로서, 소독보다 범위가 넓은 방역 활동이다.

2.6.1 소독관련 규정 및 방법

소독이란 미생물 가운데서 병원체만을 멸살시키거나 그 수를 감소시켜 병원성을 발휘하지 못하게 하는 것이다(방역에서 가장 기본적인 방법이다). 가축전염병예방법 제17조 및 시행규칙 제20조에서 대상자별 소독설비 및 방역 시설 설치기준과 소독의 방법, 실시기준, 소독실시기록, 점검 등에 관하여 규정하고 있다.

■ 표 6-10 소독 방법의 구분

구분	내용
약물소독	계면활성제, 산성제, 염기제, 산화제, 알데하이드 등의 소독제를 사용하여, 미생물을 사멸하는 방법인 일반 소독제와 생석회, 표백분 등을 이용한 소독
훈증소독	포름알데하이드 또는 산화에틸렌을 사용하여 밀폐된 공간에서 실시
증기소독	고온, 고압을 유지하는 별도의 소독기에서 실시되며, 120℃ 이상, 1시간 이상 유지하면 아포를 형성하는 세균을 포함하여 모든 미생물을 사멸시키는 소독 방법
자비소독	100℃의 끓는 물에서 1시간 이상 유지하여 기구를 소독하는 데 이용되나, 아포를 형성하는 세균은 이 방법으로 사멸되지 않음
발효소독	분뇨, 깔집 등을 소독하는 데 사용되며, 발효 시 발생하는 높은 온도가 미생물을 사멸시키나 아포는 사멸되지 않음
자외선소독	햇빛을 이용하는 소독법으로 화합물의 화학결합에 영향을 주어 광분해 작용과 자외선은 핵산 및 DNA를 파괴함

가축전염병이 발생하거나 퍼지는 것을 막기 위하여 가축사육시설(소, 돼지, 닭, 오리 등 사육업), 도축장, 집유장, 식용란 선별포장업, 식용란 수입판매업, 사료제조업, 가축시장, 종축장, 가축검정기관, 부화장, 정액처리업, 가축분뇨를 주원료로 하는 비료제조업, 가축분뇨처리업 등의 소유자나 영업자는 농림축산식품부령에 따라 소독설비 및 방역 시설을 갖추어야 한다. 개별시설에 따라 터널식·고정식소독시설, 분무소독시설, 고압분무기, 연막소독기, 소

독조 이외에 세척시설, 소독약보관용기·희석용기, 탈의실, 샤워장, 소독실, 동파방지장치(전기열선장치) 등의 소독설비를 갖추어야 한다. 가축관련 시설의 소유자 등은 가축전염병이 발생하는 것을 예방하기 위하여 소독설비를 설치하고 당해 시설·가축·출입자·출입차량 등 오염원에 대하여 소독을 실시하여야 하고, 쥐, 곤충을 없애야 한다. 이러한 소독에 관한 사항을 소독실시 기록부에 기록하고, 최종 기재일로부터 1년간 보관하여야 한다. 소독은 그 방법에 따라 크게 화학적 소독과 물리적 소독으로 구분하거나 미생물의 사멸 정도에 따라 멸균과 소독으로 구분하기도 한다. "가축전염병예방법 시행규칙 별표2"에서는 소독의 종류를 약물, 훈증, 증기, 물 끓임, 발효, 자외선, 기구·장치 이용, 분무 소독 등으로 구분하고 있다.

표 6-11 일반적인 소독방법

이화학적 소독법	화학적 소독법(약물소독의 작용기전)
① 자외선 소독: 자외선에 의한 소독으로 파장이 짧은 빛을 이용하는 소독법으로 화합물의 화학결합에 영향을 주며, 광분해와 자외선의 핵산 및 DNA를 파괴로 손상 ② 소각소독: 완전한 방법이나 한계점이 많고, 환경오염 등의 문제가 발생 ③ 기타 여과소독, 건열소독 및 습열 소독	① 균체 막의 파괴: 승홍, formalin ② 균체단백질의 변성: 알콜, 초산, 염소제 ③ 균체성분 산화: 할로겐 화합물, H_2O_2 ④ 균체 막 장해: 계면활성제, 클로르헥사딘 ⑤ 균체 효소계 저해: 머큐로크롬, 붕산, 양성비누 ⑥ 원형질 단백질과 결합으로 균체 기능 장해: 승홍, 옥시시안화수은
항생제나 설파제는 균체의 대사작용 저해, 효소 생성의 저해, 단백질 합성 저해 등을 일으켜 증식을 억제하는 작용을 한다.	

2.6.2 소독약 사용의 일반적 상식

① 소독 전에 반드시 청소(특히 유기물), 표면장력이 낮을수록 소독제가 잘 접촉하고 침투
② 적정 농도로 사용하는 것이 가장 중요(농도가 짙으면 오히려 소독력 감소)
③ 소독약 온도는 높으면 소독 효과가 증대(표면장력이 낮아지고 화학반응이 촉진)
④ 소독약의 희석은 경수를 피할 것
⑤ 병원체를 고려하여 소독약을 선택
⑥ 산과 알칼리 계통의 소독제를 동시에 사용하지 말 것
  - 산도(pH)는 미생물의 증식과 밀접한 관계, 대부분은 중성 범위 전후에서 잘 증식
  - 강산성이거나 강알카리성이면 발육이 정지되거나 사멸하게 되므로, 소독제는 pH가

높거나 낮을 때 효력이 우수
⑦ 조제 후에 즉시 사용할 것
⑧ 적당한 약물류의 혼합으로 소독력이 증강될 수 있다.

2.6.3 소독과 멸균에 영향을 주는 요인

① 세균체의 구성성분
② 아포의 유무
③ 세균의 발육기
④ 단위 용적 중의 세균수
⑤ 주위환경의 온도
⑥ 단백질의 혼입 및 소독 대상물의 pH와 염류의 농도

2.6.4 소독약의 구비 조건

① 소독력이 강하여야 하며, 동물에 대한 독성이 약해야 한다.
② 화학적으로 안전성이 있어야 하고, 수용성이 높고, 부식성이 없어야 한다.
③ 침투력이 크며, 지방과 냄새의 제거력이 있어야 한다.
④ 저렴하며, 사용이 간편해야 한다.

2.6.5 소독종류별 실시방법(가축전염병예방법 시행규칙 제20조 5항관련 별표2)

① 약물소독
• 생석회: 소독 목적물에 소량의 물을 뿌린 후 생석회를 충분히 살포(축사의 바닥 · 분뇨 · 분뇨구 · 오수구 · 습윤한 토지 등), 사람과 가축에 직접 접촉되지 않도록 주의
• 석회유(생석회와 물을 1:9의 비율로 섞은 것): 축사의 벽 · 바닥 · 울타리 · 토지 등(뿌릴 때에는 고루 저으면서 사용) 충분히 뿌림
• 표백분: 축사의 바닥 · 분뇨 · 분뇨구 · 오수구 · 습윤한 토지 등에 흠뻑 뿌리며, 표백분은 광선 및 습기에 노출되지 않은 것 사용

- 표백분수(표백분과 물을 1:19의 비율로 섞은 것): 축사의 벽·바닥·울타리·토지 등에 뿌리며, 표백분은 광선 및 습기에 노출되지 않은 것 사용
- 석탄산수(석탄산과 물을 3:97의 비율로 섞은 것): 소독목적물(주로 동물의 다리·사체, 축사, 금속성기계 또는 기구, 가죽으로 만든 기구 등)을 이에 담그거나 뿌리며, 알카리성 용액이 있는 경우에는 이를 물로 씻은 후에 사용
- 승홍수(HgCl₂, 이염화수은의 수용액으로서, 이염화수은, 염산 및 물을 1:10:189의 비율로 섞은 것 또는 1:1:1,000의 비율로 섞은 것): 동물의 다리·몸체(소는 제외)·사체, 축사, 기구·기계류(금속성인 것은 제외) 등의 소독목적물에 뿌리거나 소독목적물을 이에 담구며, 금속성의 기구나 기계에는 사용하지 않고, 승홍수는 비금속류의 용기에만 사용
- 포르말린수(포르말린과 물을 1:34의 비율로 섞은 것): 소독목적물(축사, 가축의 몸체·사체, 기구·기계, 뼈·뿔·발굽·가죽으로 만든 기구 등)에 충분히 뿌리거나 담구며, 뿔 또는 발굽을 소독할 때는 3시간 이상 담굼
- 크레졸비누액(3~5%): 옷·축사·가축의 몸체·기구·기계·가죽으로 만든 기구 등 소독에 사용
- 수산화나트륨과 기타 알칼리 수용액은 2%의 수용액 사용: 소독목적물(축사·기구·울타리·분뇨저장 용기 등)에 충분히 뿌리거나 소독목적물을 이에 담굼
- 알콜(70% 이상) 또는 승홍(1%): 가죽류의 경우 탈지면에 적시어 충분히 닦음
- 2% 탄산나트륨: 뼈·가죽류에 사용
  - 항공기의 경우 0.1% 실리콘산나트륨을 첨가한 4% 탄산나트륨 수용액 사용
- 차아염소산나트륨(유효염소 4% 이상): 차아염소산나트륨 수용액(40ppm)을 소독은 목적물에 충분히 뿌리거나 소독목적물(육류·한약제품 등 식용으로 제공하기 위한 축산물의 포장·용기, 비식용 축산물의 포장·용기 및 검역시행장)을 뿌려 사용
  - 흐르는 물에 소독목적물을 충분히 수세, 염분을 제거한 후 차아염소산나트륨 500배 희석액에 18℃에서 2시간 이상 침적 소독
  - 천연케이싱 포장 용기의 경우 차아염소산나트륨 500배 희석액을 채운 뒤 2시간 이상 소독
- 올소페실페닌산나트륨용액(물 1리터에 올소페실페닌산나트륨을 10.2그램 이상 섞어 그 온도를 16℃ 이상으로 한 것): 컨테이너 소독에 사용
- 이산화염소(ClO₂3% 이상)를 사용하는 경우
  - 이산화염소(3%)와 물을 1:99 또는 1:199 내지 299의 비율로 섞은 것을 사용
  - 분뇨구·사체, 실내·축사·항공기내부, 기계·기구·울타리 등, 뼈·가죽류·모피류·뿔·육류 등, 탈취·악취제거 물건, 출입구 발판 소독·가축의 몸체

- 이산화염소(3%)와 물을 1:49,999 내지 99,999의 비율로 완전히 희석한 후에 이를 가축에게만 먹임

② 훈증소독
• 산화에틸렌 가스멸균기 소독: 우황 · 사향, 녹용 및 식용으로 제공하는 한약재 등에 사용
  - 압력: 상압(1kg/㎠)
  - 온도: 상온
  - 시간: 4시간 이상
  - 산화에틸렌을 기화할 것
  - 최종 제품의 잔류농도는 50ppm 이하일 것
• 포름알데하이드 훈증소독: 창고 안에서 실시하거나 비닐 등을 사용하여 밀폐한 후 훈증소독
  - 1㎥당 포르말린(40%) 53㎖, 과망간산칼슘 35g을 섞어 기화, 7시간 이상
  - 실내 및 축사, 기구 · 기계 등 장비, 뿔 · 발굽 · 골분 등, 동물의 털, 그 밖의 옷 및 포장에 사용된 재료 등
  - 내부까지 소독할 필요가 있는 경우에는 진공 장치를 사용, 소독 효과가 불안정하지 않도록 13℃ 이상을 유지

③ 발효소독
• 분뇨 및 깔짚 등: 폭 1~2미터, 깊이 0.2미터 길이의 구덩이를 파서 발효소독
  - 그 안에 소독용 생석회를 뿌린 다음 병원체에 오염되지 않은 깔짚 등을 채우고 그 위에 소독목적물을 쌓은 뒤 그 표면에 생석회를 다시 살포한 후 병원체에 오염되지 않은 깔짚 등으로 덮고 그 위를 흙으로 덮어 1주일 이상 발효
  - 불침투성 물질로 축조된 오물처리시설이 있는 경우 소독목적물에 생석회 등을 살포한 후 1주일 이상 발효

④ 자외선 소독
• 소독목적물을 15W의 자외선살균 lamp로부터 50㎝안에 두고 1~2분 동안 자외선 조사
  - 건조녹용, 옷 · 모포 · 포장 등

소독제		주요 적용 대상
염기(알카리)제	가성소다(2%) 탄산소다(4%)	사체, 축사 및 주위환경, 물탱크, 기구, 차량, 피복 ※ 사람 · 가축 · 알루미늄 계통에는 적용 금지
	생석회	사체, 동물이 없는 축사, 바닥 및 흙 * 사람, 차량이 많은 도로에는 적합하지 않음
산성제	염산	축사, 기구, 퇴비
	초산(2%)	축사, 동물, 사람, 기구, 의복
	구연산(0.2~2%)	축사, 동물, 사람, 기구, 의복
	복합산 용액	축사, 동물, 기구 등(소독제별로 다름)
알데하이드계	글루타알데하이드	축사, 기구(생체에는 사용금지)
	포르말린	사료, 거름 등(생체에는 사용금지)
	포름알데하이드 가스	건초 · 볏짚, 사료, 밀폐공간(축사, 창고, 사택 등)
산화제	차아염소산	축사, 기구, 가옥, 의복, 음수 등
	이산화염소	축사, 기구, 가옥, 의복, 음수 등
	이염화 이소시안나트륨	축사, 기구, 가옥, 의복, 음수 등
	복합염류	축사, 기구, 가옥, 의복, 음수 등(소독제별로 다름)

※ 구연산(citric acid), 초산(acetic acid) 등 산성제는 단일 제제보다 복합제품으로 많이 사용

미생물의 핵산, 핵막 및 지질막을 변형시키며, 유기물 제거 능력이 강하고 잔류하지 않으며 모든 미생물에 효과와 사람과 의복에는 적용할 수 있으나 구리, 황동, 철 및 아연을 부식시키므로 주의

발판 소독조   **차량소독**

질병통제예방센터(CDC)와 세계보건기구 (WHO)

-최근 주요 감염병의 세계적인 발생 현황-

1. 웨스트나일 바이러스-1999~2002년: 1999년 여름 뉴욕시에서 모기에 의해 전염되는 것으로 처음 보고, 3년 동안 44개 주에서 4,156건 발생, 284건의 사망자가 발생했다. 전형적인 증상으로는 고열, 목이 뻣뻣하고 두통이 있지만 감염된 대부분 감염이 심각하지 않으면 증상을 나타내지 않는다.

2. 탄저병-2001년: 탄저병 포자가 들어있는 백색 분말로 오염된 편지가 뉴스 미디어 회사와 두 개의 미국 상원 의원 사무실로 전달된 사건으로 첫 확인사례 이후 총 22건과 다섯 건의 사망으로 증가했다.

3. 사스-2003년: 코로나 바이러스로 인한 호흡기 증후군은 2003년 2월 아시아에서 처음 확인, 일반적인 증상으로는 고열, 기침 및 호흡 곤란이다. 전 세계적으로 총 8,098명 감염사례와 774명이 사망했다.

4. 유행성이하선염-2006년: 미국은 2006년에 6,500건 이상의 사례가 있었고, 주로 중서부 대학 캠퍼스에 집중되었다. 유행성이하선염은 스포츠, 춤, 키스 등과 같은 밀접한 접촉 활동을 통해 퍼지며, 2009년부터 2010년까지 가장 큰 발병은 감염된 학생이 영국에서 돌아온 후 뉴욕시의 밀접한 종교 공동체에서 3,000건이 발생 되었다.

5. 대장균과 살모넬라균-2006년: 대장균은 신선한 시금치의 오염을 통해 2006년 미국에서 처음 보고되었으며, 26개 주에서 199건이 보고되고 3건의 사망자가 발생했다. 대장균은 용혈성 요독 증후군과 잠재적으로 신부전으로 이어질 수 있으며, 다른 주목할만한 증상은 심한 설사 및 호흡기 질환이다. 2008년에 여러 주에서 49건의 사례가 햄버거 쇠고기와 관련이 있었으며, 가장 악명 높은 발병은 2015년에 14개 주에서 총 58건이 보고되었다. 2006년 토마토는 살모넬라균과 관련이 있으며 21개 주에서 총 183건의 사례가 발생했다. 살모넬라균과 관련된 음식 목록은 땅콩버터, 생닭고기, 심지어 애완동물 사료에 이르기까지 다양하다. 2012년 작은 거북이와 관련된 살모넬라균의 사례는 43개 주에서 총 473건으로 이어졌으나 사망자는 보고되지 않았다.

6. H1N1 바이러스(돼지 독감)-2009년: 2009년 4월, 미국에서 20건의 신종플루임이 보고되었고, 결국 12월까지 208개국에 달하는 유행성 독감이 되어 최소 12,220명의 사망자가 발생했다. 돼지 독감은 돼지에 의해 호흡기 질환으로 전염되었으며, 일반적으로 농장 사육사와의 접촉이나 박람회 참여를 통해 전염되었다.

7. 백일해-2012년: 호흡기 질환으로 2012년 미국에서 48,277건 이상 발생, 기침은 최대 10주 이상 지속되며, 특히 유아의 생명을 위협할 수 있다. 전 세계적으로 백일해 사례 추정치는 2,400만 명에 이르며, 국립생명공학정보센터에 따르면 연간 약 160,700명의 사망자가 발생한다.

8. 메르스-2012년: 중동호흡기증후군은 2012년 아라비아반도에서 처음 발견되었으며 코로나바이러스와 관련이 있다. 2019년까지 858명의 사망자를 포함하여 2,494건이 보고되었다.

9. 에볼라-2014년: 에볼라는 1976년 에볼라 강 근처의 아프리카에서 발견되었지만, 최근 세계의 주목을 끌었던 발병은 기니에서 시작되어 이웃 국가로 확산, 시에라리온에서 14,124명 발병, 3,956명의 사망자가 발생했다. 에볼라는 미국에 도착했지만 네 건의 사례와 한 명의 사망자만 기록했으며 2015년 CDC는 이 질병에 대한 백신을 발표했으며, 에볼라의 가장 최근의 발생은 2018년 콩고 민주 공화국에서 발생했다.

10. 지카-2016: 모기 전염 질병으로 인한 가장 위협적 잠재적인 희생자는 임산부이며, 물릴 경우 임신으로 인해 사산, 조산 또는 태아 손실이 발생할 수 있다. 2016년 11월, 84개국이 아메리카 대륙에서 지카 바이러스 사례가 있는 것으로 보고되었으며, 브라질에서 첫 번째 사례가 보고된 후 뉴욕, 플로리다, 텍사스로 대규모로 확산되었다.

11. COVID-19-2020년: 2020년 1월 30일, 세계보건기구(WHO)는 중국 후베이성 우한에서 시작된 신종 코로나바이러스인 COVID-19는 SARS 및 메르스와 마찬가지로 이 바이러스는 인간을 감염시키기 전에 특정 동물에서 유래했으며 빠르게 퍼졌다. 바이러스의 존재가 확인된 위치는 전 세계적 판데믹으로 긴급 mRNA 백신이 개발되어 접종되고 있으나 델타와 오마크론 등의 변이바이러스가 출현하였다.

제7장

인수공통전염병

1 │ 인수공통전염병의 이해

1.1 ╲ 정의

인수공통전염병(Zoonoses, Zoonotic diseases)이란 척추동물로부터 사람에게 또는 사람으로부터 척추동물에게 자연적으로 전염되는 질병이나 감염을 말한다. 세계보건기구(World Health Organization, WHO)에 의하면 인수공통전염병은 전 세계적으로 매우 흔하며, 현재 알려진 인수공통전염병 유형은 200가지 이상으로 이는 인간의 기존 및 새로운 질병의 많은 부분을 차지하고 있다. 또한 미국질병통제예방센터(Centers for Disease Control and Prevention, CDC)는 사람에게 알려진 전염병 10건 중 6건 이상이 동물에서 전염될 수 있으며 사람에게 새로 발생하거나 새로 발생하는 전염병 4건 중 3건은 동물에서 발생한다고 추정하고 있다.

■ 그림 7-1 ZOONOTIC DISEASE

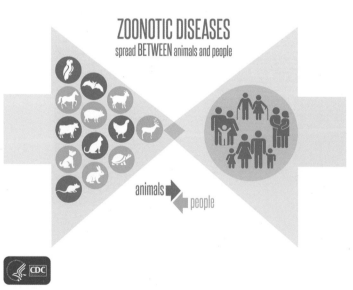

출처: https://www.cdc.gov/onehealth/basics/zoonotic-diseases.html

1.2 예방 및 통제

인수공통전염병의 예방 방법은 병원체마다 다르다. 그러나 몇 가지 관행은 지역 사회 및 개인 수준에서 위험을 줄이는 데 효과적인 것으로 인식된다. 첫째, 농업 부문의 동물 관리를 위한 안전하고 적절한 지침은 육류, 계란, 유제품 또는 일부 야채와 같은 식품을 통한 식품 매개성 인수공통전염병(Foodborne Zoonoses) 발생가능성을 줄이는 데 도움이 된다. 둘째, 깨끗한 음용수 및 폐기물 제거에 대한 표준과 자연 환경의 지표수 보호도 중요하고 효과적이다. 셋째, 동물과의 접촉 후 손 씻기를 장려하는 교육 캠페인 및 기타 행동 조정은 인수공통전염병 발병 시 지역사회 확산을 줄일 수 있다.

인수공통전염병의 통제와 예방을 복잡하게 만드는 요인은 항균제 내성이다. 식용으로 사육되는 동물에 항생제를 사용하는 것은 광범위하며 동물 및 인간 개체군에 빠르게 퍼질 수 있는 인수공통병원균의 약제 내성 균주에 대한 가능성을 높인다.

2 인수공통전염병의 분류

2.1 전파방향에 의한 분류

동물과 사람에서 인수공통전염병의 전파방향에 따라 3가지로 구분된다.

구분	전파방향	질병 예
Anthropozoonosis	동물 → 사람	광견병 브루셀라, 탄저
Amphixenosis	사람 ⇌ 동물	회충증, 조충증 광견병 결핵, 살모넬라증
Zooanthroponosis	사람 → 동물	홍역(고릴라) 아메바증(원숭이)

2.2 전파양식에 의한 분류

동물과 사람에서 인수공통전염병의 전파양식에 따라 4가지로 구분된다.

구분	정의	질병 예
직접전파 (Directzoonosis)	병원체의 성숙과 질병유발에 단 1종의 척추동물(동물이나 사람)이 필요한 경우 대부분의 세균성 및 바이러스성 인수공통전염병이 여기에 속함	바이러스성(광견병, 에볼라 바이러스 감염증) 세균성(결핵, 브루셀라병, 살모넬라증, 장출혈성 대장균증)
순환전파 (Cyclozoonosis)	병원체의 성숙에 2종의 척추동물(동물이나 사람)이 필요한 경우	무구조충증(소) 유구조충증(돼지) 포충증(개과 동물)
매개전파 (Metazoonosis)	병원체의 성숙에 척추동물뿐만 아니라 무척추동물까지 필요한 경우 동물이나 사람에 감염하기까지 얼마의 시간동안 무척추동물 내에서 병원체가 증식발달하여야 하며, 이 무척추동물이 vector(매개체)가 되어 전파됨	진드기(라임병, 홍반열, 야토병, 에를리히아증) 벼룩(페스트) 모기(황열, 일본뇌염, 뎅기열, 말라리아) 다슬기->가재, 게(폐흡충) 우렁이->참붕어, 잉어(간흡충)
토양전파 (Saprozoonosis)	병원체의 성숙과 동물 및 사람에게 전파에 동물이 아닌 무생물이 필요한 경우	파상풍

2.3 병원체에 의한 분류

인수공통전염병 병원체는 세균, 바이러스, 진균, 기생충 또는 원충일 수 있거나 비전통적인 인자를 포함할 수 있으며 직접적인 접촉이나 음식, 물 또는 환경을 통해 사람에게 퍼질 수 있다.

2.3.1 세균성 인수공통전염병

1 결핵(Tuberculosis)

결핵은 *Mycobacterium tuberculosis*(인형결핵균), *Mycobacterium bovis*(우형결핵균), *Mycobacterium avium*(조형결핵균) 및 기타 *Mycobacterium* spp.을 포함하는 Mycobacterium tuberculosis complex(결핵균복합체)의 세균에 의해 유발되는 인수공통전염병이며 법정 제2종 가축전염병으로 주요 병원체는 *M. Tuberculosis*(인형결핵균) 및 *M. Bovis*(우형결핵균)이다. 만성 소모성 질병인 결핵은 소에서 수개월 내지 수년에 걸쳐 만성적인 쇠약, 유량감소 등을 특징으로 하며 사람에서는 식욕부진, 피로, 권태, 창백 및 미열 증상을 보인다. 폐, 신장, 신경, 뼈, 골수, 복막 등 우리 몸속 거의 대부분의 조직이나 장기에서 병을 일으킬 수 있으나 특히 산소의 공급이 원활한 폐 조직에서 잘 증식하기에 기침, 가래, 객혈을 동반하는 폐결핵이 대부분을 차지한다.

① 병원체
- *Mycobacterium tuberculosis*(인형결핵균): 경구감염, 호흡기감염
- *Mycobacterium bovis*(우형결핵균): 경구감염, 호흡기감염
- *Mycobacterium avium*(조형결핵균)

② 특징
- 일반염색이 어려워 항산성염색 시 붉은 색으로 관찰
- 건조, 강산, 알칼리에 저항성 있음
- 열, 햇빛에 약해 직사광선을 쪼이면 수분 내에 죽음
- 매우 느리게 증식하는 특성이 있어 세균분열이 느려(18~24h) 분리배양에 오랜 시일이 걸림

③ 소에서 주요 감염원 및 전파경로
- 감염소 및 잠복감염소에서 배출된 콧물 등의 분비물
- 감염소 및 잠복감염소와의 접촉감염
- 오염된 사료, 물 등에 의한 경구감염
- 임신소에서 태아의 태반감염 및 우유를 통한 송아지 감염

④ 진단
- 투베르쿨린 반응 검사(PPD test): PPD 0.1 µg을 피내 주사 48시간 후 경결의 크기 계측
- 흉부 X-선

- 객담 균배양 및 소천배지(오가와 배지)에서 균분리 동정: 약 6주 소요
- 우리나라는 현재 소에서 투베르쿨린 반응 검사 및 ELISA 항체검사로 진단하며 양성일 경우 살처분한다.

② 탄저(Anthrax)

탄저는 *Bacillus anthracis*의 포자감염에 의해 소, 양, 염소 등의 반추동물에게서 발생하는 심각한 인수공통전염병으로 법정 제2종 가축전염병이다. 토양에서 자연적으로 발생하며 일반적으로 전 세계의 가축 및 야생 동물에 영향을 미친다. 가축과 야생 동물이 오염된 토양, 식물 또는 물에서 포자를 들이마시거나 섭취할 때 감염될 수 있으며 과거에 가축이 탄저병에 걸린 적이 있는 지역에서는 정기적인 예방 접종이 도움이 될 수 있다.

사람들은 감염된 동물이나 오염된 동물 제품과 접촉하여 감염되며, 몸에 들어간 포자가 체내에서 활성화되면 탄저균이 증식하여 몸에 퍼지고 독소를 생성하게 된다. 사람들이 포자를 들이마실 때, 포자로 오염된 음식을 먹거나 물을 마실 때, 또는 피부의 베인 상처나 긁힘에 포자가 있을 때 발생할 수 있어 폐탄저, 장탄저 및 피부탄저의 형태로 나타나게 된다.

① 병원체
- *Bacillus anthracis*

② 특징
- 환경에서 포자 형성: 건조, 소독제, 자외선 등 생존에 강해 수십 년 생존 가능
- 사후에 발견되는 경우가 많음
- 질병의 경과가 급성(1-2시간 또는 24시간 이내)이므로 살아있을 때 진단 어려움
  - 유즙분비의 급작스러운 정지로 우유로 탄저균의 감염가능성은 희박
- 모든 포유동물, 소, 양, 산양, 말, 노새, 개 및 사람이 감수성을 가짐(조류는 감수성이 없음 = 감염 안 됨)

③ 증상
- 천연공(비공, 항문 등)에서 불량의 tar양 혈액 누출 및 응고
- 비장 종대
- 피하와 점막하의 부종 및 출혈

④ 감염원
- 오염된 토양, 목초, 수피, 수모, 골분
- 흡혈곤충, 식육 야조 및 야생동물

⑤ 전파경로
- 경구감염
- 피부감염
- 호흡기감염

⑥ 국내 발생 상황
- 우리나라에서 1910~1930년대까지는 매년 한우 수백~수천 두에게 발생
- 2000년대 이후로는 산발적으로 소 탄저 발생: 2000년 창녕, 2008년 경북 영천

③ 브루셀라증(Brucellosis)

브루셀라증은 *Brucella* spp. 감염 동물의 생식기접촉이나 교미 등에 의해 감염되며 유산을 특징으로 하는 인수공통전염병으로 법정 제2종 가축전염병이다. 양, 소, 염소, 돼지, 개의 감염이 흔하며, 사람은 감염된 동물이나 오염된 동물 제품과의 접촉으로 전파될 수 있다.

① 병원체

Brucella abortus (소 브루셀라균)
Brucella suis (돼지 브루셀라균)
Brucella melitensis (산양 브루셀라균)
Brucella ovis (양 브루셀라균)
Brucella canis (개 브루셀라균)

 서로 교차감염 가능

② 특징
- 세포내 기생세균: 치료 곤란, 세포성면역
- 숙주 특이성 및 다양성

③ 증상
- 잠복기: 약 3주~6개월
- 평상시 임상증상 없음(불임, 유량감소, 고환염 → 경제손실)

- 감염 후 첫 번째 임신에서 대부분이 유산(임신 6~8개 월령)

  감염 후 유산까지 최소 잠복기간: 약 30일

  두 번째 임신부터는 유산하지 않지만, 균은 계속 배출

④ 감염원
- 동물: (생물학적) 소, 돼지, 양, 염소, 개 등

  (기계적) 개, 고양이, 쥐, 야생조수 등
- 흡혈곤충: 진드기, 모기, 파리 등
- 차량 및 기구: 수레, 장화, 착유기 등
- 사람: 축산업자, 수의사, 도축장 종사자, 육류포장 공장 직원, 인공수정사, 실험실 연구원 등

⑤ 전파경로
- 경구감염: 오염된 사료, 물, 양수, 우유 등
- 점막감염: 안점막, 착유 시 유점막 손상
- 피부감염: 상처부위
- 호흡기감염: 병원체 흡입
- 생식기감염: 교미, 인공수정(정액) 등

⑥ 사람 브루셀라증
- 병원성

  Brucella melitensis > Brucella suis > Brucella abortus > Brucella canis
- 증상

  잠복기 7~21일, 파상열, 발한, 피로, 오한, 두통, 근육통, 식욕감소

  관절염, 림프절염, 척수염, 수막뇌염, 골수염, 심내막염, 신장염
- 치료

  한 종류의 항생제만으로는 치료에 실패하거나 재발하는 경우가 많기 때문에 두 가지 이상의 항생제를 6주 이상 사용이 원칙

⑦ 국내 발생 상황
- 우리나라에서는 1958년 제주도에서 첫 발생 후 매년 지속적으로 발생
- 우리나라는 현재 백신을 실시하고 있지 않기 때문에 연중 내내 일제검사를 실시하여

양성일 경우는 무조건 살처분

④ 렙토스피라증(Leptospirosis)

렙토스피라증은 전 세계적으로 분포하는 흔한 세균성 인수공통전염병으로 *Leptospira* spp.의 병원성 균에 의해 발생한다. 원인균은 물이나 토양에서 몇 주에서 몇 달 동안 생존가능하며, 다양한 종류의 야생 동물과 가축에 감염하여 몇 개월에서 몇 년 동안 지속적으로 또는 가끔씩 균을 계속해서 환경으로 배출할 수 있다. 개는 야생 동물의 배설물로 오염된 소변에 노출되어 감염되며 원인균이 점막을 관통하여 내피 손상을 유발하고 간 및 신장과 같은 기관에 손상을 준다. 증상이 다양하고 비특이적이기에 진단은 혈청학검사(현미경 응집 테스트)과 PCR(중합효소연쇄반응)을 기반으로 한다. 렙토스피라증의 치료에는 대증요법과 항생제요법이 수행되며, 예방에는 환경관리와 개의 예방 접종이 포함된다.

개는 야외활동이 많은 사냥개나 스포츠견, 농장이나 숲지대에 사는 견들에게서 발생하며 임상증상은 발열, 식욕부진, 구토, 설사, 혈뇨, 황달을 동반하는 신장과 간의 기능부전이 발생한다. 소와 양은 용혈성빈혈과 진황색 우유를 분비하며, 돼지는 임신 후기 유산이 나타난다.

사람은 감염 동물의 소변(또는 타액을 제외한 다른 체액)과의 접촉, 감염 동물의 소변으로 오염된 물(또는 토양, 음식)과의 접촉, 피부나 점막(눈, 코 또는 입)을 통해 감염되며, 사람 간 전염은 드물다. 일부 감염자는 증상이 전혀 없을 수도 있으며 고열, 두통, 오한, 근육통, 구토, 황달, 복통, 구토, 설사 및 발진 등의 다양한 증상을 유발한다. 심각한 경우 신부전이나 간부전 또는 수막염이 있을 수 있다. 와일씨병(Weil's fever), 논농부병, 추수열(Harvest fever) 등으로 불리기도 하며, 우리나라는 8~11월경 추수기에 집중 호우나 홍수가 지나간 후 균오염이 의심되는 물이 있는 습한 장소에서 농작물 피해 방지나 재해 복구 작업 등을 한 농부, 군인, 자원봉사자들에게 발생한다.

① 병원체
- *Leptospira canicola*: 우리나라 개에서 가장 문제 되고 있음
- *Leptospira pomona*: 소, 돼지
- *Leptospira ballum, Leptospira icterohaemorrhagiae*: 랫트, 마우스
- *Leptospira icterohaemorrhagiae*: 개, 사람

② 특징
- *Leptospira* spp.은 나선균임
- 오줌으로 균이 배출됨

③ 감염원
- 설치류, 소, 돼지, 개 등의 소변

④ 전파경로
- 직접접촉: 감염된 동물의 오줌
- 간접접촉: 오염된 토양, 물(지하수, 논둑, 개울, 강)

⑤ 고양이 할큄병(CSD, Cat scratch disease, 묘소병)

고양이 할큄병은 *Bartonella henselae*에 의해 발생하는 비교적 드문 세균성 인수공통 전염으로 고양이가 할퀴거나 물린 후에 발생한다. *Bartonella* spp.에 감염된 많은 포유동물 중에서 고양이는 *B*. Henselae, *B*. Clarridgeiae 및 *B*. Koehlerae의 주요 저장소이기 때문에 인간 감염의 큰 저장소이다. 고양이의 약 40%가 일생에 한 번은 *B*. Henselae를 가지고 있지만 감염된 대부분의 고양이는 질병의 징후를 보이지 않는다. 그러나 드물게 발열, 림프샘 종창, 근육통이 나타나며 심장 염증을 일으키기도 한다.

1세 미만의 새끼 고양이는 *B*. Henselae에 감염되어 사람에게 세균을 퍼뜨릴 가능성이 더 높은데, 이 연령에는 놀면서 먹이를 공격하는 방법을 배우는 동안 사람을 할퀴고 물기 쉽기 때문에 새끼 고양이가 사람의 손가락으로 노는 습관을 없애야 한다.

고양이에서 질병은 감염된 다른 고양이와의 접촉이나 싸움으로 감염될 수 있으며 벼룩 배설물과의 접촉을 통해 전염되기도 한다. 벼룩의 대변으로 배설된 *B*. Henselae가 고양이의 피부에 존재 시 몸단장을 통해 고양이가 균을 섭취함으로써 감염된다.

사람은 감염된 고양이가 사람의 상처를 핥거나 사람을 물거나 할퀼 때 발생하며 감염자 중 많은 수가 고양이와 잘 노는 어린이다. 할퀴거나 물린 후 약 3~14일이 지나면 그 부위에 경미한 감염이 발생할 수 있으며 감염된 부위는 둥글고 융기된 병변과 함께 부어오르고 발적, 고름이 생길 수 있다. 또한 발열, 두통, 식욕 부진 및 근육통이 나타나며 상처부위 근처의 림프샘이 붓고 아플 수 있다. 드물게는 뇌, 눈, 심장 또는 기타 내부 장기에 심각한 합병증을 유발할 수 있는데 5-14세의 어린이와 면역 체계가 약화된 사람들에게 발생할 가능성이 더 높다.

예방은 고양이에게 물린 자국과 긁힌 자국을 비누와 흐르는 물로 잘 씻어내고 피부에 상처가 있을 경우에는 고양이가 핥지 않도록 주의하며, 감염 증상이 나타나면 병원을 방문하는 것이 좋다.

출처: https://www.cdc.gov/healthypets/diseases/cat-scratch.html

① 병원체
• *Bartonella henselae*

② 특징
• 벼룩은 고양이 사이에서 *B. Henselae*를 전염시키는 역할을 함
• 새끼 고양이는 성인 고양이보다 감염될 가능성이 더 높기 때문에 고양이 할큄병을 인간에게 전염시킬 가능성이 더 높음

⑥ 페스트(Pest, Plague, 흑사병)

페스트는 *Yersinia pestis*에 의해 사람과 다른 포유류에 발생하는 급성 열성 감염병으로, 쥐에 기생하는 벼룩이 매개하는 인수공통전염병이다. 사람은 일반적으로 *Y. Pestis*를 옮기는 설치류 벼룩에 물린 후 또는 감염동물을 만진 후 전파된다. 국내에서는 최근 발병이 보고된 바 없으며 호주와 남극 대륙을 제외한 모든 대륙 특히 아시아(중국북부·티베트·베트남·인도북부), 아프리카, 아메리카 대륙 등지에서 부분적으로 발생하고 있다.

① 병원체
• *Yersinia pestis*

② 특징
• 동물
ⓐ 쥐는 보균동물로 불현성감염
ⓑ 설치류는 감수성 매우 높으며, 쥐 외 설치류는 출혈성 패혈증으로 급성 폐사 가능

ⓒ 기타 동물은 출혈성 패혈증으로 급성 폐사 가능

• 사람

ⓐ 림프절 페스트(bubonic plague, 가래톳 페스트): 치사율 50~60%

　림프절부종, 발열, 오한, 근육통, 두통, 빈맥, 극심한 피로

ⓑ 폐 페스트(pneumonic plague, 폐렴형 페스트): 치사율 30~100%

　폐렴 증상(기침, 호흡곤란, 흉통, 수양성 혈담), 발열, 오한, 두통, 구토, 쇠약감

ⓒ 패혈증 페스트(septicemic plague): 치사율 30~100%

　초기에는 소화기 증상으로 구역질, 구토, 설사

　진행 시 파종성혈관내응고, 급성호흡부전, 신부전, 의식저하, 쇼크, 사망

③ 감염원

• 쥐, 설치류

④ 전파경로

• 벼룩매개

• 직접접촉

• 비말(폐 페스트)

7 파상풍(Tetanus)

파상풍은 주로 *Clostridium tetani* 포자에 의한 상처오염으로 발생하며 병원체가 번식과 함께 생산해내는 신경독소가 신경세포에 작용하여 근육의 경련성 마비와 동통을 동반한 근육수축을 일으키는 인수공통전염병이다. 모든 포유류가 감수성이 있으며 말, 양 및 사람은 매우 민감한 반면 소, 개 및 고양이는 상대적으로 저항성이 있는 편이며 조류는 저항성이 높다. 병원체는 흙과 동물의 위장관에 정상적으로 존재하는데 이 경우에는 병을 일으키지 않는다. 그러나 흙, 분변, 동물교상, 피부에 박힌 나무 조각, 못, 핀, 비위생적 수술, 화상 등을 통해 병원체의 포자가 피부 상처 부위를 통해 들어와 번식하게 되면 질병이 발생하며 국내는 연간 약 10~20건 정도가 보고되고 있다. 동물교상의 위험이 있는 수의사나 흙을 많이 만지는 직업군은 예방접종을 하는 것이 좋으며 재접종 간격은 10년이다.

① 병원체

• *Clostridium tetani*

② 증상
- 동물: 작은 자극에도 특징적인 파상풍 근육경련 발생, 경련은 골절을 일으킬 만큼 심각할 수 있음, 호흡부전, 심장부정맥, 빈맥, 고혈압
- 사람: lockjaw(턱 근육이 조여지기 때문에 붙여진 이름), 턱 경련, 갑작스런 비자발적 근육긴장, 연하곤란, 두통, 발열, 발한, 혈압과 심박수 변화

③ 감염원
- 흙, 분변, 동물교상, 피부에 박힌 나무 조각, 못, 핀, 비위생적 수술, 화상

④ 전파경로
- 상처감염

⑧ 라임병(Lyme disease)

라임병은 *Borrelia burgdorferi*에 의해 발생하는 진드기매개성 인수공통전염병으로 주로 Ixodes 속(사슴진드기)에 물려 전염된다.

말, 개, 고양이, 사람이 영향을 받으며 많은 포유류 및 조류도 감염되지만 명백한 임상 징후는 나타나지 않는다. 고양이는 거의 증상이 없으며, 개는 일반적으로 절뚝거림, 발열, 식욕부진, 혼수 및 국소 림프절병증을 나타낸다. 드물게 보고되지만 말의 임상 증상에는 신경학적 이상, 포도막염, 피부 림프종이 포함된다.

① 병원체
- *Borrelia burgdorferi*

② 증상
- 동물
ⓐ 개: 약 5-10%의 개에서 증상 발현
　　절뚝거림, 발열, 식욕 부진, 구토, 설사, 호흡곤란, 혼수, 림프절 종대, 신장 손상
ⓑ 고양이: 증상이 거의 없음, 절뚝거림, 피로, 식욕부진
ⓒ 말
㉠ 증상이 모호하고 다소 비특이적
㉡ 물린 부위 주변의 결절, 관절종창, 포도막염(Uveitis)
㉢ 강직, 절뚝거림, 혼수

ⓔ 신경보렐리아(Neuroborreliosis): 치명적, 신경증상, 발열, 근육소모, 피부 민감, 먹기 힘듦

• 사람

ⓐ 발열, 오한, 두통, 피로, 근육통 및 관절통, 림프절종창이 발진 없이 나타날 수 있음

ⓑ 이동 홍반(Erythema migrans)

감염자의 약 70~80%에서 발생하는 발진, 진드기에 물린 부위에서 시작(평균 약 7일), 며칠에 걸쳐 직경 30cm 이상까지 확장, 가렵거나 통증이 거의 없음, Bull's-eye

③ 전파경로

• 진드기매개: *Ixodes scapularis*(사슴진드기, deer tick, 검은다리진드기)

Ixodes scapularis

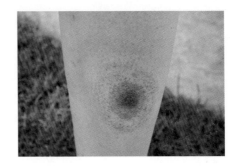

Bull's-eye

⑨ **야토병**(Tularemia)

야토병은 250종 이상의 야생 및 국내 포유류, 조류, 파충류, 어류 및 사람을 감염시키는 세균성 패혈증으로 인수공통전염병이다. 특히 토끼, 산토끼 및 설치류는 감염되기 쉽고 발병 시 집단 폐사한다. 사람은 감염경로에 따라 증상이 다르며 생명을 위협할 수 있지만 대부분 항생제로 성공적으로 치료할 수 있다. 국내에서는 1996년 포항지역에서 죽은 야생 토끼를 발견 후 상처 난 손으로 요리하여 섭취한 사람에게서 발병 사례가 있었다.

① 병원체

• *Francisella tularensis*

② 특징

• 토끼 및 설치류가 감수성 높음

③ 증상

• 동물

맥박과 호흡수 증가, 기침, 설사, 구강 궤양, 림프절병증, 간비장종대를 동반한 빈뇨, 쇠약, 폐사

• 사람

고열, 오한, 두통, 설사, 근육통과 관절통, 마른 기침, 쇠약감, 림프절 종대

④ 전파경로

• 매개충에 물림: 진드기(tick), 사슴파리(deerfly) 등

• 직접접촉(피부, 점막)

• 감염된 동물에 의한 교상

• 불충분하게 조리된 감염동물 또는 오염된 물 섭취

• 오염된 에어로졸 또는 농업 및 조경 먼지 흡입

• 실험실 노출, 생물학적 테러

⑩ 서교열(Rat-bite fever, 쥐물음증)

서교열은 설치류에 의해 전염되며 두 가지 다른 세균에 의해 발생하는 인수공통전염병으로 북미에서는 *Streptobacillus moniliformis*가 아시아에서는 *Spirillum minus*가 병원체로 보고되어있다. 족제비, 저빌, 다람쥐를 비롯한 다른 동물도 이 질병에 감염될 수 있으며 이러한 동물에 노출된 개나 고양이와 같은 반려동물도 질병을 옮기고 사람을 감염시킬 수 있다. 사람은 일반적으로 병원체를 운반하는 설치류와 직접접촉 또는 소변에 오염된 음식과 물, 설치류의 배설물을 섭취하여 감염될 수 있으며 치료하지 않으면 심각하거나 치명적인 질병이 될 수 있다. 서교열은 일본에서 처음으로 보고되었으며, 국내에서 발생보고는 없으나 2007년에 쥐에 물려 관절염이 발생한 60대 남성의 치료사례에 관한 논문발표는 있었다.

① 병원체

• 북미: *Streptobacillus moniliformis*

• 아시아: *Spirillum minus*

② 증상

• 사람

발열, 구토, 두통, 근육통, 관절 통증, 관절부종, 발진

합병증(복강 농양, 간염, 신장염, 심내막염, 심낭염, 사망)

③ 감염원
- 쥐

④ 전파경로
- 직접접촉
- 소변에 오염된 음식과 물, 설치류의 배설물 섭취

⑪ 살모넬라증(Salmonellosis)

살모넬라증은 다양한 동물의 장에서 살 수 있는 세균인 *Salmonella* spp.의 일부 종들에 의해 발생하는 질병으로 사람에서는 식중독을 일으키며 동물에서는 불현성 감염에서부터 심하면 폐사까지 그 범위가 넓다. 국내에서 세균성식중독 중 발생빈도가 가장 높고 병원체는 사람의 대표적인 식중독균이기에 식품위생학상으로 중요하다.

① 병원체
- *Salmonella typhi, Salmonella paratyphi, Salmonella sendai*: 사람에만 병원성 가짐
- 그 외 *Salmonella* spp.: 모두 인수공통전염병 병원체임

② 증상
- 동물
ⓐ 어린 동물: 설사, 이환율 및 치사율 높음
ⓑ 성숙 동물: 대개 불현성 감염
- 사람: 식중독 증상

③ 감염원
- 가축, 파충류, 반려동물, 야생 조수류, 쥐

④ 전파경로
- 경구감염

⑫ 세균성 이질(Shigellosis, Bacillary dysentery)

세균성 이질은 *Shigella* spp.에 의해 발생하는 감염성 대장염으로 원래 사람의 병이나 원숭이에게 감염시킨 인수공통전염병이다.

① 병원체
- *Shigella dysenteriae*: Serogroup A, 개발도상국에 흔함, 병원성 가장 강함, 과거 우리나라에 유행
- *Shigella flexneri*: Serogroup B, 개발도상국에 흔함
- *Shigella boydii*: Serogroup C, 개발도상국에 흔함
- *Shigella sonnei*: Serogroup D, 선진국에 흔함, 1991년 이후 우리나라에 분리율 상승

② 증상
- 고열, 구역질, 구토, 경련성 복통, 점액성 설사, 수양성 설사, 혈변

③ 전파경로
- 병원체를 보유한 환자나 보균자에 의해 직접 혹은 간접적으로 경구감염

⑬ 리스테리아증(Listeriosis)

리스테리아증은 *Listeria monocytogenes*에 오염된 음식을 섭취함으로써 발생하는 세균감염증으로 조류와 사람을 비롯한 포유류에 감염하는 인수공통전염병이다.

① 병원체
- *Listeria monocytogenes*

② 증상
- 사람
ⓐ 열, 오한, 근육통, 오심, 구토, 설사
ⓑ 침습성 리스테리아증(Invasive listeriosis)
㉠ 임산부: 임산부는 일반적으로 경미하거나 무증상. 그러나 태아가 유산, 사산, 조산 가능
㉡ 일반인: 수막뇌염, 사망 가능

2.3.2 리케치아성, 콕시엘라성, 클라미디아성 인수공통전염병

가. 리케치아성

① 발진열(Murine typhus, Endemic typhus)

발진열이란 *Rickettsia typhi*에 감염되어 발생하는 급성 열성 질환으로 벼룩매개성 인수공통전염병이다. 원인균에 감염된 동물의 혈액을 쥐벼룩이 흡혈 후 사람을 물거나 또는 감염된 쥐벼룩의 대변이 피부상처로 감염되거나 먼지상태로 구강, 결막 및 비말로 흡입되는 경우에 전파가 된다. 쥐에서의 증상은 불현성이나 사람에서는 1~2주의 잠복기를 거쳐 발열, 오한, 두통, 전신통이 나타나며 발병 3~5일경부터 흉복부 및 사지에 발진이 나타난다.

발진열은 가끔 발진티푸스(Epidemic typhus)와 비교가 되는데, *Rickettsia prowazekii*에 감염되어 발생하는 발진티푸스와 증상이 비슷하지만 심하지 않으며 발진열과는 달리 발진티푸스는 이 매개성(Louse-borne) 질환이다.

① 병원체
- *Rickettsia typhi*

② 특징
- 벼룩이 매개
- 전 세계적으로 발생하고 있으며 우리나라에서도 매년 주로 가을철에 발생하고 있음
- 쥐가 많이 서식하는 지역이나 장소에서 주로 발병

② 로키산 홍반열(RMSF, Rocky mountain spotted fever)

로키산 홍반열은 *Rickettsia rickettsii*에 의해 유발되는 진드기 매개성 인수공통전염병으로 조기에 치료하지 않으면 치명적일 수 있다. 야생설치류(쥐, 다람쥐), 야생 소형 포유류(토끼), 개, 사람에 감염되나 자연숙주인 야생동물은 무증상이며 개와 사람에서 심각한 문제가 된다.

개에서 임상 징후는 일반적으로 모호하고 비특이적이며 진드기에 물린 후 2~14일 후에 나타난다. 일반적인 증상은 발열, 혼수, 식욕부진, 체중 감소, 근육통, 관절통, 관절 종창, 파행, 림프절 비대, 말초 부종(다리), 피부 또는 점막의 점상출혈 또는 멍(반상출혈), 기침, 구토, 설사 등이다. 급성의 경우 적절한 항생제 치료를 하면 예후가 좋으나 중추신경계(CNS) 증상이 나타난 개는 예후가 좋지 못하다.

사람에서도 발열, 오심, 구토, 복통, 근육통, 식욕부진, 발진이 나타난다. 발진은 로키산 홍반열에 걸린 사람들에게 흔한 징후로 열이 시작된 후 2~4일 후에 발생하며 모양은 질병의

경과에 따라 크게 다를 수 있어 붉은 반점 또는 점처럼 보일 수 있다. 로키산 홍반열은 만성 또는 지속적인 감염을 일으키지 않지만 심각하게 앓고 회복된 일부 환자는 팔, 다리, 손가락 및 발가락의 혈관손상이 있을 경우 절단을 해야 하는 영구적인 손상을 입을 수 있다.

로키산 홍반열 예방백신은 없기에 진드기에 물리지 않도록 예방해야 한다. 반려견에서 발견 시 진드기를 즉시 제거하는 것이 매우 중요하며, 사람은 손에 상처가 있는 경우 반드시 장갑을 착용하여 제거 과정에서 진드기 배설물이나 혈액/액체에 감염되지 않도록 해야 한다.

① 병원체
• *Rickettsia rickettsii*

② 특징
• 개, 사람에게서 심각

③ 쯔쯔가무시(Tsutsugamushi, Scrub typhus, Bush typhus)

쯔쯔가무시는 *Orientia tsutsugamushi*에 의해 발생하는 급성 열성 질환으로 진드기 매개성 인수공통전염병이다. 원인균에 감염된 야생설치류를 흡혈한 털진드기(chigger)의 유충이 사람을 물어 전파시키기에 털진드기병(Scrub typhus)으로 부르기도 한다.

사람에서 증상은 일반적으로 물린 후 10일 이내에 시작되는데, 털진드기 물린 부위에 푹 파인듯한 검은 가피(eschar), 발열, 두통, 몸살, 근육통, 발진, 국소성 또는 전신성 림프절 종대, 비장 비대 및 신경증상 등이 있으며 중증 질환이 있는 사람은 장기 부전 및 출혈이 발생할 수 있어 치료하지 않고 방치할 경우 치명적일 수 있다.

① 병원체
• *Orientia tsutsugamushi*

나. 콕시엘라성

① Q열(Q fever)

Q열은 구조적으로는 리케치아균과 유사하지만 유전적으로는 다른 병원성 세균인 *Coxiella burnetii*에 의해 발생하는 인수공통전염병으로 원인균은 소, 염소, 양과 같은 반추동물과 토끼, 설치류 같은 야생동물을 자연적으로 감염시키며 개, 고양이와 같은 반려동물 및 사람도 감염된다. 반추동물 간 및 야생동물 간의 주된 전염 경로는 진드기에 물려 전파되며, 반려동물 및 사람은 감염된 동물의 배설물, 소변, 우유 및 출산 산물(태반, 양수)로 오염된

먼지를 흡입하여 감염된다.

C. Burnetii는 고온, 건조, 소독제 및 자외선에 강하여 환경에서 장기간 생존하며, 전염성이 매우 높고 사람에게 질병을 일으키는 데 필요한 균수도 매우 적은 편이다.

동물은 대부분 불현성 감염이며 개와 고양이도 일반적으로 감염의 임상 징후를 보이지 않지만 발열, 혼수, 식욕부진, 우울, 운동실조, 발작(고양이에서는 흔하지 않음), 유산(개에서는 흔하지 않음) 등이 나타날 수 있다. 사람은 무증상인 경우도 있으나 일반적으로 발열, 오한, 피로 및 근육통을 포함하여 독감과 유사한 증상이 나타난다. 고위험 직업군은 수의사, 축산업자, 도축장 종사자, 낙농업자, 가축 농부, 양과 염소를 사육하는 시설의 연구원 등이다.

■ 그림 7-2　Q fever 감염경로

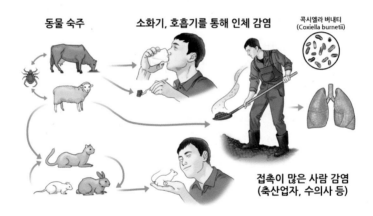

출처: https://www.amc.seoul.kr/asan/healthinfo/disease/diseaseDetail.do?contentId=33904

① 병원체
• *Coxiella burnetii*

② 국내 발생 상황
• 국내에서는 사람에게서 연간 30명 이내로 발생하며 축산업 종사자가 가장 많음(질병관리청 감염병포털 자료)

다. 클라미디아성

① 앵무새병(Psittacosis)

조류에서 *Chlamydia psittaci* 감염은 조류 클라미디아증(Avian Chlamydiosis)이라 하며 30개 목(order)의 최소 465종의 조류, 특히 앵무새목(Psittacidae)과 비둘기목(Columbiformes)이 감수성이 높으며 십자매, 카나리아, 닭 및 오리 등에도 감염한다. 감염된 새는 깃털이 부풀고 기운이 없으며 녹색 설사를 하는데 대변과 비강 분비물을 통해 균을 배출하고 사람은 이러한 물질에 노출되어 감염된다. *Chlamydia psittaci* 감염은 조류, 가축, 반려동물 및 사람에게서 감염 보고가 있기에 반려동물의 범위가 개, 고양이 외의 다양한 종으로 이루어지는 현대사회에서는 주목해야할 질병이며, 그러함에도 불구하고 방치되어 있는 인수공통전염병 중 하나이다.

앵무새병은 사람에 감염 시 불리는 질병명으로 앵무병(Parrot disease), 앵무새 열병(Parrot fever) 또는 조류염(Ornithosis)으로도 알려져 있다. 일반적으로 1~2주의 잠복기를 거쳐 발열, 오한, 두통, 근육통 및 마른 기침을 특징으로 하는 인플루엔자와 유사한 증상을 유발하며 심각한 폐렴 및 심내막염, 간염, 신경학적 합병증 등의 비호흡기 문제를 유발할 수 있으며 치사율은 15~20%이나 적절한 항생제 치료를 할 경우 치사율은 1%이다. 사람 간 전파는 가능은 하나 매우 드물며, 고위험 직업군은 조류 관련 직업에 종사하는 사람들을 포함하여 반려조 및 가금류와 접촉하는 사람들로 반려조 주인, 새장 및 반려조 판매원, 가금류 노동자, 수의사 및 수입 외래종 조류를 취급하는 세관 직원 등이다

이 질병을 예방하려면 수입 애완조류의 검색, 장거리 수송 전 검역, 새로운 개체 입사 전 검사 및 정기검사, 새와 새장을 취급하고 청소할 때 건조된 배설물과 분비물의 먼지 입자를 흡입하지 않도록 마스크 착용 등의 조치를 취하는 것이 좋다.

참고로, 가까운 일본에서는 2017년까지 4백 건 가까운 감염사례가 보고됐고 총 9명의 사망자 중 2016년과 2017년에 임산부가 앵무새병으로 사망한 바가 있다. 그러나 국내는 앵무새병이 법정전염병으로 지정된 일본을 포함한 해외 여러 나라와는 달리 정확한 감염 통계나 관리 수칙이 없어 위험군에 대한 교육 및 방역과 같은 질병 매뉴얼과 대책이 필요하다.

① 병원체
• *Chlamydia psittaci*

2.3.3 바이러스성 인수공통전염병

① 광견병(Rabies)

광견병은 사람과 동물을 공통숙주로 하는 치명적이지만 예방 가능한 바이러스성 인수공통전염병으로 법정 제2종 가축전염병이다. 광견병에 걸린 동물에게 물리거나 긁힌 경우 반려동물과 사람에게 전염될 수 있다. 미국과 같은 선진국에서 광견병은 박쥐, 너구리, 스컹크, 여우와 같은 야생 동물에서 주로 발견되나 다른 많은 국가에서는 개가 여전히 광견병을 가지고 있어 사람들의 대부분의 광견병 사망은 개에게 물려서 발생한다.

광견병 바이러스는 감염된 동물의 타액 또는 뇌/신경계 조직과의 직접적인 접촉(피부상처, 눈, 코 또는 입의 점막)을 통해 전염되며 중추신경계를 감염시키기에 광견병에 노출된 후 적절한 치료를 받지 않으면 바이러스가 뇌에 질병을 일으켜 결국 사망에 이를 수 있다.

사람은 일단 임상 징후가 나타나면 치명적이기에 인간 생존 사례는 20건 미만으로 기록되어 있다. 따라서 예방만이 최선의 길이며 반려동물에게 예방 접종, 야생 동물 경계, 의심 동물에게 물리거나 긁힌 경우 증상이 시작되기 전에 적극적으로 의료기관의 치료를 받아야 한다. 동물은 임상 징후가 나타나면 치료 없이 살처분한다.

① 병원체
- *Rhabdoviridae*과, *Lyssavirus*속, Rabies virus

▪ 그림 7-3 탄환모양의 Rabies virus

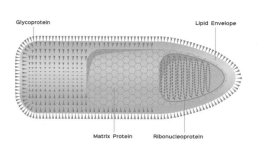

② 특징
- 중추신경계 감염증
- 일명, 공수병(Hydrophobia): 사람이 감염되어 중추신경계에 이상이 생기면 물을 무서워 함

- 모든 온혈동물이 숙주
- 자연적으로 감수성이 있는 야생동물이 전염원 – 너구리(국내), 박쥐, 여우 등
- 국내발생
- 동물의 광견병

1985~1992년까지는 발생이 없다가 1993년 강원도 철원에서 재발하여 이후 최근 몇 년간 철원을 비롯한 몇 지역에서 야생너구리에 물린 소와 개에서 산발적으로 발생했었음. 2014년 이후 보고 없었음(2022.06.11. 발표 기준)

- 사람의 공수병

1999~2004년 6건의 환자 발생. 2005년 이후 보고 없었음(2022.06.11. 발표 기준)

■ 표 7-1 국내 교상환자 및 공수병 환자 발생 현황

단위: 건

구분	2005	2006	2007	2008	2009	2010	2011	2012	2013	2014	2015	2016	2017	2018	2019	2020	2021
교상환자[a]	359	463	449	531	660	641	678	606	551	683	882	823	661	780	670	302	130
공수병	0	0	0	0	0	0	0	0	0	0	0	0	0	0	0	0	0
광견병[b]	14	19	3	14	18	10	4	7	6	0	0	0	0	0	0	0	0

[a]국가 교상환자 발생 감시(National Animal Bite Patient Surveillance, NABPS)

[b]국가 동물 방역 통합시스템(Korea Animal Health Integrated System, KAHIS)

출처: 질병관리청. https://www.kdca.go.kr/board/board.es?mid=a20602010000&bid=0034&act=view&list_no=719798#

- 가축전염병 예방법 [시행 2021.'10.14]제20조(살처분 명령) 3항

시장·군수·구청장은 광견병 예방주사를 맞지 아니한 개, 고양이 등이 건물 밖에서 배회하는 것을 발견하였을 때에는 농림축산식품부령으로 정하는 바에 따라 소유자의 부담으로 억류하거나 살처분 또는 그 밖에 필요한 조치를 할 수 있다.

- 광견병 예방접종 명령 위반 시의 행정조치

광견병 예방접종을 실시하지 않았을 경우에는 가축전염병예방법 제60조(과태료) 및 동법 시행령 제16조 3항〔별표2〕규정에 의거하여 과태료 처분 조치한다.

1회 위반: 50만원 / 2회 위반: 200만원 / 3회 이상: 500만원

③ 광견병 바이러스의 저항성
- 환경에서의 저항성
  - 0~4℃에서는 수개월 동안 안정한 상태 유지, pH 5~10 상태 안정적
  - 열, 건조, 태양광선의 노출, 지용성 용매(에테르 또는 0.1% sodium deoxycholate)에서는
    빠르게 불활화
  - 광견병 바이러스는 지질층을 함유하고 있어 따뜻한 비누용액, 세정제 등을 포함한 광
    범위한 소독제에 소독 효과 있음
- 살아있는 동물에서의 저항성
  - 침 속에 포함된 바이러스의 배출은 임상증상을 나타내기 최고 14일 이전(보통은 7일)
    부터 시작하여 감염된 동물이 죽기 직전까지 계속됨
  - 감염동물이 임상적으로 회복되는 경우는 매우 드문 일이나, 야생동물(여우, 박쥐)과 개에서 보
    고된 바 있음. 그러나 감염 후 회복된 동물의 체내에서 바이러스는 계속 존재할 수 있음

④ 광견병 바이러스에 대한 감수성
- 모든 온혈동물에 감수성 있으나 그 정도는 다양
ⓐ 매우 높음: 여우, 코요테, 재칼, 늑대, 솜털 쥐 등
ⓑ 높음: 햄스터, 스컹크, 너구리, 고양이, 박쥐, 토끼, 소 등
ⓒ 보통: 개, 면양, 산양, 말, nonhuman primates(비인간영장류) 등
ⓓ 낮음: 주머니쥐(opossums) 등

⑤ 신경증상에 따른 증상형
- 광폭형(furious)
  쉽게 흥분, 과민, 잠시도 앉아있지 못하고 배회, 동공 확장, 각막반사 소실, 간혹 사시형
  눈, 경계 태세, 짖을 때 낮은 쉰 소리, 비정상적인 힘 생김, 식욕저하, 저작 곤란, 운동실조
  경련 및 마비로 이행
- 마비형(paralytic)
  조용히 행동, 상대방의 자극 시 문다.
  이후 기면상태에 빠지고 숨는 경향, 광폭형과 마찬가지로 경계적인 태세를 취하기도 함
  하지마비 및 근육 경련
  후기에는 턱과 혀가 마비, 쳐짐, 침 흘림
  전신으로 마비가 확대되면 며칠 지속되다 호흡기 근육 마비로 폐사

- 울광형(dumb)

  마비기나 흥분기는 없거나 짧음, 질병의 경과가 짧음, 설사와 진행성 마비 증상이 특징

⑥ 동물감염 시 증상
- 개: 광폭형, 마비형(더 빈번)
ⓐ 잠복기: 4~8주(그 이상인 경우도 有, 4일~OIE 최대 6개월)
ⓑ 전구기: 2~3일 지속, 어두운 곳에 숨는다, 비정상적인 동요, 불안하게 주위를 맴도는
   행동, 물린 부위에 대한 과민반응, 약간의 체온상승 → 1~3일 경과 후 흥분기로 진행
ⓒ 흥분기: 공격적인 행동, 흥분과 동요 증가, 연하곤란 → 침, 성대 부분마비→ 쉰 소리
ⓓ 마비기: 전신적 경련, 구간 및 말초부위 근육마비로 폐사
- 고양이: 광폭형(더 빈번), 마비형

  감수성 높음, 주로 광폭형, 개의 증상과 유사하나 경과 짧음, 전구증상은 24시간으로
  짧음, 흥분기 후 1~4일 이내에 폐사
- 소: 광폭형, 마비형
ⓐ 광폭형: 포효, 땅바닥을 긁고, 자극 시 공격적, 인두마비 시 다량의 침
ⓑ 마비형: 흡혈박쥐에 의해 감염된 경우로 운동실조, 경련

⑦ 사람감염 시 증상: 광폭형(80%), 마비형(20%)
ⓐ 잠복기: 일반적으로 2~8주(10일~8개월 또는 그 이상)
          잠복기간은 바이러스의 양, 교상의 정도, 물린 위치에 따라 다름
          중추신경에서 멀수록 잠복기가 길어짐(안면교상 3일, 팔 40일, 다리 60일)
ⓑ 초기증상: 조급함, 두통, 미열, 권태감, 교상부위에 통증, 빛과 소리에 민감
ⓒ 흥분기: 동공확대, 타액분비 증가, 연하장애, 흥분기는 사망 때까지 지속되거나 전신
          마비로 이행

⑧ 진단
- 형광항체법(Fluorescent Antibody Test, FAT): 조직 내에 존재하는 광견병바이러스(항원)
  를 신속하고 정확하게 검출할 수 있는 진단법
- 병리조직검사법(Histopathologic Test): 광견병 바이러스 감염이 의심되는 동물의 뇌 조
  직을 병리조직 표본을 제작한 후 염색하여 신경세포에 출현한 <u>네그리소체</u>(Negri body)
  를 확인하는 검사법   ↓
  광견병에 걸린 개의 뇌신경 세포의 세포질 내에서 관찰되는 직경 2~10㎛인 호산성의 봉입체

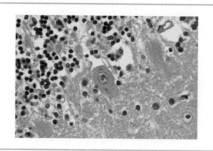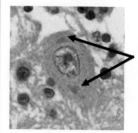

Negri Bodies
(네그리소체)

출처: CDC. https://www.cdc.gov/vaccines/vpd/rabies/public/photos.html Histopathology of rabies, brain.

- 역전사중합효소연쇄반응법

  뇌 조직으로부터 광견병 바이러스 유전자를 검출하는 매우 민감한 검사법
- 바이러스 분리법(VI, Virus Isolation)

  바이러스 분리법은 형광항체법 결과가 확실하지 않는 경우 실험동물(마우스)이나 조직
  배양세포에서 바이러스를 증식시켜 확인하는 방법

  확실한 결과 얻을 수 있지만 시험 기간이 장시간 소요되는 단점
- 혈청검사법(Serological Test)

⑨ 예방
- 개: Flury(LEP) 백신, 개에서만 사용
- 고양이 외 모든 동물: ERA 백신
- 사람: 위험집단에만 백신접종 (HDCV, Human diploid rabies vaccine)
- 야생동물: 미끼백신(Bait vaccine)

⑩ 치료
- 동물: 살처분
- 사람

ⓐ 상처부위를 수압 강한 물로 씻고 비누, 세척제로 씻음

ⓑ 소독: 40~70% 알코올, iodine tincture(요오드팅크), 0.1% 4가 암모늄 화합물 등

ⓒ 백신접종과 고도면역혈청주사

- 교상정도(찰과상, 경상, 중상), 물은 동물의 상태(건강, 의증, 광견병), 종류(개, 야생동물)에 따라 다름
- 상처부위에 고도면역혈청 주입: 1회만, 40국제단위/체중kg당

- 백신접종: 바이러스가 중추신경계에 도달하기 전에 빨리 실시(최소 14회, 매일 실시)
- 고도면역혈청과 백신접종을 동시에 실시: 중상인 경우는 무조건 물린 즉시
  경상인 경우는 광견병에 걸린 개나 야생동물에게 물린 즉시

② 신증후성 출혈열(HFRS, Hemorrhagic fever with renal syndrome)

신증후군 출혈열은 설치류의 에어로졸화 된 배설물을 통해 전염되는 급성 인수공통전염병이며 임상적으로 유사한 질병 그룹으로 한국형출혈열(Korean hemorrhagic fever), 유행성출혈열(Epidemic hemorrhagic fever), 유행성 신증(Nephropathia epidemica)과 같은 질병을 포함한다. 병원체는 *Bunyaviridae*과, *Hantavirus*속의 Hantaan virus, Seoul virus, Puumala virus, Dobrava virus 및 Saaremaa virus 등이다. Hantaan virus는 아시아(동아시아, 중국, 러시아, 한국), Puumala virus는 스칸디나비아, 서유럽 및 러시아 서부, Dobrava virus는 발칸 반도, Saaremaa는 중부 유럽과 스칸디나비아, Seoul virus는 전 세계적으로 분포한다. 우리나라는 주로 Hantaan virus와 Seoul virus가 원인이다.

자연숙주는 등줄쥐(*Apodemus agrarius*)로, 사람들은 건조한 계절인 봄과 특히 가을에 감염설치류(등줄쥐, 집쥐)의 에어로졸화 된 소변, 배설물, 타액에 노출되거나 감염설치류에 물려서 전염될 수 있다.

사람의 일반적인 임상증상은 발열, 출혈, 급성 신부전이며 질병의 중증도는 감염을 일으키는 바이러스에 따라 다르다. Hantaan 및 Dobrava virus는 일반적으로 심각한 증상을 유발하며 Seoul, Saaremaa 및 Puumala virus는 일반적으로 중등도이다. 임상경과는 5단계를 거치는데, 발열기-저혈압기- 핍뇨기-이뇨기-회복기이며 완전한 회복에는 몇 주 또는 몇 달이 걸릴 수 있다.

신증후군 출혈열은 아시아와 유럽의 풍토병으로 전 세계적으로 한 해 동안 약 6만~15만 건의 사례가 있다. 대부분 야외 활동을 더 많이 하는 남성에게 영향을 미치는 것으로 보이며 우리나라는 농부, 군인 및 나들이객에게서 발생한다.

① 병원체
- *Bunyaviridae*과, *Hantavirus*속, Hantaan virus
- *Bunyaviridae*과, *Hantavirus*속, Seoul virus 등

② 특징
- 연중 감염가능하나 호발시기는 10~12월

③ 감염원
- 설치류(등줄쥐, 집쥐, 땃쥐)

④ 전파경로
- 호흡기: 설치류의 바이러스를 포함한 타액, 소변, 분변이 건조 후 먼지가 되어 사람에게 흡입

③ 조류인플루엔자(AI, Avian influenza)

조류인플루엔자(조류독감)는 *Orthomyxoviridae*과, A형 *Influenza virus*속, Avian Influenza virus에 의해 발생하는 급성호흡기질병으로 전 세계의 야생 수생조류 사이에 자연적으로 퍼지며 가금류, 기타 조류, 동물 및 사람을 감염시키는 인수공통전염병이다.

바이러스의 병원성, 전파속도, 폐사율 등에 따라 저병원성 조류인플루엔자(LPAI, Low pathogenic AI)와 고병원성 조류인플루엔자(HPAI, Highly pathogenic AI)로 구분하며, HPAI는 법정 제1종 가축전염병으로 OIE에서도 위험도가 높아 관리대상 질병으로 지정하고 있어 발생 시 보고할 의무가 있다. 또한 조류인플루엔자는 종간전파(Interspecies transmission)가 가능하기에 숙주가 변할 경우나 또는 종을 거쳐 전파될 경우 유전자의 급격한 변이가 일어나 고병원성의 특성이 발현 가능하다.

참고로, Influenza virus의 혈청형은 A, B, C형의 3종으로 분류되며 이 중 A형 바이러스는 사람 및 야생오리, 가금류(닭, 칠면조), 가축(돼지, 말), 수생포유류(밍크, 물개) 등의 다양한 동물이 감염되고, B형과 C형은 사람만 감염된다. 또한 사람과 조류의 Influenza virus 변이를 일으키는 동물이 돼지라고 밝혀져 사람의 인플루엔자 유행에 밀접한 역학관계가 있다고 보고 있다.

임상증상으로는 자연숙주인 야생조류는 대부분 무증상으로 경과하며 오리는 산란율 저하와 폐사의 경우가 있긴 하나 증상이 나타나지 않을 수 있다. 그러나 닭, 칠면조는 감수성이 높아 갑작스런 발병, 식욕부진, 침울, 졸음, 산란저하(산란계), 심한 설사(흰색 또는 녹색), 안면부종, 청색증, 호흡곤란 등이 발생할 수 있으며, HPAI 감염 시에는 폐사율이 100%에 달하기도 한다. 이처럼 HPAI는 높은 폐사율과 산란율 저하로 막대한 경제적 피해를 일으키기에 국가방역 차원에서 가장 주의하여야 할 가축전염병 중 하나로, 우리나라는 발생 시 살처분을 실시하고 있으며 국가간 축산물 교역에서도 AI 발생 국가의 양계 축산물은 수입을 엄격히 제한하고 있다.

다른 동물의 임상증상은 식욕부진, 발열과 함께 기침, 콧물, 호흡곤란 등의 호흡기증상이 나타나며, 사람은 발열, 오한, 두통, 근육통 및 인후통, 콧물, 기침 등의 호흡기증상과 함께 폐렴으로 진행되어 호흡부전이 오기도 한다.

① 병원체
- *Orthomyxoviridae*과, *A*형 *Influenza virus*속, Avian Influenza virus

② 특징
- 종간전파(Interspecies transmission)가 가능

③ 감염원
- 야생조류

④ 전파경로
- 호흡기 비말이나 오염 매개물을 통한 점막의 직접 또는 간접접촉

④ 뉴캐슬병(Newcastle disease)

뉴캐슬병은 가금류의 급성 바이러스성 전염병이지만 애완용 새에게도 영향을 미칠 수 있으며 사람에게는 결막염을 유발하는 인수공통전염병이다. 병원체인 *Paramixoviridae*과, *Paramixovirus*속의 Newcastle disease virus(NDV)는 전염성이 강하여 빠르게 확산되고 치명적이기 때문에 우리나라 양계업계뿐만 아니라 전 세계적으로 피해를 주고 있으나 아직 치료법이 없다.

조류에서 일반적인 4가지 증상형은 경련, 머리 흔들기, 사경, 비자발적 움직임, 마비 등의 신경증상이 특징인 폐뇌염형(신경친화형), 갑작스런 발병, 설사(보통 밝은 노란색 또는 녹색), 기관지 배설물, 높은 폐사율이 특징인 내장친화형, 재채기, 비강 분비물, 눈 분비물, 호흡곤란 등의 호흡기증상이 특징인 호흡기증후군형, 성계는 무증상, 병아리는 가벼운 호흡기감염이 특징인 불현성형이 있다. 이들을 병원성에 따라 구분하면 폐뇌염형(신경친화형)과 내장친화형은 강독성(velogenic NDV), 호흡기증후군형은 중독성(mesogenic NDV), 불현성형은 약독성(lentogenic NDV)이다.

전파는 에어로졸(공기), 오염된 음식과 물, 대변, 오염된 환경(새장, 둥지상자, 깔짚)의 호흡기 분비물을 통해 전염되며 감염된 새와의 직접적인 접촉이 이 질병의 주요 원인이다. 아직 특별한 치료법이 없기에 자주 백신을 접종하는 것이 가장 좋은 예방법이다.

사람은 결막염 증상이 나타나나 1주일 이내 사라진다.

① 병원체
- *Paramyxoviridae*과, *Paramyxovirus*속, Newcastle disease virus

② 증상
- 조류: 폐뇌염형(신경친화형), 내장친화형, 호흡기증후군형, 폐뇌염형(신경친화형)
  닭이 오리보다 감수성이 큼
- 사람: 주로 결막염, 1주일 이내 회복

③ 감염원
- 조류

④ 전파경로
- 에어로졸(공기)
- 호흡기
- 직접접촉

5 웨스트나일열(West nile fever, 서나일뇌염)

웨스트나일열은 말, 야생조류, 개, 고양이 및 사람에서 무증상에서부터 침울, 고열, 신경증상, 뇌염 등을 주증상으로 하는 모기매개성 인수공통전염병이다. 증상 중 뇌염도 발생하기 때문에 웨스트나일 뇌염으로 불리기도 한다.

① 병원체
- *Flaviviridae*과, *Flavivirus*속, West nile virus

② 특징
- 다양한 동물에 감염
- 동물은 대개 불현성 감염이나 간혹 뇌염 발생
- 사람은 대부분 불현성 감염이거나 일부는 감기증
  그러나 면역이 저하된 경우(어린이, 노인, 면역저하 환자)는 심각한 뇌염 발생

③ 감염원
- 조류, 말

④ 전파경로
- 모기 매개

⑥ 뎅기열(Dengue fever)

뎅기열은 주로 열대 지방과 아열대 지방에서 발생하며 Dengue virus에 감염된 모기에 물려 사람들에게 감염하는 급성 열성 바이러스성 질환으로 모기매개성 인수공통전염병이다. Dengue virus에 감염된 아프리카 원숭이를 흡혈한 모기가 사람과 동물을 물어 전파하는 것으로 추정하고 있으며, 최근에는 사람 감염자 수의 증가로 인해 감염된 사람을 흡혈한 모기가 다시 다른 사람을 물어 전파시키기도 한다. 세계 인구의 거의 절반인 약 40억 명이 뎅기열 위험이 있는 지역에 살고 있다.

① 병원체
- *Flaviviridae*과, *Flavivirus*속, Dengue virus

② 증상
- 사람: 발열, 발진, 두통, 근육통, 관절통, 식욕 부진, 신체 여러 곳에서 출혈

③ 감염원
- 아프리카 원숭이
- 현재는 사람-모기-사람의 전파 형태

④ 전파경로
- 모기매개

 이집트숲모기(*Aedes aegypti*) 또는 흰줄숲모기(*Aedes albopictus*)

⑦ 황열(Yellow fever)

급성 전염병인 황열은 열대 지역 전염병 중의 하나이지만 때로는 온대 지역에서도 발생하며 모든 종의 원숭이와 특정 소형 포유류 및 사람에 발생하는 모기매개성 인수공통전염병이다. 원인 바이러스는 여러 종의 모기에 의해 동물에서 인간으로, 그리고 사람 간에 전염된다. 갑작스런 발열, 오한, 두통, 요통, 근육통, 오심 및 구토가 함께 나타나며 황달로 인해 피부와 눈이 노랗게 보이는 심각한 간 질환에 이르기까지 다양하다. 예방백신이 있어 완전히 예방 가능한 질병이긴 하나 백신에 대한 접근이 부족하고 바이러스가 광대한 자연 환경에 억류되어 있는 열대 아프리카와 남미에서는 여전히 존재하고 있는 치사율이 높은 무서운 전염병이다.

① 병원체
- *Flaviviridae*과, *Flavivirus*속, Yellow fever virus

② 특징
ⓐ 야생형(sylvan cycle)

삼림지역에서 모기- 원숭이- 모기의 순환형태

사람이 정글에 들어갔을 때 감염 원숭이를 흡혈한 모기를 통해 원숭이에서 사람에게로 전파

ⓑ 중간형(intermediate cycle)

정글 경계지역에서 살거나 일하는 경우, 감염 원숭이를 흡혈한 모기를 통해 원숭이에서 사람에게로 전파 또는 감염 사람을 흡혈한 모기를 통해 사람에서 사람에게로 전파

ⓒ 도시형(urban cycle)

감염 사람을 흡혈한 모기를 통해 사람에서 사람에게로 전파

③ 감염원
- 원숭이: 주된 중간숙주 역할

④ 전파경로
- 모기 매개

⑧ 에볼라 출혈열(Ebola hemorrhagic fever)

에볼라 출혈열은 1976년 중앙 아프리카의 외딴 마을에 있는 인간에게서 처음 발생한 신종 전염병으로 인간과 비인간 영장류에게 발생하는 희귀하고 치명적인 질병이며 주로 사하라 사막 이남의 아프리카에서 발생하는 인수공통전염병이다. 사람들은 감염된 동물(박쥐 또는 비인간 영장류) 또는 에볼라 바이러스에 감염된 아프거나 죽은 사람과의 직접적인 접촉을 통해 감염될 수 있다.

① 병원체
- *Filoviridae*과, *Ebolavirus*속, Ebola virus

② 특징
- 비인간 영장류: 발열, 식욕부진, 급성 출혈, 사망

• 사람: (초기) 발열, 통증(두통, 근육통, 관절통), 피로, 쇠약

　　　　(진행) 설사, 구토, 피부 발진, 출혈, 쇼크, 사망

③ 감염원
• 자연숙주는 과일박쥐로 추정
• 비인간 영장류

④ 전파경로
• 감염된 동물(박쥐, 비인간 영장류)과 직접접촉
• 에볼라 출혈열에 걸리거나 사망한 사람의 혈액 또는 체액(소변, 타액, 땀, 대변, 토사물, 모유, 양수, 정액), 혈액이나 체액에 오염된 물건(옷, 침구, 바늘, 의료장비)과 직접접촉

⑨ 니파바이러스감염증(Nipah virus infection)

니파바이러스감염증은 1998년과 1999년에 말레이시아와 싱가포르의 가축 돼지에서 처음 출현한 신종 전염병으로 사람에게도 감염하여 치사율 최대 40~75%에 이르게 하는 인수공통전염병이다. 1999년 이후 말레이시아와 싱가포르에서 발병 사례는 없으나 아시아 일부 지역(주로 방글라데시와 인도)에서 거의 매년 발병하고 있다. 원인 바이러스인 Nipah virus (NiV)의 자연에서 동물 저장소는 과일박쥐(*Pteropus*속)로 돼지와 사람에게도 질병을 일으키는 것으로 알려져 있으며 감염 시 뇌염(뇌 부종)을 일으켜 경증에서 중증까지의 증상 및 심지어 사망까지 유발할 수 있다.

① 병원체
• *Paramyxoviridae*과, *Henipavirus*속, Nipah virus

② 증상
• 돼지: 호흡기증상, 때때로 신경계증상
• 사람: 고열, 두통, 어지러움, 호흡곤란, 혼수, 정신착란, 뇌염(뇌부종), 사망

③ 감염원
• 자연숙주는 과일박쥐
• 돼지

④ 전파경로
- 감염된 동물 또는 체액(혈액, 소변, 타액)과의 직접접촉
- 감염된 동물의 체액으로 오염된 식품(생 대추야자 수액 또는 과일) 섭취
- NiV 또는 체액(콧물, 호흡기 비말, 소변, 혈액)에 감염된 사람과의 긴밀한 접촉

⑩ 원숭이두창(Monkeypox)

원숭이두창은 1958년 연구용 원숭이들에서 수두(Chickenpox)와 비슷한 질병이 발생하였을 때 처음 발견되어 "원숭이두창"이라는 이름이 붙여졌으며, 1970년 콩고민주공화국에서 처음으로 인간 감염사례가 보고된 희귀질환으로 인수공통전염병이다. 원숭이두창의 병원체인 Monkeypox virus는 천연두(Smallpox)를 일으키는 *Poxviridae*과, *Orthopoxvirus*속, Variola virus와 같은 계열에 속하고 증상도 유사하지만 훨씬 경미하고 치사율이 높지 않으며, 병원체가 *Herpesviridae*과, *Herpesvirus*속, Varicella-zoster virus인 수두와는 전혀 관련이 없다.

원숭이두창은 주로 중부 및 서아프리카의 열대 우림 지역에서 발생하는 풍토병이었으나 2022년 5월 영국에서 첫 확진자가 보고된 이후 유럽을 중심으로 확산되기 시작하여 이례적으로 미국, 캐나다 등 풍토병이 아닌 국가에서 연이어 발생함에 따라 국내 유입가능성도 점차 증가하여 우리나라는 2022년 6월 8일 원숭이두창을 2급감염병으로 지정하고 감시를 강화하였으나 6월 22일에 첫 확진자가 발생하였다.

① 병원체
- Poxviridae과, Orthopoxvirus속, Monkeypox virus

② 증상
- 동물
ⓐ 비인간 영장류
　　일반적으로 4~6주 동안 발진(즉, 두진(pocks)을 말함) 지속
　　일부는 무증상이나 아기원숭이는 죽을 수 있음
ⓑ 프레리도그, 토끼, 설치류
　　(초기) 발열, 눈 충혈, 콧물, 기침, 림프절 종대, 우울, 식욕부진
　　(진행) 고름이 함유된 발진, 반점형 탈모, 일부 동물에서는 폐렴이나 사망
ⓒ 개
　　발열, 피부 염증, 비강 분비물, 눈 분비물, 림프절 비대, 호흡 곤란
- 사람: 발열, 두통, 근육통, 요통, 림프절 종대, 오한, 피로, 발진(얼굴, 구강, 손, 발, 생식기, 항문 등 신체에 여드름이나 물집처럼 보이는 발진), 일반적으로 2-4주 지속

③ 감염원
· 원숭이, 프레리도그, 토끼, 설치류, 개

④ 전파경로
· 감염된 동물과 직접접촉(분비물, 교상, 할큄)
· 오염된 물건과 직접접촉
· 에어로졸(공기)

⑪ 일본뇌염(Japanese encephalitis)

일본뇌염은 주로 아시아 지역에 한정하여 말과 인간에서 뇌염을 유발하며 돼지에서 낙태와 사산을 일으키는 모기매개성 인수공통전염병이다. 원인 바이러스는 모기, 돼지 및 물새 사이에서 자연적으로 유지되며 국내에서는 돼지가 감염 시 체내에서 바이러스의 중요한 증폭자 역할을 하며 주요한 전염원이다. 백신이 개발되어 있어 예방이 가능하다.

① 병원체
· *Flaviviridae*과, *Flavivirus*속, Japanese encephalitis virus

② 증상
· 동물
ⓐ 돼지: 임신돈은 유산이나 사산
ⓑ 말: 일반적으로 불현성 감염, 발열, 우울증, 근육 떨림, 운동실조
· 사람
  대개 무증상이거나 경미한 증상 발현
  일부는 두통, 고열, 방향감각 상실, 혼수, 떨림, 경련을 포함한 증상과 함께 뇌염 발생

③ 감염원
· 돼지

④ 전파경로
· 모기 매개
  아시아에서 주요 매개체는 작은 빨간집모기(*Culex tritaeniorhynchus*)임

⑫ **중동호흡기증후군(MERS, Middle east respiratory syndrome)**

중동호흡기증후군은 Middle east respiratory syndrome Coronavirus(MERS-CoV)에 의해 유발되는 인간과 단봉낙타의 바이러스성 호흡기감염으로 인수공통전염병이다. 단봉낙타는 자연 숙주이자 인수공통원으로 확인되었다.

① 병원체
- *Coronaviridae*과, *Betacoronavirus*속, Middle east respiratory syndrome Coronavirus

② 증상
- 단봉낙타: 일부에서만 가벼운 상부 호흡기증상
- 사람: 심각한 호흡기증상(발열, 기침, 호흡 곤란), 설사와 오심/구토, 합병증(폐렴, 신부전), 치사율 30~40%

③ 감염원
- 단봉 낙타(*Camelus dromedarius*)

④ 전파경로
- 정확히 모름. 기침 시 호흡기 분비물로 추정

*2.3.4 Prion*성 인수공통전염병

① **소해면상뇌증(BSE, Bovine spongiform encephalopathy, 광우병)**

전염성 해면상뇌증(TSEs, Transmissible spongiform encephalopathies)은 프리온(Prion)의 존재와 관련되어 사람과 동물에 영향을 미치는 치명적인 신경퇴행성 질환의 그룹으로, 이 명칭은 종에 상관없이 이야기할 때 부르는 명칭이며 동물의 종에 따라 불리는 이름이 다르다.

"Prion"은 핵산이 없는 단백질로만 된 병원체로 Protein과 Virion(바이러스입자)의 합성어이며 바이러스처럼 전염력을 가진 단백질이란 의미로 만들어진 이름이다.

뇌의 정상 세포에서 풍부하게 발견되는 정상 프리온 단백질(PrP, prion protein)을 PrP^c(cellular prion protein)이라 하며 이것은 감염성이 없다. 그러나 비정상적으로 접혀 변형된 프리온 단백질은 감염성을 가지며 변형된 프리온 단백질의 집합체가 스크래피에 감염된

양에서 처음으로 발견되었기 때문에 이 변형 프리온 단백질을 PrP^{Sc}(prion protein Scrapie)이라 부르기도 하고 단백질분해효소에 대해 저항성을 나타내기 때문에 PrP^{res}(protease-resistant prion protein)라 부르기도 한다. 정상 프리온 단백질(PrP^{c})과 변형 프리온 단백질(PrP^{Sc})은 아미노산 서열은 동일하나 형상이 달라서 이를 비정상 동형(isoform)이라 한다. 즉 PrP^{Sc}은 PrP^{c}과 더불어 이형이량체(heterodimer)를 형성하며, 이 과정에서 마치 전염성 병원체처럼 급격한 대수증식을 하며 세포에 축적되면서 뇌에 스폰지처럼 구멍이 뚫려 신경세포가 죽음으로 뇌기능이 마비된다.

소에서는 소해면상뇌증 또는 광우병(MCD, Mad cow disease)이라고도 불리며 이는 만성 신경성 질병이다. 병원체인 변형 프리온 단백질(PrP^{Sc} 또는 PrP^{res}) 감염에 의한 신경세포의 공포변성 및 중추신경조직의 해면상 변화가 특징으로 잠복기는 2~5년으로 다양하며, 사람이 소의 특정위험부위(SRM, Specified risk material)를 섭취 시 변종 크로이츠펠트-야콥병(vCJD, Variant Creutzfeldt-Jakob disease)이 발병할 수 있는 인수공통전염병이다.

① 병원체
• 변형 프리온 단백질

② 특징
• 변형 프리온 단백질은 단백분해효소(proteinase)에 분해되지 않고 열, 자외선, 화학물질에 강한 저항성 가짐
• 133℃ 20분, 2% 차아염소산나트륨(Sodium hypochlorite), 2N 가성소다(Sodium hydroxide)에 불활화됨

③ 증상
• 소(소해면상뇌증, 광우병)
  침울, 불안, 유연, 보행장애, 기립불능, 전신마비, 결국엔 100% 폐사
• 사람(변종 크로이츠펠트-야콥병)
  환청, 환각, 치매, 운동 실조

④ 특정위험부위(SRM, Specified risk material)
• 광우병 병원체인 변형 프리온 단백질이 다량 검출되는 7곳 부위
• 뇌, 눈, 척수, 척추, 머리뼈, 편도, 회장 원위부
• 소가 오염된 변형 프리온 단백질 섭취 → 편도를 따라 뇌척수로 이동 및 대부분은 회장에서 흡수되어 신경계로 이동 → 증상 발현

⑤ 동물에 따라 다른 병명

축종	질병명(영문)	질병명(국문)	최초 보고년도
포유류	Transmissible spongiform encephalopathies (TSEs)	전염성 해면상뇌증	
소	Bovine spongiform encephalopathy(BSE) 또는 Mad cow disease(MCD)	소해면상뇌증 또는 광우병	1986
면양	Scrapie	스크래피(진전병)	1932
밍크	Transmissible mink encephalopathy(TME)	전염성밍크뇌증	1947
사슴	Chronic wasting disease(CWD)	사슴만성소모성질병(광록병)	1967
고양이	Feline spongiform encephalopathy(FSE)	고양이해면상뇌증	1992
사람	Variant Creutzfeldt-Jakob disease (vCJD)	변종 크로이츠펠트-야콥병(인간광우병)	1996

2.3.5 진균성 인수공통전염병

① 피부사상균증(Dermatophytosis, Ringworm)

케라틴 친화적인 곰팡이에 의한 모간(hair shaft)과 각질층에 감염하는 인수공통전염병으로 동물병원 종사자들이나 유기견이나 유기묘 시설에 자주 방문하는 사람에게 잘 발생한다. 개보다는 고양이에게서 발생률이 높다.

① 병원체
• *Microsporum canis*, *Trichophyton* spp.

② 감염원
• 개와 고양이에 흔함, 특히 고양이에서 발생빈도 높음
• 어린 고양이, 어린 개, 면역이 약해진 개체
• 긴 털을 가진 고양이에게서 높은 발생률, 수많은 페르시안 고양이 사육장에서 발생 많음
• 소, 말, 설치류

③ 증상
• 국소적 or 전신적 다양한 비늘을 동반하는 원형의 불규칙한 미만성 탈모
• 그 외 - 발적, 구진, 딱지, 지루, 원형으로 병변 확대(Ringworm)

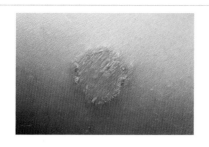

사람 피부 병변	고양이 피부 병변

④ 진단

• Wood's lamp

출처: https://www.vetx.com/index.php?threads/itraconazole-for-treatment-of-cats-with-microsporum-canis-infection.5030/

암실에서 Wood's lamp로 병변 관찰 시, 밝은 녹색 빛(bright apple green)의 양성 소견

• 피부사상균 배지

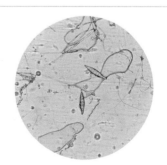

*M. Canis*은 상업적으로 판매되는 여러 피부사상균 배지에서 자람. DTM배지(Dermatophyte test medium)에서 흰색 집락 성장과 배양배지의 적색 변화는 피부사상균을 시사함	methylene blue로 염색된 곰팡이의 현미경적 검사는 *M. Canis*의 대분생자(macroconidia)를 보여줌

② 아스페르길루스증(Aspergillosis)

기회감염균인 *Aspergillus* spp. 곰팡이의 포자에 의해 발생하는 인수공통전염병으로, *Aspergillus*는 전 세계적으로 토양과 썩어가는 초목에서 발견된다. 건강한 조류, 동물 및 사람에서는 문제가 되지 않으나 개체가 영양실조, 스트레스, 면역 체계 및 질병으로 인해 약해질 경우 발생할 위험이 높아지는 기회감염 질환이다.

① 병원체
- *Aspergillus fumigatus*(사람), *Aspergillus flavus*, *Aspergillus niger*

② 증상
- 동물감염
ⓐ 조류: 어린 닭, 칠면조 - 고열, 식욕부진, 호흡곤란, 설사

　　　　성계 - 폐육아종
ⓑ 소: 태반감염에 의한 유산, 기관지폐렴, 피부 아스페르길루스종
- 사람감염
ⓐ 국소감염: 기관지폐렴
ⓑ 침입성 아스페르길루스증: 면역저하 환자에게 호발, 최초 감염부위(기관지, 폐)에서 전신으로 번진 상태
ⓒ 호흡기, 소화기 아스페르길루스증: 주로 *A. Fumigatus* 에 의한 과민반응(천식, 기관지경련)

③ 전파경로
- 흡입감염: 곰팡이에 오염된 토양, 건초, 깔짚
  곰팡이의 분생자가 흡입되어 기관지나 폐포에 도달하여 잠복상태로 마무르다가 정상적인 면역계에 의해 제거되나 감염환자의 면역성에 따라 곰팡이질병의 유발을 돕는 위험요소들이 존재할 경우 이상증상 발현
- 기회감염(opportunistic infection)
- 균교대감염(superinfection)

③ 칸디다증(Candidiasis)

칸디다증을 일으키는 *Candida* spp.은 곰팡이의 일종인 효모로, 빈도는 낮지만 사람과 동물의 피부, 점막, 입, 목, 호흡기, 소화기 등에 존재하는 정상균무리(normal flora)이다. 동물이나 사람의 면역성이 저하되거나 병원체가 증식하기 좋은 환경이 될 때 과도하게 증식하

여 칸디다증을 일으키며 체내 깊숙이 침투하면 혈류, 신장, 심장 또는 뇌와 같은 내부 장기에도 감염을 일으킬 수 있다. *Candida albicans*과 같은 일부 종은 사람에게서도 감염을 일으킬 수 있는 인수공통전염병의 병원체이다.

① 병원체
- *Candida albicans*

② 특징
- 정상균무리
- 일반 서식장소에서는 분아성 효모 상태로 발육
  그러나 감염조직 내에서는 균사 또는 가성균사 형성

③ 감염원
- 조류
- 개, 고양이
- 소, 돼지

④ 전파경로
- 기회감염
- 균교대감염

④ 크립토코커스증(Cryptococcosis)

크립토코커스증은 환경 효모인 *Cryptococcus* spp.에 의해 발생하는 국소 또는 전신성 진균감염으로, 사람과 동물은 환경에서 미세한 곰팡이를 흡입한 후 감염될 수 있으며 사람에게서 *Cryptococcus neoformans*는 일반적으로 면역 저하 환자, 특히 AIDS 환자 및 장기 이식 환자를 감염시키고 진균성 수막뇌염을 유발할 수 있는 인수공통전염병의 병원체이다. *C. Neoformans*를 흡입하는 대부분의 사람들은 결코 그것으로 인해 아프지 않으나 면역 체계가 약화된 사람들의 경우 *C. Neoformans*가 체내에 숨어 있다가 나중에 면역 체계가 너무 약해져서 이를 물리칠 수 없을 때 감염을 일으킬 수 있다.

크립토코커스증은 고양이에서 가장 흔한 전신성 진균감염으로 고양이는 다른 동물보다 감염될 가능성이 훨씬 더 높으며 실내 및 실외 고양이 모두 이 질병에 취약하다. 고양이가 *C. Neoformans* - *C. Gattii*종 복합체(*C. Neoformans* - *C. Gattii* species complex)의 전염성 포자를 흡입할 때 질병이 발생하는데, 이 포자는 새 배설물, 특히 비둘기 배설물에서 가장 흔히 발견되지만 부패하는 식물에서도 발견될 수 있다. 비강이 고양이의 주요 감염원이지만 몸 전체로 퍼질 수 있어서 고양이 크립토코커스증에는 비강형(Nasal Cryptococcosis), 중추신경계형(CNS Cryptococcosis), 피부형(Cutaneous Cryptococcosis) 및 전신형(Systemic Cryptococcosis)의 4가지 형이 있다.

개는 고양이보다 중추신경계 감염의 징후를 보일 가능성이 더 크며, 미국의 경우 고양이가 개보다 크립토코커스증에 걸릴 확률이 7~10배 더 높다.

사람에서의 *C. Neoformans* 감염의 증상은 일반적으로 폐 또는 중추신경계(뇌 및 척수)를 감염시키지만 신체의 다른 부분에도 영향을 미칠 수 있으며 증상은 영향을 받는 신체 부위에 따라 다르다. 폐에 감염 시, 폐렴과 유사한 기침, 호흡 곤란, 가슴 통증, 발열이 나타나며, 뇌에 감염 시 수막염을 일으켜 두통, 발열, 목 통증, 오심, 구토, 빛에 대한 감도, 혼란 또는 행동 변화 등이 나타난다.

① 병원체
• *Cryptococcus neoformans*

② 특징
• 고양이는 다른 동물보다 감염될 가능성이 훨씬 더 높음

③ 감염원
• 배설물: 비둘기
• 피부, 소화관: 가축(소, 돼지, 말), 반려동물(개, 고양이)
• 환경: 집 먼지, 토양

④ 전파경로
• 흡입감염
• 기회감염

⑤ 증상
• 고양이
ⓐ 비강형: 가장 일반적. 만성 비강 분비물, 재채기, 큰 호흡, 코와 얼굴의 부기, 치유되지 않는 상처, 비강 내 덩어리 또는 폴립, 호흡곤란, 체중감소, 식욕부진, 귀와 균형 문제

ⓑ 중추신경계형: 비강형이 뇌로 다시 퍼질 때 발생. 갑작스러운 실명, 발작, 행동변화, 머리 또는 척추 통증

ⓒ 피부형: 피부 위 또는 바로 아래에 통증이 없고 가렵지 않은 한 개 또는 여러 개의 결절, 림프절 비대

ⓓ 전신형: 감염이 혈류를 통해 퍼질 때 발생. 눈과 뼈의 변화, 관절염 및 다기관 전신질환이 발생. 무기력과 식욕 부진은 장기간의 전신형 크립토코커스증으로 고통받는 고양이에게 일반적

• 개: 고양이와 증상은 비슷하나 고양이에 비해 드물게 감염되며, 중추신경계 감염의 징후를 보일 가능성은 고양이보다 더 큼

• 소: 폐 감염, 중추신경계 침범(수막뇌염), 크립토코커스 유방염

• 말: 수막뇌염/뇌막염, 하부 호흡기질환 또는 폐렴, 부비동 및/또는 비강에 영향을 미치는 상부 호흡기 질환, 골수염, 장관의 종괴, 자궁내막염 및 진균성 태반염을 동반한 유산, 파종성 질환

• 사람: 폐렴 증상, 중추신경계 침범(수막뇌염)

⑤ 접합진균증(Zygomycosis)

Mucoraceae(털곰팡이)과, *Mucorales*(털곰팡이)목, *Zygomycetes*(접합균류)강에 속한 곰팡이에 의한 드물지만 심각하고 잠재적으로 생명을 위협할 수 있는 기회감염증으로 인수공통전염병이다.

이 곰팡이 그룹으로 인한 감염을 지칭하는 데 사용되는 용어에 대해 약간의 논란이 있는데 현재 분자 연구에 따르면 "접합진균증(Zygomycosis)"보다는 "털곰팡이증(Mucormycosis)"이 더 적절한 용어라고 보기도 한다.

원인 균류는 자연에서 어디에서나 볼 수 있으며 썩어가는 식물과 토양에서 찾을 수 있고 빠르게 자라 공기 중으로 퍼질 수 있는 많은 수의 포자를 방출한다. Mucoraceae(털곰팡이)과에 속한 대부분의 곰팡이는 인간 감염을 유발하나 가장 흔히 발견되는 속은 *Rhizopus*, *Mucor* 및 *Rhizomucor*이다. 감염이 흔하지는 않으나 면역저하, 당뇨병, 혈액암, AIDS, 영양실조, 외상 및 화상 환자들에게 기회감염증을 일으켜 치명률이 높다.

① 병원체
• *Mucoraceae*(털곰팡이)과, *Mucorales*(털곰팡이)목, *Zygomycetes*(접합균류)강에 속한 곰팡이

② 증상
- 동물

　육아종 형성(림프절, 간, 폐, 신장), 급성괴사성염증이나 궤양(폐, 소화기, 뇌), 유산(소의 경우)
- 사람

ⓐ Rhino-orbital-cerebral mucormycosis(코-안와-대뇌형)

　발열, 비강 궤양 또는 괴사, 눈가 또는 안면 부종, 저시력, 안근마비, 부비동염, 두통

ⓑ Gastrointestinal mucormycosis(위장형)

　괴사성 궤양(천공 및 복막염 유발), 장 경색, 출혈성 쇼크

ⓒ Pulmonary mucormycosis(폐형)

　경색과 괴사를 동반한 폐렴, 객혈, 발열

ⓓ Cutaneous mucormycosis(피부형)

ⓔ Renal mucormycosis(신장형)

　편측 또는 양측성 옆구리 통증, 발열

ⓕ Isolated CNS mucormycosis(고립성 중추신경계형)

　기면, 국소 신경학적 결손

ⓖ Disseminated mucormycosis(파종성형)

③ 전파경로
- 기도감염: 포자 흡입
- 감염된 음식 섭취
- 감염된 상처, 화상, 외상
- 기회감염

2.3.6 원충성 인수공통전염병

① 톡소플라즈마증(Toxoplasmosis)

톡소플라스마증은 *Toxoplasma gondii* 라는 단세포 기생충에 의해 발생하는 감염성 질환으로 인수공통전염병이다. 원인충은 전 세계적으로 발견되며 동물과 사람의 몸에 장기간, 심지어 평생 지속될 수 있다. 그러나 건강한 사람의 면역 체계가 일반적으로 기생충이 질병을 일으키는 것을 막아주기 때문에 감염된 사람 중 증상이 나타나는 사람은 거의 없다. 그러나 임산부와 면역 체계가 이상이 있는 경우 심각한 건강 문제를 일으킬 수 있기에 주의해야 한다.

① 병원체
• *Toxoplasma gondii*
cyst(포자), oocyst(포낭) → 경구감염 → 장상피세포(무성생식, 유성생식) → 분변으로
oocyst 배출

■ 그림 7-4 *Toxoplasma gondii* oocyst

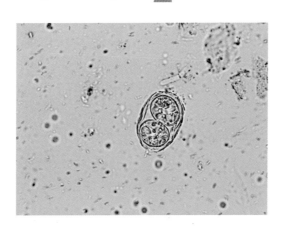

② 특징
• 종숙주: 고양이 및 고양이과 동물
• 중간숙주: 사람을 비롯한 기타 동물

③ 증상
• 고양이
대부분 무증상, 간혹 간염 및 췌장염
(어린 고양이) 중증내장감염, 점액 혈변, 대부분 고양이 사망
(노령묘) 중추신경 이상
• 개
대부분 무증상
• 소 및 돼지
동물은 소 및 돼지에 주로 증상 나타남. 감기증상, 림프관계 병변
• 사람
발열, 두통, 림프절병, 임산부(유산, 선천성 수두증)

④ 전파경로
- 오염된 날고기 섭취, 감염된 고양이와 접촉, 오염된 분변 접촉, 오염된 수혈, 태반감염

⑤ 예방
- 위생적인 식품관리(원충 사멸온도 63℃로 조리)
- 고양이 배설물 처리에 유의 및 접촉 피함

⑥ 치료
- 대부분 별다른 치료를 하지 않아도 호전
- 심한 증상은 항말라리아제, 항생제로 치료
- 면역력이 저하되면 포낭의 활성화를 억제하기 위해 평생 약을 복용해야 함

② 아메바성 이질(Amebic dysentery, Amebiasis)

아메바성 이질(아메바증)은 *Entamoeba histolytica*라는 단세포 기생충에 의해 유발되는 인수공통전염병으로 전 세계적으로 열대 및 아열대 지역에서 널리 퍼진 지속적인 설사 또는 이질을 특징으로 하는 급성 또는 만성 대장염이다. 사람과 비인간 영장류(원숭이)에서 흔히 볼 수 있으며 개와 고양이에서 가끔 볼 수 있으나 다른 포유류에서는 드물다. 여러 종의 아메바가 포유류에서 발견되지만 알려진 병원체는 *Entamoeba histolytica*뿐이며 사람은 이 종의 자연 숙주이며 가축의 일반적인 감염원이다. 포유류는 감염성 포자(infective cyst)가 포함된 대변으로 오염된 음식이나 물을 섭취하여 감염된다.

사람은 누구나 이 질병에 걸릴 수 있지만 위생 상태가 좋지 않은 열대 지역에 사는 사람들에게 더 흔하며 한 번 감염되면 40년 이상 보유하기도 한다.

① 병원체
- *Entamoeba histolytica*

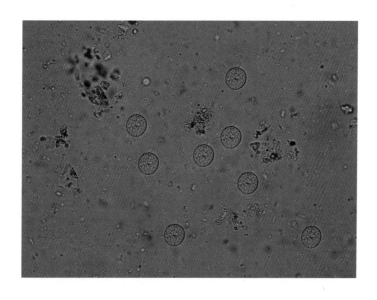

② 증상
- 개: 대부분 무증상, 대장염(발열, 복통, 설사, 혈변, 구역질, 구토, 체중감소), 간농양, 혈행성 전파로 주요 기관계의 손상 및 부전
- 사람: 대장염(발열, 복통, 설사, 혈변, 오심, 구토, 체중감소), 피로, 간농양, 혈행성 전파로 주요 기관(간, 폐, 비장, 뇌)의 손상 및 부전

③ 전파경로
- 감염성 포자가 포함된 대변으로 오염된 음식이나 물

③ 크립토스포리듐증(Cryptosporidiosis, 작은와포자충증)

크립토스포리듐증은 전 세계적으로 사람을 포함한 광범위한 동물을 감염시키는 *Cryptosporidium* spp.에 의해 유발되는 매우 만연한 위장 기생충 질환으로 인수공통점염병으로 경증에서 중증의 설사, 무기력, 낮은 성장률을 특징으로 하는 신생아 반추동물에서 상당히 중요하다. 분변의 oocyst(포낭)은 Ziehl-Neelsen 염색 대변 도말에서 검출될 수 있다.

① 병원체
- *Cryptosporidium parvum*

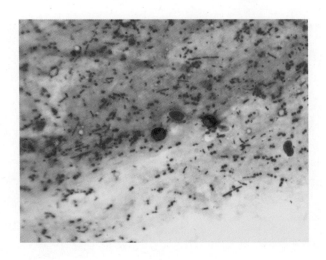

② 증상
• 수양성 설사, 발열, 오심, 구토, 탈수, 체중감소

③ 전파경로
• 감염성 포자가 포함된 대변으로 오염된 음식이나 물

④ 지알디아증(Giardiasis)

지알디아증은 원생동물 편모 기생충 *Giardia* spp.에 의한 장감염으로 설사가 주증상이며 수의학적으로 중요한 대부분의 감염은 숙주특이성을 나타내는 경향이 있다. 조류, 대부분의 포유류(반려동물, 가축, 야생동물) 및 사람이 모두 감염될 수 있는 인수공통전염병이다.

Giardia spp.는 감염된 사람이나 동물의 대변으로 오염된 표면이나 토양, 음식 또는 물에서 발견되며 쉽게 퍼진다. 사람에서 사람으로 또는 오염된 물, 음식, 표면 또는 물체를 통해 퍼질 수 있으며 사람들이 병에 걸리는 가장 일반적인 방법은 오염된 식수 또는 오락용 물(호수, 강, 수영장)을 삼키는 것이다. 반려동물(개, 고양이)이 감염 시에도 전염가능하다.

① 병원체
• *Giardia* spp.

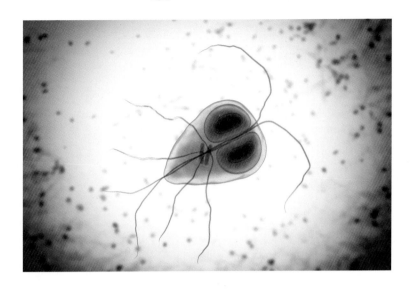

② 증상
• 설사

③ 전파경로
• 오염된 물, 음식, 물건

2.3.7 내부 기생충성 인수공통전염병

가. 선충류

① 개회충증(Toxocariasis)

선충류인 *Toxocara canis* 감염으로 일어나는 인수공통기생충질병으로 가장 흔한 장내 기생충증의 하나이다. 사람에서 자충이행증이 발생한다.

① 병원체
• *Toxocara canis*
　성충 수컷 4-6cm, 암컷 6-10cm

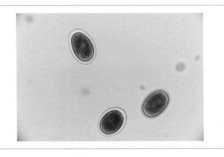

② 생활사

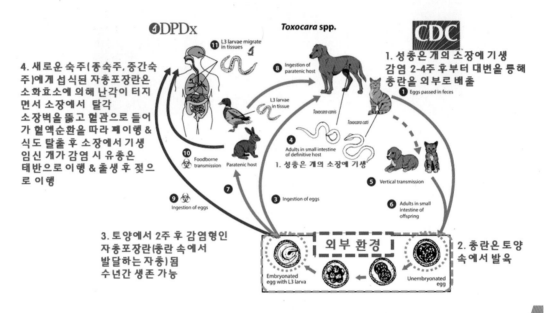

출처: CDC. https://www.cdc.gov/parasites/toxocariasis/biology.html

개회충의 성충은 개의 소장에 기생하며, 대변을 통해 충란을 외부로 배출

→ 외부환경으로 배출된 충란은 흙 속에서 발육하는데, 충란 속에서 유충으로 발달하는 자충포장란 단계가 되면 새로운 숙주에 감염이 가능하게 됨

→ 이 자충포장란을 새로운 숙주가 섭식하면 자충포장란의 난각이 소화효소에 의하여 터지면서 유충이 소장 내에서 탈각하여 나옴

→ 이 유충이 곧 소장벽을 뚫고 혈관에 들어가서 혈액순환을 따라 폐이행을 하고 식도로 탈출하여 소장에서 기생하며 성충이 됨

→ 임신한 어미개가 감염될 경우 유충이 이행하면서 태반을 통하여 태내 강아지의 소장으로 옮겨가 감염될 수도 있고, 출생 후 젖을 통해서도 새끼에게 전파될 수 있음

③ 사람의 자충이행증

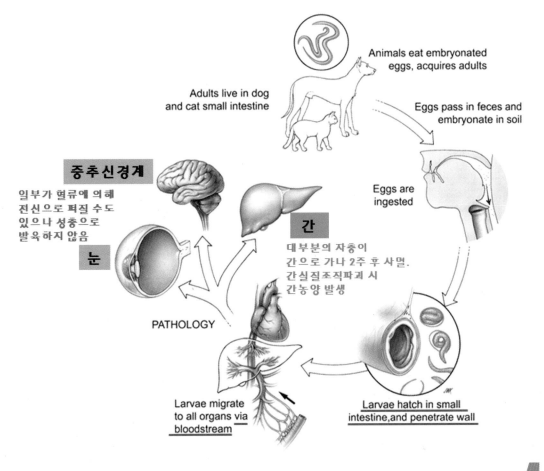

출처: https://journals.asm.org/doi/10.1128/cmr.16.2.265-272.2003?permanently=true

사람에게 섭식된 자충포장란의 난각이 소화효소에 의하여 터지면서 유충이 소장 내에서 탈각
→ 이 유충이 곧 소장벽을 뚫고 혈관에 들어가서 혈액순환을 따라 간, 눈, 중추신경계로 감
→ 대부분의 유충이 간으로 가며 2주 후 사멸하나, 그동안 간실질 조직을 파괴할 시 간농
  양 발생. 일부는 혈류에 의해 중추신경계나 전신으로 퍼질 수도 있으나 성충으로 발육
  하지는 않음. 눈으로 갈 경우, 염증과 실명을 일으키기도 함

④ 증상
• 동물
  성장부진, 복부팽창, 변비, 구토, 설사, 탈수, 기침

- 사람
  내장형: 구역질, 구토, 기침, 호흡곤란, 림프선염, 근육통, 신경증상
  안형: 눈에 유충 이행
  변환형: 간종대, 기침, 두통, 발진 및 호흡장애

⑤ 경범죄 처벌법 제2장 제3조 1항 12호

경범죄처벌법 제3조(경범죄의 종류) <개정 1988.12.31, 1994.12.22, 1996.8.8, 2007.5.17, 전부개정 2012.3.21, 2013.5.22, 2014.11.19>

① 다음 각 호의 어느 하나에 해당하는 사람은 10만원 이하의 벌금, 구류 또는 과료(科料)의 형으로 처벌한다.

12. (노상방뇨 등) 길, 공원, 그 밖에 여러 사람이 모이거나 다니는 곳에서 함부로 침을 뱉거나 대소변을 보거나 또는 그렇게 하도록 시키거나 개 등 짐승을 끌고 와서 대변을 보게 하고 이를 치우지 아니한 사람

---

② 회충증(Ascariasis)

회충은 인간에게 감염되는 토양 매개성 연충(Helminths) 중 대표적인 장내 기생충으로, 사람뿐만 아니라 개, 돼지, 고양이, 말 등 수많은 동물에 기생하는 인수공통전염병의 원인 기생충이다. 유충과 성충은 소장, 특히 공장에 서식하면서 장 질환을 일으킬 수 있으며 암컷이 수컷보다 크다.

*Ascaris suum*에 의한 회충증은 돼지에게서 감염률이 높으며 돼지를 키우거나 생돼지 분뇨를 비료로 사용하는 사람들은 위험할 수 있고 소 및 면양 같은 다른 동물도 감염된다. *Ascaris lumbricoides*에 의한 회충증은 전 세계적으로 발생하며 가장 흔한 장내 기생충 중 하나로 특히 개인위생이 열악하고 적절한 위생 시설이 갖춰지지 않은 개발도상국이나 제대로 발효되지 않은 인분을 채소나 농산물의 비료로 사용하는 곳에서 주로 발견된다.

① 병원체
- *Ascaris suum*(돼지), *Ascaris lumbricoides*(사람)

② 증상
- 동물
  돼지에 감염률이 높으며 기타 많은 동물에도 감염
- 사람
ⓐ 무증상: 충체의 수가 많지 않을 경우
ⓑ 유증상

ⓐ 유충에 의한
- 체내이행: 폐동맥을 통해 폐로 이동하여 발열, 기침, 쌕쌕거림, 가끔 혈액 섞인 가래 증
  상 보임
ⓑ 성충에 의한
- 기생충성 장염: 경련성 복통
- 성충 배출: 입이나 코로 이동하여 구토를 통해 배출되거나 배설물을 통해 배출
- 폐색: 장폐색으로 인한 오심, 구토, 복부팽만, 복통, 충수, 담관, 또는 췌장관으로 이어
  지는 입구 폐색으로 인한 심한 복통
- 독성작용: 성충의 대사산물 흡수로 인한 증상
- 영양결핍으로 어린이 성장 저해

③ 고래회충증(Anisakiasis, 아니사키스증)

선충류인 *Anisakis* spp.의 감염으로 일어나는 인수공통전염병으로 고래, 바다사자, 물
개, 돌고래, 바다코끼리와 같은 해양 포유류가 자연숙주이며 동물이나 사람이 유충에 감염된
해산 어류 등을 날것으로 먹었을 때 감염되어 나타난다.

① 병원체
• *Anisakis* spp.

② 숙주
• 제1 중간숙주: 해산갑각류(크릴새우)
• 제2 중간숙주: 대구, 고등어, 도미,오징어, 갈치
• 종숙주: 고래류(Cetacea)

③ 증상
• 동물
  돼지는 제2 중간숙주의 내장을 생식하여 감염
• 사람
- 제2 중간숙주의 내장을 생식하여 감염
- 생식 수 시간 후 식중독 증상(상복부 경련성 복통, 오심, 구토)
- 구충제가 없으므로 충체를 직접 위내시경으로 제거하지 못하면 수술로 제거해야 함
- 병변은 봉와직염, 농양, 육아종 형성

④ 분선충증(Strongyloidiasis)

분선충증은 토양 전달 기생충인 *Strongyloides*속의 선충에 의해 유발되는 질병으로 이 속에는 새, 파충류, 양서류, 가축 및 기타 영장류를 감염시킬 수 있는 40종이 넘는 종이 있지만, *Strongyloides stercoralis*는 사람에게 감염하는 인수공통전염병의 주요 종이다. 때때로 영장류, 개 및 고양이를 감염시키며 일부 개 및 영장류 감염 종은 인간 감염을 일으킬 수 있다. 고양이를 감염시키는 종이 인간을 감염시킬 수 있는지는 알려진 바가 없다. 선충류 중에서 크기가 좀 작은 편으로 가장 긴 성충의 길이도 약 600μm 정도이기에 육안으로 보기가 매우 어렵다.

분선충의 생활사는 좀 특이하여 기생생활 세대와 자유생활 세대 모두 가능하다. 기생생활 세대(parasitic generation)란 사람에 기생하면서 세대를 이어나가며 병원성을 갖는 생활사를 말하며, 자유생활 세대(Free-living generation)란 숙주 없이 흙이나 분변 속에서 세대를 이어나가는 생활사를 말한다.

① 병원체
• *Strongyloides stercoralis*

② 생활사

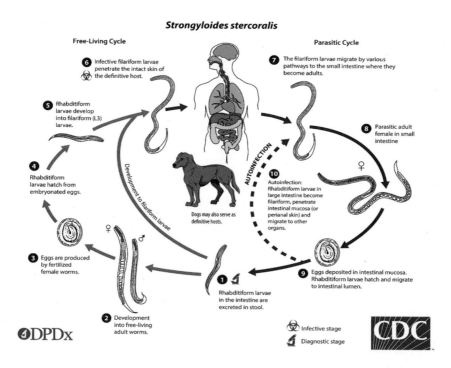

출처: https://www.cdc.gov/parasites/strongyloides/biology.html

- 자유생활 세대(Free-living cycle)

변으로 체외 배출된 Rhabditiform larvae → 자유생활 세대형 암컷 및 수컷 성충으로 발달 → 산란 → 충란에서 부화한 Rhabditiform larvae → 3기 Filariform larvae(L3)로 발달 → 경피감염(percutaneous infection)을 통해 피부를 뚫고 들어가 감염을 일으킴

- 기생생활 세대

자유생활 세대에서 경피감염한 3기 Filariform larvae(L3) → 소장으로 이동 후 암컷 성충으로 발달 → 장점막(intestinal mucosa) 내에 산란 → 충란에서 부화한 Rhabditiform larvae은 장강(intestinal lumen)을 통해 대장으로 이동 → ㉠ 대장에서 Filariform larvae가 되어 장 점막 또는 항문주위 피부로 침투하여 다른 장기로 이동하여 숙주를 재감염 시킴. 이를 자가감염(autoinfection)이라 하며 계속 반복될 경우 분선충증이 만성으로 진행됨. 또는 ㉡ 변으로 체외 배출되어 자유생활 세대 생활사를 가짐

③ 증상
- 동물: 새, 파충류, 양서류, 가축, 영장류가 감염
- 사람
ⓐ 무증상
ⓑ 소화기: 설사, 혈변, 변비, 복통, 오심, 식욕부진
ⓒ 호흡기: 마른 기침, 인후두 자극
ⓓ 피부: 피부침입(허벅지, 엉덩이) 시 소양감 및 붉은 발진
ⓔ Hyperinfection syndrome(중감염 증후군): 면역억제자 또는 스테로이드나 항암제를 투약 받은 환자에서 일어나는 중감염으로 치사율 100%임. 원인은 면역력 저하 시 분선충이 자가감염으로 무한 자가증식하여 전신에 분선충의 유충이 퍼지기 때문임

⑤ 유극악구충증(Ganthostomiasis)

유극악주충증은 *Gnathostoma* spp.에 의해 발생하는 인수공통전염병으로 사람에게 감염하는 주요 종은 *Gnathostoma spinigerum*이다. 몸은 눈에 띄는 두부(cephalic bulb)와 몸의 가시(spine)를 특징으로 하는 나선형 선충이다. 사람은 유극악구충의 우연숙주(accidental host)이며, 인간에게서 발견되는 유일한 형태는 생식 성숙기에 도달하지 않는 유충 또는 미성숙한 성체이다.

① 병원체

• *Gnathostoma spinigerum*

② 숙주

• 제1 중간숙주: 물벼룩(담수)

• 제2 중간숙주: 가물치, 미꾸라지(담수)

• 종숙주: 사람, 개, 고양이

나. 조충류

조충류(Cestoda)는 자웅동체(hermaphrodite)로, 띠모양(tapeworm)의 몸은 두부(scolex) - 경부(neck, 분절되지 않음, 발아 부분) - 편절(proglottid)로 구성된다.

■ 그림 7-8　The structure of a tapeworm

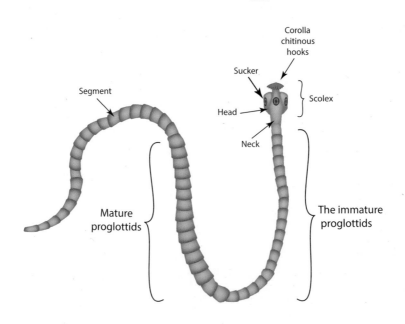

① 광절열두조충증(Dibothriocephaliasis)

사람을 감염시킬 수 있는 가장 큰 조충인 *Diphyllobothrium latum*은 최대 9.14m(30피트) 까지 자랄 수 있다. 대부분의 감염은 무증상이지만 합병증에는 장폐색과 편절의 이동으로 인한 담낭 질환이 있다. 진단은 현미경으로 대변 검체에서 알이나 촌충의 분절을 식별하여 이루어진다. 일반적으로 북반구(유럽, 구소련에서 새로 독립한 국가, 북미, 아시아)에서 날것이나 덜 익힌 생선을 섭취하여 감염되며 국내보고는 흔치 않다. 광절열두조충 유충에 감염된 물고기는 세계 어느 곳에서나 운송 및 소비될 수 있으며 생선을 적절히 얼리거나 요리하면 기생충은 죽는다.

① 병원체
• *Diphyllobothrium latum*

② 숙주
• 제1 중간숙주: 물벼룩(담수)
• 제2 중간숙주: 송어, 연어, 전어(반담수)
• 종숙주: 사람, 개, 고양이

③ 증상
• 동물: 무증상
• 사람: 소화기 증상(구토, 복통), 빈혈(B_{12}결핍)

② 무구조충증(Taeniasis)

무구조충증은 소나 사람의 내장에 기생하는 *Taenia saginata*에 의해 발생하는 인수공통전염병으로, 민촌충(Beef tapeworm)으로도 불리며 전 세계적으로 사람에게 감염하는 조충증 중 가장 감염률이 높다.

① 병원체
• *Taenia saginata*

② 숙주
• 중간숙주: 소, 그 외(물소, 양, 기린, 낙타)
• 종숙주: 사람

③ 증상
• 동물: 근육 내 무구낭미충증(Cysticercosis) 유발
• 사람: 근육 내 무구낭미충증 유발되지 않음, 경미한 소화기 증상 있음

③ 유구조충증(Taeniasis)

유구조충증은 돼지나 사람의 내장에 기생하는 *Taenia solium*에 의해 발생하는 인수공통전염병으로, 머리 부분에 작은 갈고리들이 있어 갈고리촌충(Pork tapeworm) 또는 유구촌충이라고도 불린다.

① 병원체
- *Taenia solium*

② 숙주
- 중간숙주: 돼지, 개, 고양이, 그 외(멧돼지, 사슴, 양, 곰)
- 종숙주: 사람

③ 증상
- 동물: 근육 내 유구낭미충증(Cysticercosis) 유발
- 사람: 유구낭미충증(Cysticercosis) 유발 - 근육 내에서 발육 후 이행하여 다양한 피해 발생

최근에는 사람들이 돼지고기를 완전히 익혀먹기 때문에 성충의 감염보다는 *Taenia solium*의 유충 형태인 낭미충(cysticercus)감염에 의한 유구낭미충증이 더 큰 문제임. 이는 덜 익힌 돼지고기 내의 성충 섭취가 아닌 오염 분변 내의 알을 경구 섭취한 경우 발생함. 손을 자주 씻는 것이 예방책임

④ 포충증(Echinococcosis, Hydatidosis, Hydatid disease)

포충증은 *Echinococcus*속에 의해 감염되어 발생하는 기생충 질환으로, 사람에서는 *Echinococcus granulosus*에 의해 발생하는 인수공통전염병이다.

① 병원체
- *Echinococcus glanulosus*

② 숙주
- 중간숙주: 원숭이, 초식동물, 사람
- 종숙주: 개, 개과 동물(여우, 늑대)

③ 증상
- 동물: 중간숙주는 종숙주가 분변 내 충란이 오염된 물질을 경구섭취 시 감염되며, 종숙주는 중간숙주의 내장을 경구섭취 시 감염
- 사람: 종숙주의 분변 내 충란에 오염된 물과 야채를 경구섭취 시 감염

다. 흡충류

① 간질증(Fascioliasis, 간질충증)

간질증은 담관에 살면서 간에 염증을 일으키는 작고 납작한 간흡충(liver fluke)이라 불리는 기생충에 의해 발생되는 인수공통전염병으로 사람에게 감염하는 종은 *Faciola hepatica*와 *Faciola gigantica*이다.

① 병원체
- 성충은 나뭇잎 모양을 하고 있음
- *Fasciola hepatica*(간질): 1.5~3cm
- *Fasciola gigantica*(거대간질) : 1.5~7.5cm

② 숙주
- 중간숙주: 민물달팽이
- 종숙주: 반추가축(소, 양, 염소), 야생 반추동물(낙타, 버팔로)
- 사람은 우연숙주(accidental host)로 비정상적인 숙주라고 보면 됨

③ 전파경로
- 동물
ⓐ 수초나 볏짚에 부착된 피낭유충(metacercariae)이나 오염된 물을 섭취하여 감염
ⓑ 이소기생(ectopic parasitism): 본래 기생부위인 담관이 아닌 다른 장기로 이행하여 기생
- 사람
ⓐ 민물수초인 물냉이나 미나리에 부착된 피낭유충이나 오염된 물을 섭취하여 감염
ⓑ 이소기생: 뇌, 피하조직, 장 상피조직, 혈관, 복강

② 간흡충증(Clonorchiasis)

*Clonorchis sinensis*라는 간흡충(Chinese or Oriental liver fluke)이 담관에 기생하면서 여러 가지 병을 일으키는 만성 질환으로 인수공통전염병이다. *C. Sinensis*는 아시아에서 중

요한 식인성 병원체이자 간질환의 원인이며 사람감염과 관련된 유일한 종이다. 국내를 비롯해 중국, 베트남, 라오스, 캄보디아 등의 지역에서 발생하고 있다

① 병원체
• *Clonorchis sinensis*
  성충은 길이가 0.8~1.5cm의 나뭇잎 모양을 하고 있으며 외관상 간질보다 더 작고 더 투명함

② 숙주
• 제1 중간숙주: 우렁이(담수)
• 제2 중간숙주: 참붕어, 잉어(담수)
• 종숙주: 사람, 개, 고양이, 돼지, 족제비, 밍크, 오소리

③ 전파경로
• 동물: 국내는 개, 고양이의 감염 높음
• 사람: 민물 생선회를 먹고 피낭유충에 감염

③ 폐흡충증(Paragonimiasis)

*Paragonimus westermani*라는 폐흡충(lung fluke)이 폐에 기생하면서 여러 가지 병을 일으키는 인수공통전염병이다.

① 병원체
• *Paragonimus westermani*

② 숙주
• 제1 중간숙주: 다슬기(담수)
• 제2 중간숙주: 가재, 게(담수)
• 종숙주: 사람, 개, 고양이, 소, 양, 여우, 밍크, 야생육식동물

③ 증상
• 동물
  이소기생: 폐에 기생 시 큰 피해 없으나, 이소기생으로 뇌나 다른 기관으로 이행 시 피해 발생

- 사람

ⓐ 민물 게, 가재를 생식 후 피낭유충에 감염

ⓑ 초기증상은 설사, 복통, 발열, 흉통, 피로

　이후 폐질환 발생(마른 기침, 피 섞인 가래, 결핵과 유사한 증상)

ⓒ 이소기생: 뇌, 안와, 횡격막, 장간막, 간, 음낭, 고환

2.3.8 외부 기생충성 인수공통전염병

① 개선충증(옴, Scabies)

개선충증은 진드기가 피부에 파고들어 심한 소양 과민반응을 유발하는 알레르기물질을 분비하여 발생하는 피부질환으로 인수공통전염병이다. 감염된 개의 대부분은 보호소 또는 사육장 거주, 유기견과 접촉, 애견미용숍 방문 등의 경력이 있으며, 이들과 접촉기회가 많은 수의사, 동물병원 종사자, 보호자가 주로 감염된다. 사람은 큰 문제없이 증상이 개선된다.

① 병원체

• *Sarcoptes scabie* 또는 *Sarcoptes canis*

② 증상

• 동물: 강한 소양감, 구진, 탈모, 발적, 딱지, 찰과상, 2차 세균감염, 체중감소와 쇠약

• 사람: 강한 소양감, 구진, 발적, 찰과상

③ 생활사

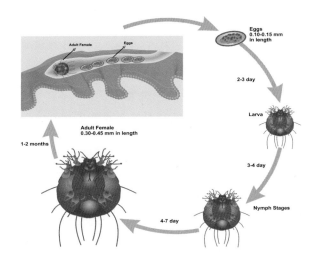

② 벼룩감염증(Flea Infestation)

벼룩은 흡혈하는 외부기생충으로 종종 물린 피부에 심한 가려움증을 유발하는 성가신 존재이다. 가끔 사람을 물어 질병을 전파하는데 온대기후에서 벼룩이 문제되는 기간은 더운 계절에 국한되며, 열대 기후에서는 일 년 내내 문제가 되는 인수공통전염병이다.

① 종류

개벼룩(*Ctenocephalides canis*), 고양이벼룩(*Ctenocephalides felis*), 닭벼룩(*Ctenocephalides gallinacea*), 쥐벼룩(*Xenopsylla cheopis*)

② 피해

질병 전파: (예)페스트(쥐벼룩), 발진열(쥐벼룩)

③ 생활사

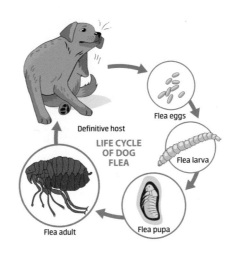

성체가 동물이나 인간 숙주를 찾아 흡혈 → 짝짓기 → 숙주의 털과 주변에 산란 → 환경 조건(온도와 습도)에 따라 1~10일 후에 부화 → 유충은 숙주의 피와 벼룩의 배설물(똥, 벼룩흙이라고도 함)을 먹으며 발육 → 5~20일 이내 고치가 됨 → 고치 안의 벼룩성체는 쉽게 구할 수 있는 혈액 식사가 있다는 신호를 보내는 움직임이나 체온과 같은 숙주가 명확히 존재하기 전까지는 고치에서 나오지 않음

④ 구제법

환경개선(서식처 제거), 주거, 의복, 신체의 청결, 반려동물 구충, 쥐 구제, 잔효성 살충제(DDT, pyrethrin), 훈증법, 반려동물(유제, 수화제, 분제 등 몸에 뿌리거나 희석액에 담그기)

3 | 인수공통전염병의 분류 요약 표

① 세균성 인수공통전염병

구분		질병 예
세균성		결핵(Tuberculosis), 탄저(Anthrax), 브루셀라증(Brucellosis), 렙토스피라증(Leptospirosis), 고양이 할큄병(CSD, Cat scratch disease, 묘소병), 페스트(Pest, Plague, 흑사병), 파상풍(Tetanus), 파스퇴렐라증(Pasteurellosis), 라임병(Lyme disease), 야토병(Tularemia), 서교열(Rat-bite fever, 쥐물음증), 살모넬라증(Salmonellosis), 세균성 이질(Shigellosis, Bacillary dysentery), 리스테리아증(Listeriosis), 연쇄상구균감염증(Streptococcosis, 장구균증), 황색포도상구균증(Staphylococcosis), 장출혈성대장균감염증(Enterohemorrhagic Escherichia coli), 캄필로박터 감염증(Campylobacteriosis), 보툴리눔독소증(Botulism, 보툴리즘), 예르시니아증(Yersiniosis), 비저(Glanders), 유비저(Melioidosis), 돈단독(Swine erysipelas)
리케치아성 콕시엘라성 클라미디아성	리케치아성	발진열(Murine typhus, Endemic typhus), 로키산 홍반열(RMSF, Rocky mountain spotted fever), 쯔쯔가무시(Tsutsugamushi, Scrub typhus, bush typhus)
	콕시엘라성	Q열(Q fever)
	클라미디아성	앵무새병(Psittacosis)
바이러스성		광견병(Rabies), 신증후성출혈열(HFRS, Hemorrhagic fever with renal syndrome), 조류인플루엔자(AI, Avian Influenza), 뉴캐슬병(Newcastle diseaseza), 웨스트나일열(West nile fever, 서나일뇌염),뎅기열(Dengue fever), 황열(Yellow fever), 에볼라 출혈열(Ebola hemorrhagic fever), 니파바이러스감염증(Nipah virus infection), 원숭이두창(Monkeypox), 일본뇌염(Japanese encephalitis), 중동호흡기증후군(MERS, Middle east respiratory syndrome)
Prion성		소해면상뇌증(BSE, Bovine spongiform encephalopathy)
진균성		피부사상균증(Dermatophytosis, 백선, Ringworm), 아스페르길루스증(Aspergillosis), 칸디다증(Candidiasis), 크립토코커스증(Cryptococcosis), 접합진균증(Zygomycosis)
원충성		톡소플라즈마증(Toxoplasmosis), 아메바성 이질(Amebic dysentery), 크립토스포리듐증(작은와포자충증, Cryptosporidiosis), 지알디아증(Giardiasis)

	내부 기생충성	Nematoda (선충)	개회충증(Toxocariasis), 회충증(Ascariasis), 고래회충증(Anisakiasis, 아니사키스증), 분선충증(Strongyloidiasis), 유극악구충(Ganthostomiasis)
		Cestoda (조충)	광절열두조충(Dibothriocephaliasis), 무구조충증(Taeniasis), 유구조충증(Taeniasis), 포충증(Echinococcosis, Hydatidosis, Hydatid disease)
		Trematoda (흡충)	간질증(Fascioliasis, 간질충증), 간흡충증(Clonorchiasis), 폐흡충증(Paragonimiasis)
	외부 기생충성	개선충증(Scabies, Sarcoptic mange, 개옴), 벼룩감염증(Flea Infestation)	

구분	병명	병원체	전파경로	동물의 임상증상	발생	전파	사람의 임상증상
세균성	결핵 (Tuberculosis) (제2종 가축전염병)	*Mycobacterium* spp.	호흡기, 경구	병변형성: 소(폐, 유방), 돼지(경부 및 장간막 림프절), 개(폐,	소, 돼지, 개, 새	오염된 우유, 오염된 음식, 비말,	만성소모성질병, 전신쇠약(식욕부진,피로,
	탄저 (Anthrax) (제2종 가축전염병)	*Bacillus anthracis* (아포 spore형성, 토양 속에서 20년생존)	경구, 피부나 점막 상처, 흡혈곤충매개	급성 패혈증(고열, 부종, 폐수종, 호흡곤란)	초식동물, 잡식동물(돼지, 쥐), 육식동물(사자, 곰, 여우, 고양이)	오염된 사료나 토양, 오염된 젖이나 고기 섭취, 오염된 피모 취급	피부탄저, 폐탄저, 장탄저, 치료하지 않을 경우 패혈증으로 사망
	브루셀라병 (Brucellosis) (제2종 가축전염병)	*Brucella* spp.	경구, 각막, 호흡기, 교미, 상처	특별한 증상 없음, 암컷 유산, 수컷 불임, 고환염, 관절염	대부분의포유류(소, 돼지, 양, 염소, 개)	비살균 우유, 질분비물, 정액, 후산물	파상열, 오한, 권태감, 허약, 만성시 관절염, 척수염, 골수염
	렙토스피라증 (Leptospirosis) (제2종 가축전염병)	*Leptospira canicola*, *Leptospira hardjo*	상처, 점막	발열, 황달, 구토, 설사	설치류, 예방접종하지 않은 개, 드물게 고양이	오염된 오줌, 물, 환경, 오염된 침구 접촉	발열, 구토, 두통, 근육통, 황달, 신장염
	고양이 할큄병 (묘소병, CSD, Cat Scratch Disease)	*Bartonella henselae*	피부	임상증상 없으나, 새끼고양이에서의 열병의 원인일 수 있음	성묘, 새끼 고양이 (2~6개월)	고양이교상, 할큄	상처부위감염, 봉와직염, 발열, 국부림프선염, 몸살
	페스트 (Pest, Plague, 흑사병)	*Yersinia pestis*	벼룩매개, 호흡기, 직접접촉	쥐는 무증상, 쥐 외 동물(출혈성 패혈증 가능),	쥐 외 설치류, 기타 동물	벼룩교상,	림프절페스트, 폐페스트, 패혈증페스트

	질병	병원체	감염경로	증상(동물)	감수성 동물	전파요인	증상(사람)
세균성	파상풍 (Tetanus)	*Clostridium tetani*	피부상처	근육경련, 호흡부전, 심장부정맥, 빈맥, 고혈압	모든 포유류	흙, 분변, 동물 교상, 피부에 박힌 나무 조각, 못, 핀, 화상, 비위생적 수술	lockjaw, 비자발적 근육긴장, 연하곤란, 두통, 발열, 발한, 혈압과 심박수 변화
	라임병 (Lyme disease)	*Borrelia burgdorferi*	진드기 매개	개(절뚝거림, 발열, 식욕 부진, 혼수, 국소림프절병증), 말 (신경증상, 포도막염, 피부 림프종	주로 말, 개, 고양이, 사람	진드기교상	발열, 오한, 두통, 피로, 근육통, 관절통, 림프절 종창, 이동홍반, Bull's-eye
	야토병 (Tularemia)	*Francisella tularensis*	매개충, 직접접촉, 교상, 경구	맥박과 호흡수 증가, 기침, 설사, 구강 궤양, 림프절병증, 간비장종대를 동반한 빈뇨, 쇠약, 폐사	토끼 및 설치류	매개충 교상, 감염동물 교상, 감염 동물 고기, 오염된 물 및 먼지	고열, 오한, 두통, 설사, 근육통, 관절통, 마른 기침, 쇠약, 림프절종대
	서교열 (Rat-bite fever, 쥐물음증)	*Streptobacillus moniliformis*, *Spirillum minus*	교상, 경구	쥐는 무증상	쥐, 족제비, 저빌, 다람쥐, 반려동물	교상, 오염된 음식, 물, 설치류 배설물	발열, 구토, 두통, 근육통, 관절통, 관절부종, 발진, 합병증
	살모넬라증 (Salmonellosis)	*Salmonella* spp.	경구	구토, 설사, 전신교란, 장기경색, 식욕부진, 불쾌감	개, 고양이(스트레스 시)	오염된 변, 전염동물 접촉, 날고기	수양성설사, 탈수, 복통, 발열
	세균성이질 (Shigellosis, Bacillary dysentery)	*Shigella* spp.	경구	설사	원숭이	배설물	고열, 구토, 경련성 복통, 설사, 혈변
	리스테리아증 (Listeriosis)	*Listeria monocytogenes*	경구	발열, 식욕 부진, 구토, 설사, 혼수, 뇌염	조류, 포유류	오염된 야채, 고기, 손, 조리도구	열, 근육통, 구토, 설사, 임산부(유산, 조산, 사산), 수막뇌염, 사망

② 리케치아성, 콕시엘라성, 클라미디아성 인수공통전염병

구분	병명	병원체	전파 경로	동물의 임상증상	발생	전파	사람의 임상 증상
리케치아성	발진열 (Murine typhus, Endemic typhus)	*Rickettsia typhi*	창상, 호흡기, 구강, 결막	자연숙주는 증상 없음	쥐	오염된 쥐벼룩의 변	발열, 두통, 전신통, 발진
	로키산 홍반열 (RMSF, Rocky mountain spotted fever)	*Rickettsia rickettsii*	진드기매개, 창상	자연숙주는 무증상, 개(발열, 혼수, 식욕부진, 근육통, 관절종창, 파행, 림프절 비대, 다리 부종, 피부 또는 점막 출혈, 기침, 구토, 설사	야생설치류(쥐, 다람쥐), 야생 소형 포유류(토끼), 개에서 심함	진드기 교상, 창상(진드기 배설물, 혈액이 접촉 시 감염)	고열지속, 복통, 극심한 근육통 및 관절통, 출혈성발진
	쯔쯔가무시 (Tsutsugamushi, Scrub typhus, bush typhus)	*Orientia tsutsuga - mushi*	진드기 매개	자연숙주는 무증상	야생설치류, 토끼, 유대류	털진드기 교상	발열, 두통, 근육통, 발진, 림프절종대, 출혈, 비장비대, 신경증상
콕시엘라성	Q열 (Q fever)	*Coxiella burnetii*	진드기매개(반추동물, 야생동물), 호흡기 및 경구(반려동물, 사람)	자연숙주는 증상 없음, 개 및 고양이(대개 증상 없으나 발열, 혼수, 식욕부진, 운동실조, 발작, 유산)	반추동물(염소, 양, 소), 야생동물(설치류, 토끼), 반려동물(개, 고양이)	반추 및 야생동물(진드기 교상), 반려동물 및 사람(감염동물의 배설물, 우유, 출산 산물)	무증상, 독감 증상
클라미디아성	앵무새병 (Psittacosis)	*Chlamydia psittaci*	결막, 호흡기, 경구, 생식기	편측성 결막염에서 양측성으로 콧물	앵무새, 그 밖의 새, 소, 고양이	배설물, 분비물, 눈곱, 깃털 먼지	경미한 결막염, 독감증상

③ 바이러스성 인수공통전염병

구분	병명	병원체	전파 경로	동물의 임상증상	발생	전파	사람의 임상 증상
바이러스성	광견병 (Rabies) (제2종 가축전염병)	*Rhabdoviridae*과, *Lyssavirus*속, Rabies virus (RNA virus)	피부교상(신경계, 침샘)	행동변화, 하악 및 후두마비, 턱하수, 침과다, 발열	개, 박쥐, 여우	침(교상)	공수증, 발열, 흥분, 두통, 연하곤란, 경련, 사망
	신증후성 출혈열 (HFRS, Hemorrhagic fever with renal syndrome)	*Bunyaviridae*과, *Hantavirus*속, Hantaan virus 외 (RNA virus)	호흡기	자연숙주는 무증상	등줄쥐	에어로졸화 된 소변, 배설물, 타액	발열, 출혈, 급성 신부전
	조류인플루엔자 (AI, Avian influenza)	*Orthomyxoviridae*과, *A형 Influenza virus*속, Avian influenza virus (RNA virus)	호흡기, 직접접촉	자연숙주는 무증상	야생조류, 가금류, 동물, 사람	감염분변이 오염된 차량, 사람, 물, 사료, 기구, 기침 시 비말	발열, 오한, 두통, 근육통, 인후통, 콧물, 기침, 폐렴
	뉴캐슬병 (Newcastle disease)	*Paramixoviridae*과, *Paramixovirus*속, Newcastle disease virus (RNA virus)	직접접촉, 호흡기	폐뇌염형(신경친화형), 호흡기증후군형, 내장친화형, 불현성형	가금류	에어로졸, 오염된 음식, 물, 대변, 호흡기 분비물	
	웨스트나일열 (West nile fever, 서나일뇌염)	*Flaviviridae*과, *Flavivirus*속, Yellow fever virus (RNA virus)	모기매개	무증상, 뇌염	말, 야생조류, 개, 고양이	모기교상	무증상, 뇌염
	뎅기열 (Dengue fever)	*Flaviviridae*과, *Flavivirus*속, Dengue virus (RNA virus)	모기매개	무증상, 경미	아프리카 원숭이	모기교상	발열, 발진, 두통, 근육통, 관절통, 식욕부진, 출혈
	황열 (Yellow fever)	*Flaviviridae*과, *Flavivirus*속, Yellow fever virus (RNA virus)	모기매개		모든 종의 원숭이, 특정 소형 포유류	모기교상, 수혈, 주사 바늘	발열, 오한, 두통, 요통, 근육통, 오심, 구토, 황달

에볼라 출혈열 (Ebola hemorrhagic fever)	*Filoviridae*과, *Ebolavirus*속, Ebola virus (RNA virus)	직접접촉	발열, 식욕부진, 급성 출혈, 사망	박쥐, 비인 간 영장류	감염된 동물, 환자 혈액 또는 체액, 혈액이나 체액에 오염된 물건	발열, 통증, 피로, 쇠약, 설사, 구토, 피부발진, 출혈, 쇼크, 사망
니파 뇌염 (Nipah virus infection)	*Paramyxoviridae*과, *Henipavirus*속, Nipah virus (RNA virus)	직접접촉, 경구	자연숙주는 무증상, 돼지(호흡기, 신경증상)	과일박쥐, 돼지	감염된 동물 또는 체액, 오염식품, 감염된 사람	고열, 두통, 어지러움, 호흡곤란, 혼수, 정신착란, 뇌염(뇌부종), 사망
원숭이두창 (Monkeypox)	*Poxviridae*과, *Orthopoxvirus*속, Monkeypox virus (DNA virus)	직접접촉, 호흡기	비인간 영장류(발진, 무증상, 새끼는 사망가능), 기타 동물(발진, 발열, 눈충혈, 콧물, 기침, 림프절종대, 우울, 식욕부진, 폐렴, 사망 가능)	비인간 영장류, 프레리도그, 토끼, 설치류, 개	감염된 동물(분비물, 교상, 할큄), 오염된 물건, 에어로졸	발열, 두통, 근육통, 요통, 림프절 종대, 오한, 피로, 발진
일본뇌염 (Japanese encephalitis)	*Flaviviridae*과, *Flavivirus*속, Japanese encephalitis virus (RNA virus)	모기매개	돼지(유산, 사산), 말(무증상, 발열, 우울증, 근육 떨림, 운동실조)	돼지, 말	모기교상	무증상, 두통, 고열, 방향감각상실, 혼수, 떨림, 뇌염
중동호흡기증후군 (MERS, Middle east respiratory syndrome)	*Coronaviridae*과, *Betacoronavirus*속, Middle east respiratory syndrome coronavirus (MERS-CoV) (RNA virus)	호흡기감염으로 추정 중	일부에서만 가벼운 상부 호흡기증상	단봉낙타	정확히 모름. 기침 시 호흡기 분비물로 추정	심각한 호흡기증상, 설사, 오심, 구토, 합병증(폐렴, 신부전)

④ Prion성 인수공통전염병

구분	병명	병원체	전파 경로	동물의 임상증상	발생	전파	사람의 임상 증상
prion 성	소해면상뇌증 (BSE, Bovine spongiform encephalopathy, 광우병)	변형 프리온 단백질	경구	침울, 불안, 유연, 보행장애, 기립불능, 전신마비, 100% 폐사	소	특정위험부위 7곳 섭취	변종 크로이츠펠트-야콥병(환청, 환각, 치매, 운동실조)

⑤ 진균성 인수공통전염병

구분	병명	병원체	전파 경로	동물의 임상증상	발생	전파	사람의 임상 증상
진균성	피부사상균증 (Dermatophytosis, 백선, Ringworm)	*Microsporum canis, Trichophyto* spp.	피부	탈모, 딱지, 홍반, 과색소침착, 소양증	개, 고양이 (장모종)	피부, 비듬	탈모, 딱지, 홍반, 과색소침착, 소양증, 백선, 조갑진균증
	아스페르길루스증 (Aspergillosis)	*Aspergillus* spp.	호흡기, 기회감염, 균교대감염	조류(고열, 식욕부진, 호흡곤란, 설사, 폐육아종), 소(유산, 기관지폐렴, 피부 육아종)	조류, 소	곰팡이 포자에 오염된 토양, 건초, 깔짚	기회감염, 호흡기증상, 육아종, 알러지
	칸디다증 (Candidiasis)	*Candida albicans*	기회감염, 균교대감염	증식하면 혈류, 신장, 심장, 뇌와 같은 내부 장기에 감염	다양한 동물		기회감염
	크립토코커스증 (Cryptococcosis)	*Cryptococcus neoformans*	호흡기. 기회감염	개, 고양이(비강형, 중추신경계형, 피부형, 전신형), 소(폐렴, 유방염 수막뇌염), 말(폐렴, 유산, 수막뇌염)	고양이, 개, 소, 말	오염된 배설물, 토양, 먼지	수막뇌염, 폐렴
	접합진균증 (Zygomycosis)	Zygomycetes (접합균류)	호흡기, 경구, 창상, 기회감염	육아종, 급성괴사성염증이나 궤양, 유산 (소의 경우)	다양한 동물	곰팡이 포자, 포자에 오염된 음식, 상처	기회감염

⑥ 원충성 인수공통전염병

구분	병명	병원체	전파 경로	동물의 임상증상	발생	전파	사람의 임상증상
원충성	톡소플라즈마증 (Toxoplasmosis)	*Toxoplasma gondi*	경구, 태반감염	고양이는 일반적으로 무증상, 소돼지는 감기증상	고양이, 소, 돼지	오염된 변, 오염된 털	감기증상, 임프절병, 임산부(유산,선천성수두증)
	아메바성 이질 (Amebic dysentery)	*Entamoeba histolytica*	경구	대장염, 혈행성 전파	원숭이, 개, 고양이	오염된 음식, 물	대장염, 피로, 간농양, 혈행성 전파
	크립토스포리듐증 (작은와포자충증, Cryptosporidiosis)	*Cryptosporidium* spp.	경구	설사	개, 고양이, 소, 염소	오염된 변	구토, 설사, 두통, 복통
	지알디아증 (Giardiasis)	*Giardia* spp.	경구	설사	조류, 대부분의 포유류	오염된 물, 음식, 물건	설사

⑦ 내부 기생충성 인수공통전염병

	기생충	제1중간숙주	제2중간숙주	종숙주	기타
Nematoda (선충)	개회충증 (Roundworm)	개, 기타 동물, 사람			어린이에서 실명 가능성 (일시적 or 영구적)
	회충증 (Ascariasis)	돼지, 기타 동물, 사람			돼지에 가장 감염률 높음
	고래회충 (Anisakiasis)	해산갑각류 (크릴새우)	대구, 고등어, 도미, 오징어, 갈치	고래	제2중간숙주를 사람이 먹을 때 감염
	분선충증 (Strongyloidiasis)	새, 파충류, 양서류, 가축, 영장류, 사람			
	유극악구충증 (Ganthostomiasis)	물벼룩(담수)	가물치, 미꾸라지(담수)	개, 고양이, 사람	

Cestoda (조충)	광절열두조충증 (Dibothrio cephaliasis)	물벼룩 (담수)	송어, 연어, 전어(반담수)	개, 고양이, 사람	의미충(pleoceroid)섭취로 감염
	무구조충증 (Taeniasis)	소, 물소, 양, 기린, 낙타		사람	
	유구조충증 (Taeniasis)	돼지, 개, 고양이, 그 외 (멧돼지, 사슴, 양, 곰)		사람	
	포충증 (Echinococcosis, Hydatidosis, Hydatid disease)	원숭이, 초식동물, 사람		개, 개과 동물 (여우, 늑대)	
Trematoda (흡충)	간질증 (Fascioliasis, 간질충증)	민물달팽이		반추가축(소, 양, 염소), 야생 반추동물(낙타, 버팔로)	피낭유충(metacercaria) 섭취로 감염 사람은 우연숙주(accidental host)로 비정상적인 숙주임
	간흡충 (Clonorchiasis)	우렁이(담수)	참붕어, 잉어 (담수)	사람, 개, 고양이, 돼지, 족제비, 밍크, 오소리	피낭유충(metacercaria) 섭취로 감염
	폐흡충 (Paragonimiasis)	다슬기(담수)	가재, 게(담수)	사람, 개, 고양이, 소, 양, 여우, 밍크, 야생육식동물	피낭유충(metacercaria) 섭취로 감염

8 외부 기생충성 인수공통전염병

구분	병명	병원체	전파경로	동물의 임상증상	발생	전파	사람의 임상증상
외부기생충성	개선충증 (개옴, Sarcoptic mange)	*Sarcoptes scabiei, Sarcoptes canis*	피부	소양증, 딱지, 탈모	개	피부병변	심한 소양증
	벼룩감염증(Flea Infestation)	spp.	피부	소양증	보호소동물, 입원 및 미용	감염동물의 털, 사람옷	소양증

참고문헌

‖ 제1장 ‖

공중위생관리학(개정 제8판), 권혜영 외 11인. 2021. 메디시언.

원헬스 사람 · 동물 · 환경, 로널드 아틀라스, 스탠리 말로이 편저, 장철훈(역자대표) 역. 2020. 범문에듀케이션.

원헬스 측면에서 보건 연구의 동향, 김재호. 2021. Bric 동향리포트.

‖ 제2장 ‖

권경석. 2020. 축산분야 미세먼지 연구동향-축사 미세먼지로 인한 영향과 발생 특성. Rural Resources. 62:15-23.

김재수, 곽광수, 이병윤, 박재영, 이한진, 정갑철. 2001. 건설소음진동, 도서출판서우, 149-156.

류일선. 2007. 환경분쟁(소음, 진동, 먼지 등)시 가축피해 실태, 사례 및 대처 방안. 질병정보. 69-81.

박준철. 2010. 돼지사양관리. 격월간사료. pp. 19-23.

백용진, 최재성, 김경진, 배동명. 2002. 가축 소피해특성 분석에 관한 사례연구 – 환경조정사례를 중심으로-, 한국소음진동학회 2002년 추계학술대회논문집. 755-761.

법제처 국가법령정보센터, 가축사육시설 단위면적당 적정 가축사육기준; https://law.go.kr/LSW/admRulInfoP.do?admRulSeq=2100000035120.

이택주, 이학철, 이원석, 김교준, 정영채, 서부갑, 이재구, 류태석, 김화식, 김동성, 김수업, 김상열, 고광두. 1997. 최신가축위생학. 선진문화사.

이성현. 2007. 무창돈사의 여름철 환기 구조 및 관리. 종돈개량. pp. 40-44.

이수기, 류경선, 서성원, 송민호, 허정민, 김현범, 조진호. 2021. 최신동물사양학. 유한문화사.

이지팜스. 2020. 축우 수질분석 및 기준(http://www.easyfarms.net/03_easytech/easyfarms_tech.asp).

월간양계. 1997. 양계연구. 86권 5월호. 한국양계연구소.

정학균, 임영아, 강경수. 2020. 경축순환농업 실태 분석과 활성화 방안. 한국농촌경제연구원.

최광희. 2021. 축산기사·산업기사. ㈜시대고시기획.

최승윤. 1991. 축산백과, 내외출판사. 154.

환경부 중앙환경분쟁조정위원회. 2021. 환경분쟁사건 처리 등 통계자료.

환경부. 2022. 지정악취물질 특성과 취급 주의사항(https://me.go.kr/home/web/policy_data/read. do?pagerOffset=3210&maxPageItems=10&maxIndexPages=10&searchKey=&searchValu e=&menuId=92&orgCd=&condition.orderSeqId=3190&condition.rnSeq=3279&condition. deleteYn=N&seq=3189).

환경부. 2022. 가축분뇨 처리 통계(https://www.index.go.kr/potal/main/EachDtlPageDetaildo?idx_ cd=1475).

횡성농업기술센터. 2016. 고온피해 예방을 위한 가축사양 관리요령(https://www. hsg.go.kr/life/agri/ 00000661.web?gcode=2016&idx=81025&amode=view&cpage=1).

An YS, Park JG, Jang IS, Shon SH, Moon YS. 2012. Effects of high stocking density on the expressions of stress and lipid metabolism associated genes in the liver of chicken. Journal of Life Science. 22: 1672-1679.

ACGIH(American Conference of Governmental Industrial Hygienists). 1989. Guide to Occupational Exposure Values. Cincinnati, OH.

Al-Homidan A, Robertson JF, Petchey AM. 2003. The effect of ammonia and dust concent rations on broiler performance. World's Poultry Science Journal. 59:340-349.

ApSimon HM, Kruse M, Bell JNB. 1987. Ammonia emission and their role in acid deposition. Atmospheric Environment. 21: 1939-1945.

Arogo J, Westerman PW, Heber AJ, Robarge WP, Classen JJ. 2001. Ammonia produced by animal operations. In:Proceeding of 2001 International Symposium (Havenstein G.B. Eds), North Carolina State University, NC. pp.278-293.

Avery GL, Merva GE, Gerrish JB. 1975. Hydrogen sulfide production in swine confine ment units. Transactions of the American Society of Agricultural Engineers. 18: 149-151.

Bruce JM. 1981. Ventilation and temperature control criteria for pigs. In: Clark,J.A.(Ed.) Environmental Aspects of Housing for Animal Production. Butter worths, London, pp.197-216.

Burgos SA, Embertson NM, Zhao Y, 2010. Prediction of ammonia emission from dairy cattle manure based on milk urea nitrogen: Relation of milk urea nitrogen to ammonia emissions. Journal of Dairy Science. 93: 149-151.

Choi IH. 2004. A study on reducing the environmental pollutants from animal feces and urine. PhD Thesis. Daegu University, Gyong San, South Korea.

Choi IH, Lee SJ, Kim CM. 2008. A study on pH and soluble reactive phosphorus (SRP) from litter using various poultry litter amendments during short-term: a laboratory experiment. Journal of the Environmental Sciences. 17: 233-237.

Choi IH, Choi JH. 2009. Effects of chemical amendments on phosphorus and total volatile fatty acids in Hanwoo slurry. Journal of the Environmental Sciences. 18: 819-824.

CIGR. 1992. Climatization of animal houses. Commission Internationale du Genie Rurale. Faculty of Agricultural Sciences, State University of Gent, Gent, Belgium.

Hartung J, Phillips VR. 1994. Control of gaseous emissions from livestock buildings nd manure stores. Journal of Agricultural Engineering Research. 57:173-189.

Jennings BH. 1957. Hazardous vapors and dusts in industry. and Air-Conditioning Contractors Ass. of Chicago.

Kreis RD. 1978. Control of animal production odors: the state-of-the-art. EPA-600/2-78-083. Environmental Protection Agency. Office of Research and Development, Asa. OK.

Lebeda DL, Day DL. 1965. Waste-caused air pollutants are measured in swine buildings. Ill Research. 7: 15.

Mackie RI, Stroot PG, Varel VH. 1998. Biochemical Identification and Biological Origin of Key Odor Waste1 Components in Livestock. Journal of Animal Science. 76: 1331-1342.

McAllister JSV, McQuitty. 1965. Release of gases from slurry. Rec of agri. Res. (Min.ofAgr., N. Ireland) Vol. XIV, Pt.2, p.73.

Miller DN, Varel VH. 2001. Effect of nitrate and oxidized iron on the accumulation and consumption ofodor compounds in cattle feedlot soils. In: Proceeding of 2001 International Symposium (Havenstein, G.B. Eds), North Carolina University, NC. pp. 84-92.

Nahm KH, Nahm BA. 2004. Poultry production and waste management. Yuhansa Publishing.

Ni JQ. 1998. Emission of carbon dioxide and ammonia from mechanically ventilated pig house. Ph.D. thesis. Catholic University of Leuven, Belgium.

Park HS. 2008. A Case study on the effects of noise and vibration on the damage of livestock. Journal of Environmental Impact Assessment. 17: 381~391.

Park JH, Choi HC, Lee HJ, Kim ET, Son JK, Kim DH. 2019. A study on the effect of temperature-humidity index on the respiration rate, rectal temperature and rumination time of lactating holstein cow in summer season. Journal of the Korea Academia-Industrial cooperation Society. 20: 136-143.

Powers WJ, VanHorn HH, Wilkie AC, Wilcox CJ, Nordstedt RA. 1999. Effects of anaerobic digestion and additives to effluent or cattle feed on odor and odorant concentrations. Journal of Animal Science. 77: 1412-1421.

Preston TR. 2000. Livestock Production from Local Resources in an Integrated Farming System; a Sustainable Alternative for the Benefit of Small Scale Farmers and the Environment. Workshop-seminar"Making better use of local feed resources"SARE Schutle DD. 1997. Critical parameter for emission. In: J.A.M. Voermans and G.J.Monteny (Ed.) Proc. Ammonia and Odour Emissions from Animal Production Facilities.pp. 23-24. NVTL Publishing, Rosemalen, The Netherlands.

C-UAF, January.

Siegel WB. 1983. Evaluation of the heterophil/lymphocyte ratio as a measure of stress in chickens. Avian Disease Oct-Dec. 27: 972-979.

US Environmental Protection Agency (USEPA). 1992. Anthropogenic methane emissions in the united states Office of Air and Radiation, U.S. Environmental Protection Agency, Washington, DC.

US Environmental Protection Agency (USEPA). 2001. Emissions from animal feeding operations. EPA 68-D6-0011. Research Triangle Park, NC:USEPA.

Vanhonacker F, Verbeke W. 2009. Buying higher welfare poultry products? Profiling Flemish consumers who do and do not. Poultry Science. 88: 2702-2711.

Vogelzang PFJ, van der Guiden JWJ, folgering H, Kolk, JJ, Heederik D, Preller L, Tielen MJM, Schyck CP. 1998. Endotoxin exposure as a major determinant of lung function decline in pig farmers. American Journal of Respiratory and Clinical Care Medicine. 157: 15-18.

Werth SJ, Schusterman EG, Peterson CB, Mitloehner FM. 2014. Air: confined animal facilities and air quality issues. In: Neal Van Alfen, editor-in-chief. Encyclopedia of Agriculture and Food Systems, Vol. 1, San Diego: Elsevier; 2014. pp. 283-292.

Woo SW, Shin SC, Kim SK, Kim EJ, Ahn BK, Kang CW. 2003 Effects of stocking density on performance and physiological response of egg-type breeder laying hens in cages. Korean Journal of Poultry Science, 30: 83-90.

Zhao L, Manuzon R, Hadlocon LJ. 2014. Ammonia Emission from Animal Feeding Operations and Its Impacts. Ohio State University Extension.

Zucker BA, Trojan S, Muller W. 2000. Airborne hram-negative bacterial flora in animal house. Journal of Veterinary Medicine, Series B. 47: 37-46.

https://vetmed.iastate.edu/vdpam/FSVD/swine/index-diseases/hydrogen-sulfide-toxicity

https://www.law.go.kr/법령/소음 · 진동관리법.

‖ 제3장 ‖

농림축산식품부, https://www.kdca.go.kr/index.es?sid=a2

동물공중보건학, 김옥진 외. 2018. 동일출판사.

식품위생학, 강경선 외. 2013. 문은당.

식품식품위생법, 법률 제18363호.

식품위생법 시행령, 대통령령 제32814호.

식품위생법 시행규칙, 총리령 제1822호.

식품의약품안전처, https://www.mfds.go.kr/index.do

식품위생법 정의 및 용어, https://blog.naver.com/0629kmh/222850560804

질병관리청, https://www.kdca.go.kr/index.es?sid=a2

‖ 제4장 ‖

동물공중보건학, 김옥진 외. 2018. 동일출판사.

식품안전관리인증기준(HACCP)평가 매뉴얼, https://fresh.haccp.or.kr/board/boardDataList.do?board=117

식품위생학, 강경선 외. 2013. 문은당.

식품위생법, 법률 제18363호.

식품위생법 시행령, 대통령령 제32814호.

식품위생법 시행규칙, 총리령 제1822호.

식품 및 축산물 안전관리인증기준, 식품의약품안전처고시 제2022-40호.

축산물 위생관리법, 법률 제18632호.

축산물 위생관리법 시행령, 대통령령 제31943호.

축산물 위생관리법 시행규칙, 총리령 제1814호.

한국식품안전관리인증원 홈페이지, https://www.haccp.or.kr/

‖ 제5장 ‖

가금류 도축장 HACCP 가이드북, 농림축산식품부 및 한국소비자연맹, 2018.

국가법령정보센터, 법제처, https://www.law.go.kr

농림축산검역본부, https://www.qia.go.kr

동물공중보건학, 김옥진 외. 2018. 동일출판사.

수의역학 및 인수공통전염병학, 강경선 외. 2010. 문운당.

식품위생학, 강경선 외. 2013. 문운당.

식품의약품안전처, https://www.mfds.go.kr

우유 생산과 가공, 박승용. 2003. 유한문화사.

축산관련종사자 교육교재, 농협경제지주 축산컨설팅부, 2021.

축산물안전관리시스템, https://www.lpsms.go.kr

축산물의 가공, 박승용. 2000. 유한문화사.

‖ 제6장 ‖

가축전염병이해, 2021. 가축위생방역지원본부.

감염병에 대응한 면역체계 작동 기전, https://www.bio-c.jp/immunotherapy/lecture_it.html

감염병의 다요인수렴모형, https://mj-lahong.tistory.com/49

바이러스의 증식과정, http://press.uos.ac.kr/news/articleView.html?idxno=9269

발생률과 유병률의 관계, https://www.snubh.org/upload/ce3/namofile/files/000001

백신 주사접종 방법, https://sesang-story.tistory.com/246

병원소의 특성, https://mj-lahong.tistory.com/47

병원체의 유지환(maintenance cycle)에 따른 감염병 분류, https://www.bibalex.org/supercourse/lecture/lec0302/013.htm

선천(innate)과 후천(acquired) 면역(immunity), https://m.blog.naver.com/PostView.naver?isHttpsRedirect=true&blogId=msnayana&logNo=80101975060

수의공중보건학, 수의공중보건교수협의회. 2004. 문운당.

수의역학 및 인수공통전염병학, 강경선 외. 2010. 문운당.

수의임상역학, 이정길, 이재일, 1981. 전남대출판부환경보건역학, 이경무 등. 2017. KNOU PRESS.

역학연구의 신뢰도 근거 수준, https://m.blog.naver.com/PostView.naver?isHttpsRedirect=true&blogId=doctorql&logNo=221088421058

질병 유행 정도와 위중도에 따른 분류, https://www.pinterest.co.kr/pin/341569952969870396/

코호트연구(cohort study) 방법, https://hineca.kr/1846

DNA 백신의 작용 원리, https://www.gentlehan.com/141

J Vet Clin 33(2): 97-101, 박선일, 오태호. 2016.

mRNA 백신의 작용 원리, https://www.bbc.com/korean/international-54883322

ROC curve, https://nittaku.tistory.com/297

ROC curve와 AUC 관계, https://medium.com/greyatom/lets-learn-about-auc-roc-curve-4a94b4d88152

‖ 제7장 ‖

가축방역시스템 KAHIS. 법정가축전염병 발생현황. https://home.kahis.go.kr/home/lkntscrinfo/selectLkntsOccrrncList.do

서울아산병원. 발진열(Murine typhus). 질환백과.

정연주, 김혜원, 김범, 이동영. 패혈증으로 진행된 광절열두조충증의 1례. 대한내과학회 2015;1:252-252.

질병관리청 KDCA. 결핵. https://www.kdca.go.kr/npt/biz/npp/portal/nppSumryMain. do?icdCd=NB0001&icdgrpCd=02&icd

황보연. '앵무새병'에 日 임산부 2명 사망…비둘기도 위험. YTN 2017년 04월 30일. https://www.ytn. co.kr/_ln/0104_201704302245354259

CDC. Zoonotic Diseases. https://www.cdc.gov/onehealth/basics/zoonotic-diseases.html

CFSPH Technical Fact Sheets. Monkeypox. http://www.cfsph.iastate.edu/DiseaseInfo/

CFSPH, IOWA STATE University, OIE, USDA. Cryptococcosis. The Center for Food Security and Public Health 2013;1-14.

D S A Beeckman, D C G Vanrompay. Zoonotic Chlamydophila psittaci infections from a clinical perspective. Clin Microbiol Infect 2009;15(1):11-17.

Gary M Cox. Mucormycosis (zygomycosis). 2022.

Goldstein RE. Canine Leptospirosis. Vet Clin North Am Small Anim Pract 2010;40(6):1091-1101.

Henning Lesk, et al. Protease resistance of infectious prions is suppressed by removal of a single atom in the cellular prion protein. PLoS One 2017;12(2):e0170503

Kaneene JB, Thoen CO. Tuberculosis. J Am Vet Med Assoc 2004;224(5):685-691.

Kayesh MEH, et al. Mammalian animal models for dengue virus infection: a recent overview. Arch Virol 2022;167(1):31-44.

K Lagrou, et al. Zoonotic transmission of Cryptococcus neoformans from a magpie to an immunocompetent patient. J Intern Med 2005;257(4):385-388.

LISTERIOSIS. Veterian Key https://veteriankey.com/listeriosis-2/ https://amc.seoul.kr/asan/ healthinfo/disease/diseaseDetail.do?contentId=33894

Maria G, et al. Hemorrhagic Fever Renal Syndrome. 2022.

Mathison BA, Pritt BS. A Systematic Overview of Zoonotic Helminth Infections in North America. 2018;49(4):61-93.

Priyanka Gupta, et al. Pathogenesis of Mucormycosis: The Spores on a Sail. University J Dent Scie 2022;8:125-129.

Rocky Mountain Spotted Fever. Veterian Key https://veteriankey.com/rocky-mountain-spotted-fever/

WHO. Zoonoses. https://www.who.int/news-room/fact-sheets/detail/zoonoses

WOAH. Nipah virus. https://www.woah.org/en/disease/nipah-virus/

• 저자약력 •

김병수

현) 공주대학교 산업과학대학 특수동물학과 교수
현) 한국동물보건학회 부회장
현) 한국동물복지학회 수석부회장

배동화

현) 영진전문대학교 동물보건과 교수
전) 대경대학교 동물사육복지과 학과장
전) 대구 지산부부동물병원 원장

이수정

현) 연성대학교 반려동물보건과 교수
현) 한국동물보건사대학교육협회(KAVNUE) 교육이사
전) The University of Tokyo 농학생명과학연구과 박사후연구원
전) 건국대학교 의생명과학연구원 학술연구교수

천정환

현) 인제대학교 반려동물보건학과장
현) 미국 Georgia State 수의사
전) 미국 식약처(US FDA) 연구원

최인학

현) 중부대학교 반려동물학부 교수
현) 미국 화학회(ACS) 정회원
현) 한국환경과학회 이사 및 편집위원
전) 미국 농무부(USDA-ARS) 연구원

하윤철

현) 연암대학교 동물보호계열 교수
현) 연암대학교 동물보호계열 학과장
현) 연암대학교 질병전담교수
현) 연암대학교 기획부처장

동물공중보건학

초판발행	2023년 3월 2일
중판발행	2023년 8월 30일
지은이	김병수·배동화·이수정·천정환·최인학·하윤철
펴낸이	노 현
편 집	김민조
기획/마케팅	김한유
표지디자인	이소연
제 작	고철민·조영환
펴낸곳	㈜ 피와이메이트
	서울특별시 금천구 가산디지털2로 53, 210호(가산동, 한라시그마밸리)
	등록 2014. 2. 12. 제2018-000080호
전 화	02)733-6771
f a x	02)736-4818
e-mail	pys@pybook.co.kr
homepage	www.pybook.co.kr
ISBN	979-11-6519-361-4 93520

copyright©김병수 외, 2023, Printed in Korea

* 파본은 구입하신 곳에서 교환해 드립니다. 본서의 무단복제행위를 금합니다.
* 저자와 협의하여 인지첩부를 생략합니다.

정 가　26,000원

박영스토리는 박영사와 함께하는 브랜드입니다.